手把手教你

RISC-V CPU 下
工程与实践

胡振波◎主编

芯来科技生态组◎编著

人民邮电出版社

北京

图书在版编目（CIP）数据

手把手教你RISC-V CPU. 下，工程与实践 / 胡振波
主编；芯来科技生态组编著. -- 北京 ：人民邮电出版
社，2021.9
ISBN 978-7-115-56949-3

Ⅰ．①手… Ⅱ．①胡… ②芯… Ⅲ．①微处理器—设
计 Ⅳ．①TP332

中国版本图书馆CIP数据核字(2021)第137073号

内 容 提 要

　　本书通过开源蜂鸟 E203 处理器系统地介绍了 RISC-V 处理器的嵌入式软件开发方法。全书共 3 个部分 18 章，不但给出嵌入式软件开发的全流程，而且介绍了蜂鸟 E203 处理器的具体使用方法，通过提供大量的实战项目，帮助读者真正做到理论与实践相结合。

　　本书主要面向嵌入式软件开发工程师，以及对 RISC-V 感兴趣的初学者和技术爱好者。

◆ 主　　编　胡振波
　　编　　著　芯来科技生态组
　　责任编辑　张　涛
　　责任印制　王　郁　焦志炜

◆ 人民邮电出版社出版发行　　北京市丰台区成寿寺路 11 号
　　邮编　100164　电子邮件　315@ptpress.com.cn
　　网址　https://www.ptpress.com.cn
　　北京七彩京通数码快印有限公司印刷

◆ 开本：800×1000　1/16
　　印张：17.75　　　　　　　　2021 年 9 月第 1 版
　　字数：388 千字　　　　　　 2024 年 11 月北京第 11 次印刷

定价：89.00 元

读者服务热线：(010)81055410　印装质量热线：(010)81055316
反盗版热线：(010)81055315
广告经营许可证：京东市监广登字 20170147 号

序 一

芯片是信息技术的引擎，推动人类社会走向数字化、信息化与智能化。

20 世纪六七十年代是集成电路的飞速发展期，可惜我们错过了那个"黄金时代"。经过半个多世纪的发展，全球半导体技术已经取得了巨大进步。由于我们失去了先发优势，因此，目前芯片已经成为我们被别人"卡脖子"的关键环节。

CPU 是芯片的运算和控制中心，其中的指令集架构是运算和控制的基础支撑，是处理器的关键。在世界范围内，过去的数十年里，相继诞生了数十种指令集架构，大多数为国外商业公司所私有，几乎见不到开放的指令集架构。在这些指令集架构中，逐渐主导市场的是 x86 和 ARM。这两种指令集架构分别在 PC 与移动领域成为了事实上的标准，其生态与垄断壁垒高企。因此，当前推行开放的指令集架构是人心所向、深受欢迎的，这将是一个促进行业创新的切入点。

曾经有人提出，既然指令集架构大多为国外企业私有，那么我们自己设计一个指令集架构，这样问题不就解决了吗？事实上，这面临两个巨大挑战。一是虽然设计一个指令集架构不难，但是真正难在生态建设，而生态建设中较高的成本是教育成本和接受成本。教育成本取决于人们普遍的熟悉程度，接受成本取决于人们愿意投入的时间，这两个成本高到难以用金钱衡量。二是自建一个指令集架构也许可以在某种程度上实现"自主""可控"，但难以实现"繁荣"的产业生态，这就是为什么多年来无论是国内还是国外，均存在过一些私有指令集架构，但它们始终停留在小众市场而无法成为被广泛接受的主流指令集架构。

当前，开放指令集架构——RISC-V 通过定义一套开放的指令集架构标准，朝着繁荣芯片生态这一目标迈出了第一步。RISC-V 是指令集标准，就如同 TCP/IP 定义了网络包的标准、POSIX 定义了操作系统的系统调用标准，全世界任何公司、大学、研究机构与个人都可以自由地开发兼容 RISC-V 指令集的处理器软硬件，都可以融入基于 RISC-V 构建的软硬件生态系统。它有望像开源软件生态中的 Linux 那样，成为计算机芯片与系统创新的基石。未来 RISC-V 很可能发展成为世界主流 CPU 架构，从而在 CPU 领域形成 x86（Intel/AMD）、ARM、RISC-V "三分天下"的格局。而国产 CPU 一直面临指令集架构之"痛"，采用 RISC-V 这样的开放指令集架构将成为国产 CPU 的一个不错的选择。

纵观国际形势，不但多国政府部门主导的芯片项目支持基于 RISC-V 的研究项目，而且许多国际企业将 RISC-V 集成到其产品中。RISC-V 不但在国际相关领域受到广泛关注，而且在中国的发展也呈现风起云涌之势，目前国内与 RISC-V 芯片、硬件、软件、投资、知识产权和生态相关的企业就超过百家。

本书作者胡振波是国内 RISC-V 社区的活跃贡献者，他还创办了专业提供 RISC-V 全栈 IP 与软硬件整体解决方案的公司——芯来科技。

2017 年，胡振波在开源社区贡献了国内第一个开源 RISC-V 处理器内核——蜂鸟 E203，在业内得到了积极反馈，研究生创"芯"大赛等采用了该内核。2018 年，胡振波出版了《手把手教你设计 CPU——RISC-V 处理器篇》。在积累了更多的一线开发经验后，为了继续为开源社区提供翔实的资料，胡振波编写了《手把手教你设计 CPU——RISC-V 处理器篇》的升级版图书，即《手把手教你 RISC-V CPU（上）——处理器设计》与《手把手教你 RISC-V CPU（下）——工程与实践》。

当前，集成电路被写进《中共中央关于制定国民经济和社会发展第十四个五年规划和二〇三五年远景目标的建议》，集成电路的发展被国家高度重视，借此祝愿本书能够帮助更多的从业者了解 RISC-V。乘中国建设科技强国的春风，希望 RISC-V 开放指令集能够帮助本土集成电路行业快速发展，让世界用上越来越多的中国"芯"。

中国工程院院士
中国开放指令生态（RISC-V）联盟理事长

序 二

2010 年，加州大学伯克利分校的实验室项目需要一个易于实施的、高效的、可扩展的且与他人分享时不受限制的指令集，但当时没有一个现成的指令集满足以上需求。于是，在 David Patterson 教授的支持下，Krste Asanovic 教授和 Andrew Waterman、Yunsup Lee 等开发人员一起创建了 RISC-V 指令集架构。2014 年，该指令集架构一经公开，便迅速在全球范围内受到广泛欢迎。事实上，从 RISC-I 到 RISC-V，这 5 代 RISC 指令集架构皆由 David Patterson 教授带领研制，这也代表了 RISC 处理器技术的一个演进过程：越来越简洁、高效和灵活。

RISC-V 是一个开放、开源的架构，人人都可获取，因此，企业、学校和个人都可以积极参与相关的研发，这势必带来更多的创新。RISC-V 处理器内核是开放、透明的，每个人可以根据自己的需求设计属于自己的内核。加上其简洁、模块化、扩展性强的特点，基于 RISC-V 的芯片产品源源不断地被推向市场，产业蓬勃发展。这样的发展势头终将推动 RISC-V 成为 ISA 领域的一项开放标准。

2018 年 7 月，上海市经济和信息化委员会发布了国内第一个与 RISC-V 相关的扶持政策。2018 年 9 月 20 日，在上海半导体行业协会的支持下，作为首家理事长单位，芯原股份牵头建立了中国 RISC-V 产业联盟（CRVIC）。至今，已有百余家企业加入了这个联盟，RISC-V CPU IP 供应商芯来科技是联盟中的重要一员。芯来科技的创始人，本书的作者胡振波，极具 RISC-V 的开放精神，他曾推出了开源超低功耗内核处理器——蜂鸟 E203，这是国内最早被 RISC-V 基金会官方主页收录的开源内核。2018 年，他出版了国内第一本 RISC-V 中文图书——《手把手教你设计 CPU——RISC-V 处理器篇》，该书目前已成为众多工程师的必读书。现在，胡振波编写了《手把手教你设计 CPU——RISC-V 处理器篇》的升级版图书，即《手把手教你 RISC-V CPU（上）——处理器设计》与《手把手教你 RISC-V CPU（下）——工程与实践》。

每一次技术变迁，大多伴随着一个新兴产业的崛起。从主机时代到 PC 时代，成就了 Intel；从 PC 时代到移动时代，成就了 ARM；从移动时代到 AIoT 时代，我们能否抓住 RISC-V 的机遇？

对于立志从事 CPU 处理器设计，或想要深入了解 RISC-V 技术的读者，本书是不可多得的好书。本书从工程与实践的角度介绍如何开发和使用蜂鸟 E203 MCU，易读且极具指导性。通过阅读本书，希望更多的读者投入 RISC-V 生态的建设中，成为推动技术革新的实践者。

戴伟民

芯原股份董事长
中国 RISC-V 产业联盟理事长

前 言

- 你是否想用较短的时间熟悉并掌握 RISC-V 架构及其嵌入式开发技术？
- 你是否想快速了解一款开源低功耗 RISC-V 处理器内核？
- 你是否想深入了解并快速使用一款免费和完整的 MCU 级别的 SoC 平台？
- 你是否想快速学会 RISC-V 的 GCC 工具链和 IDE 的使用？
- 你是否想快速了解一款完整的 RISC-V 嵌入式软件开发套件（Software Development Kit，SDK），以及配套的软件示例？

如果你对上述任意一个问题感兴趣，那么本书值得你选择。

作者所在公司（芯来科技）的团队开发并开源了一款 MCU 级别超低功耗 RISC-V 处理器（蜂鸟 E203），并且配套开源了 SoC 平台、软件开发平台（HBird SDK），以及实验项目（Nuclei Board Labs）。

《手把手教你 RISC-V CPU（上）——处理器设计》着重介绍了 RISC-V 处理器核的具体实现，并对所实现的蜂鸟 E203 处理器进行 Verilog 系统级仿真测试。本书（《手把手教你 RISC-V CPU（下）——工程与实践》）将从嵌入式开发与工程实践的角度，对如何开发使用蜂鸟 E203 SoC（后续称为"蜂鸟 E203 MCU"）进行详细介绍，旨在让更多的人快速了解 RISC-V 架构的嵌入式处理器并利用其进行软件开发。

本书分为 3 个部分，各部分包含的章节如下。

第一部分是硬件基础部分，包括第 1～3 章。该部分将介绍开源蜂鸟 E203 MCU 的硬件基本信息，包括蜂鸟 E203 MCU 的整体特性、集成外设，以及在本书中进行实战开发时使用的硬件平台。

第 1 章主要介绍蜂鸟 E203 MCU 的整体特性。

第 2 章主要介绍蜂鸟 E203 MCU 中集成外设的详细信息。

第 3 章主要介绍蜂鸟 E203 MCU 的硬件开发平台，后续章节中的开发实战将在该硬件平台上进行。

第二部分是软件基础部分，包括第 4～8 章。该部分将介绍在进行 RISC-V 处理器软件开发时需要具备的基础知识，以及蜂鸟 E203 MCU 配套软件开发平台和 Nuclei Studio 的使用。

第 4 章主要介绍如何通过编译器将由 C/C++语言编写的程序转换成处理器能够执行的二进制代码，从而帮助初学者快速了解编译的基本过程。

第 5 章主要介绍嵌入式开发的特点和 RISC-V GCC 工具链的使用。

第 6 章主要介绍如何直接使用 RISC-V 架构的汇编语言进行程序设计，以及如何在 C/C++程序中内联汇编或者在汇编程序中调用 C/C++函数。

第 7 章主要介绍如何使用蜂鸟 E203 MCU 配套的软件开发平台 HBird SDK 对它进行嵌入式软件开发。

第 8 章主要介绍如何基于 Nuclei Studio 对蜂鸟 E203 MCU 进行软件开发。

第三部分是开发实战部分，包括第 9～18 章。该部分将通过实验的形式介绍如何基于蜂鸟 E203 MCU 进行嵌入式开发。

第 9 章以简单的 HelloWorld 程序为例，系统地介绍如何使用蜂鸟 E203 配套软硬件平台进行实战开发，这是后续扩展实验的基础。

第 10 章提供了在蜂鸟 E203 MCU 上进行的 Dhrystone 和 CoreMark 实验。

第 11 章提供了在蜂鸟 E203 MCU 上进行的内联汇编实验。

第 12 章提供了在蜂鸟 E203 MCU 上进行的 GPIO 实验。

第 13 章提供了在蜂鸟 E203 MCU 上进行的 PWM 实验。

第 14 章提供了在蜂鸟 E203 MCU 上进行的 SPI 实验。

第 15 章提供了在蜂鸟 E203 MCU 上进行的 I^2C 实验。

第 16 章提供了在蜂鸟 E203 MCU 上进行的中断相关实验。

第 17 章主要介绍 FreeRTOS 在蜂鸟 E203 MCU 上的移植，以及 FreeRTOS 示例程序的运行。

第 18 章主要介绍蜂鸟 E203 处理器相关网络资源的获取方式。芯来科技会对这些资源进行持续维护和更新。

作者

目　录

第1章　开源蜂鸟 E203 MCU 总体
　　　　介绍 ················· 1
1.1　蜂鸟 E203 MCU 的系统结构和特性 ···· 1
1.2　蜂鸟 E203 MCU 的存储资源 ········ 2
　　1.2.1　片上存储资源 ··········· 2
　　1.2.2　片外 Flash 存储资源 ······· 2
1.3　蜂鸟 E203 MCU 的外设资源 ········ 3
1.4　蜂鸟 E203 MCU 的地址分配 ········ 3
1.5　蜂鸟 E203 MCU 的时钟域划分 ······ 4
1.6　蜂鸟 E203 MCU 的电源域划分 ······ 5
1.7　蜂鸟 E203 MCU 的低功耗模式 ······ 5
1.8　蜂鸟 E203 MCU 的全局复位 ······· 6
1.9　蜂鸟 E203 MCU 的上电流程控制 ···· 7
1.10　蜂鸟 E203 MCU 的顶层引脚 ······ 7
1.11　蜂鸟 E203 MCU 的 GPIO 复用
　　　功能 ················ 8
1.12　蜂鸟 E203 MCU 的中断处理 ······ 9
　　1.12.1　蜂鸟 E203 处理器核的异常和
　　　　　　中断处理 ·········· 9
　　1.12.2　蜂鸟 E203 处理器核的中断
　　　　　　接口 ············ 11
　　1.12.3　CLINT 模块生成计时器中断
　　　　　　和软件中断 ········· 12
　　1.12.4　PLIC 管理多个外部中断 ···· 13

第2章　开源蜂鸟 E203 MCU 的外设 ···· 17
2.1　蜂鸟 E203 MCU 的外设概述 ········ 17
2.2　PLIC ···················· 17
2.3　CLINT ··················· 18
2.4　LCLKGEN ················· 18
　　2.4.1　LCLKGEN 简介 ········· 18
　　2.4.2　LCLKGEN 的寄存器 ······ 18
2.5　HCLKGEN ················· 18
　　2.5.1　HCLKGEN 简介 ········· 18

2.5.2　HCLKGEN 的寄存器 ········ 19
2.6　GPIO ···················· 19
　　2.6.1　GPIO 的功能 ··········· 19
　　2.6.2　GPIO 的寄存器 ········· 19
　　2.6.3　I/O 结构和 IOF 模式 ······· 20
　　2.6.4　MCU 各外设复用 GPIO
　　　　　引脚 ·············· 20
　　2.6.5　GPIO 中断 ············ 21
　　2.6.6　GPIO_PADDIR 寄存器 ····· 21
　　2.6.7　GPIO_PADIN 寄存器 ······ 21
　　2.6.8　GPIO_PADOUT 寄存器 ····· 21
　　2.6.9　GPIO_INTTEN 寄存器 ····· 22
　　2.6.10　GPIO_INTTYPE0 和
　　　　　　GPIO_INTTYPE1 寄存器 ···· 22
　　2.6.11　GPIO_INTSTATUS
　　　　　　寄存器 ············ 22
　　2.6.12　GPIO_IOFCFG 寄存器 ····· 22
2.7　SPI ···················· 22
　　2.7.1　SPI 的背景知识 ········· 22
　　2.7.2　SPI 的特性 ··········· 25
　　2.7.3　SPI 的寄存器 ·········· 25
　　2.7.4　SPI 数据线 ··········· 26
　　2.7.5　QSPI0 的寄存器配置 ······ 26
　　2.7.6　QSPI1 和 QSPI2 的寄存器
　　　　　配置 ·············· 38
2.8　I²C ···················· 41
　　2.8.1　I²C 的背景知识 ········· 41
　　2.8.2　I²C 的功能 ··········· 42
　　2.8.3　I²C 的寄存器 ·········· 43
　　2.8.4　I²C 的接口数据线 ········ 43
　　2.8.5　I²C_PRE 寄存器 ········· 43
　　2.8.6　I²C_CTR 寄存器 ········· 44
　　2.8.7　I²C_TX 寄存器和 I²C_RX
　　　　　寄存器 ············· 44

2.8.8　I²C_CMD 寄存器 ·············· 45

2.8.9　I²C_STATUS 寄存器 ·········· 45

2.8.10　I²C 的常用操作序列 ·········· 46

2.9　UART ······························· 48

2.9.1　UART 的背景知识 ·········· 48

2.9.2　UART 的特性和功能 ········ 49

2.9.3　UART 的寄存器 ············· 49

2.9.4　UART 的接口数据线 ········ 50

2.9.5　UART_DLL 寄存器和
UART_DLM 寄存器 ········ 50

2.9.6　UART_RBR 寄存器 ········· 51

2.9.7　UART_THR 寄存器 ········· 51

2.9.8　UART_FCR 寄存器 ·········· 52

2.9.9　UART_LCR 寄存器 ·········· 52

2.9.10　UART_LSR 寄存器 ········· 53

2.9.11　UART_IER 寄存器 ········· 53

2.9.12　UART_IIR 寄存器 ········· 54

2.10　PWM ····························· 54

2.10.1　PWM 的背景知识 ········· 54

2.10.2　PWM 的功能和特性 ······· 54

2.10.3　PWM 的寄存器 ············ 55

2.10.4　PWM 模块的输出信号 ····· 55

2.10.5　TIMx_CMD（x=0,1,2,3）
寄存器 ······················ 55

2.10.6　TIMx_CFG（x=0,1,2,3）
寄存器 ······················ 56

2.10.7　TIMx_TH（x=0,1,2,3）
寄存器 ······················ 57

2.10.8　TIMx_CH0_TH（x=0,1,2,3）
寄存器 ······················ 57

2.10.9　TIMx_CH1_TH（x=0,1,2,3）
寄存器 ······················ 58

2.10.10　TIMx_CH2_TH（x=0,1,2,3）
寄存器 ······················ 58

2.10.11　TIMx_CH3_TH（x=0,1,2,3）
寄存器 ······················ 59

2.10.12　TIMx_CNT（x=0,1,2,3）
寄存器 ······················ 60

2.10.13　PWM_ENT_CFG
寄存器 ······················ 60

2.10.14　PWM_TIMER_EN
寄存器 ······················ 61

2.11　WDT ····························· 62

2.11.1　WDT 的背景知识 ········· 62

2.11.2　WDT 的特性、功能和
结构 ························ 62

2.11.3　WDT 的寄存器 ············ 63

2.11.4　通过 WDOGCFG 寄存器对
WDT 进行配置 ············ 63

2.11.5　WDT 的计数器计数值寄存
器——WDOGCOUNT ······· 64

2.11.6　通过 WDOGKEY 寄存器
解锁 ························ 65

2.11.7　通过 WDOGFEED 寄存器
"喂狗" ······················ 65

2.11.8　WDT 的计数器比较值
寄存器——WDOGS ······· 66

2.11.9　通过 WDOGCMP 寄存器
配置阈值 ···················· 66

2.11.10　WDT 产生全局复位 ······ 66

2.11.11　WDT 产生中断 ·········· 67

2.12　RTC ····························· 67

2.12.1　RTC 的背景知识 ········· 67

2.12.2　RTC 的特性、功能和
结构 ························ 67

2.12.3　RTC 的寄存器 ············ 68

2.12.4　通过 RTCCFG 寄存器进行
配置 ························ 68

2.12.5　RTC 的计数器计数值
寄存器——RTCHI/
RTCLO ····················· 69

2.12.6　RTC 的计数器比较值
寄存器——RTCS ········· 70

2.12.7　通过 RTCCMP 寄存器配置
阈值 ························ 70

2.12.8　RTC 产生中断 ·········· 70

2.13　PMU ····························· 70

2.13.1　PMU 的背景知识 ········· 70

2.13.2　PMU 的特性、功能和

结构 ⋯⋯⋯⋯⋯⋯⋯⋯ 71

2.13.3 PMU 的寄存器 ⋯⋯⋯ 72

2.13.4 通过 PMUKEY 寄存器
解锁 ⋯⋯⋯⋯⋯⋯⋯ 72

2.13.5 通过 PMUSLEEP 寄存器
进入休眠模式 ⋯⋯⋯ 73

2.13.6 通过 PMUSLEEPI0～
PMUSLEEPI7 寄存器配置
休眠指令序列 ⋯⋯⋯ 73

2.13.7 通过 PMUBACKUP 系列寄
存器保存关键信息 ⋯ 75

2.13.8 通过 PMUIE 寄存器设置
唤醒条件 ⋯⋯⋯⋯⋯ 75

2.13.9 通过 PMUWAKEUPI0～
PMUWAKEUPI7 寄存器
配置唤醒指令序列 ⋯ 76

2.13.10 通过 PMUCAUSE 寄存器
查看唤醒原因 ⋯⋯ 77

第 3 章 开源蜂鸟 E203 MCU 硬件开发
平台 ⋯⋯⋯⋯⋯⋯⋯⋯⋯ 78

3.1 Nuclei FPGA 开发板 ⋯⋯⋯ 78

3.1.1 Nuclei DDR200T 开发板
简介 ⋯⋯⋯⋯⋯⋯⋯ 79

3.1.2 Nuclei DDR200T 开发板的
硬件功能模块 ⋯⋯⋯ 80

3.1.3 蜂鸟 E203 MCU 的功能引脚
分配 ⋯⋯⋯⋯⋯⋯⋯ 88

3.2 蜂鸟 JTAG 调试器 ⋯⋯⋯⋯ 89

3.3 总结 ⋯⋯⋯⋯⋯⋯⋯⋯⋯⋯ 90

第 4 章 软件编译过程 ⋯⋯⋯⋯⋯ 91

4.1 GCC 工具链 ⋯⋯⋯⋯⋯⋯⋯ 91

4.1.1 GCC 工具链简介 ⋯⋯ 91

4.1.2 binutils ⋯⋯⋯⋯⋯⋯ 92

4.1.3 C 运行库 ⋯⋯⋯⋯⋯ 93

4.1.4 GCC 命令行选项 ⋯⋯ 94

4.2 准备工作 ⋯⋯⋯⋯⋯⋯⋯⋯ 94

4.2.1 安装 Linux ⋯⋯⋯⋯ 94

4.2.2 准备 HelloWorld 程序 ⋯ 94

4.3 编译过程 ⋯⋯⋯⋯⋯⋯⋯⋯ 95

4.3.1 预处理 ⋯⋯⋯⋯⋯⋯ 95

4.3.2 编译 ⋯⋯⋯⋯⋯⋯⋯ 96

4.3.3 汇编 ⋯⋯⋯⋯⋯⋯⋯ 96

4.3.4 链接 ⋯⋯⋯⋯⋯⋯⋯ 97

4.3.5 一步到位的编译 ⋯⋯ 99

4.4 ELF 文件 ⋯⋯⋯⋯⋯⋯⋯⋯ 99

4.4.1 ELF 文件的种类 ⋯⋯ 99

4.4.2 ELF 文件的段 ⋯⋯⋯ 100

4.4.3 查看 ELF 文件 ⋯⋯⋯ 100

4.4.4 反汇编 ⋯⋯⋯⋯⋯⋯ 101

4.5 嵌入式系统编译的特殊性 ⋯ 102

4.6 总结 ⋯⋯⋯⋯⋯⋯⋯⋯⋯⋯ 103

第 5 章 嵌入式开发的特点与 RISC-
V GCC 工具链 ⋯⋯⋯⋯ 104

5.1 嵌入式系统开发的特点 ⋯⋯ 104

5.1.1 交叉编译和远程调试 ⋯⋯ 104

5.1.2 移植 newlib 或 newlib-nano
作为 C 运行库 ⋯⋯ 105

5.1.3 引导程序以及中断和异常
处理 ⋯⋯⋯⋯⋯⋯ 106

5.1.4 嵌入式系统的链接脚本 ⋯ 106

5.1.5 减小代码规模 ⋯⋯⋯ 106

5.1.6 支持 printf() 函数 ⋯ 107

5.1.7 提供板级支持包 ⋯⋯ 107

5.2 RISC-V GNU 工具链 ⋯⋯⋯ 108

5.2.1 RISC-V GNU 工具链的
获取 ⋯⋯⋯⋯⋯⋯ 108

5.2.2 RISC-V GCC 工具链的
"-march" 和 "-mabi"
选项 ⋯⋯⋯⋯⋯⋯ 109

5.2.3 RISC-V GCC 工具链的
"-mcmodel" 选项 ⋯⋯ 113

5.2.4 RISC-V GCC 工具链的
预定义的宏 ⋯⋯⋯ 114

5.2.5 RISC-V GNU 工具链的
使用实例 ⋯⋯⋯⋯ 115

第 6 章 RISC-V 汇编语言程序设计 ⋯ 116

6.1 汇编语言概述 ⋯⋯⋯⋯⋯⋯ 116

6.2 RISC-V 汇编程序概述 ·············· 117
6.3 RISC-V 汇编伪指令 ················· 118
6.4 RISC-V 汇编程序伪操作 ·········· 118
6.5 RISC-V 汇编程序示例 ············· 122
　　6.5.1 标签 ································ 122
　　6.5.2 宏 ·································· 122
　　6.5.3 定义常数及其别名 ········ 122
　　6.5.4 立即数赋值 ·················· 123
　　6.5.5 标签地址赋值 ·············· 123
　　6.5.6 设置浮点数舍入模式 ···· 124
　　6.5.7 完整实例 ···················· 124
6.6 在 C/C++ 程序中嵌入汇编程序 ···· 125
　　6.6.1 GCC 内联汇编简介 ········· 126
　　6.6.2 GCC 内联汇编的 "输出操
　　　　　作数" 和 "输入操作数"
　　　　　部分 ························· 127
　　6.6.3 GCC 内联汇编的 "可能
　　　　　影响的寄存器或存储器"
　　　　　部分 ························· 128
　　6.6.4 GCC 内联汇编实例 1 ······· 128
　　6.6.5 GCC 内联汇编实例 2 ······· 129
　　6.6.6 小结 ··························· 130
6.7 在汇编程序中调用 C/C++ 语言中的
　　函数 ·································· 130
6.8 总结 ·································· 131

第 7 章　开源蜂鸟 E203 MCU 的软件
　　　　　开发平台 ····················· 132
7.1 HBird SDK 概述 ······················· 132
7.2 HBird SDK 的目录结构 ············· 133
7.3 HBird SDK 的底层实现解析 ········· 134
　　7.3.1 移植了 newlib 的桩函数 ···· 134
　　7.3.2 支持了 printf() 函数 ········· 135
　　7.3.3 提供系统链接脚本 ········ 136
　　7.3.4 系统启动引导程序 ········ 140
　　7.3.5 系统中断和异常处理 ······ 145
　　7.3.6 使用 newlib-nano 减小代码
　　　　　规模 ························· 149
7.4 HBird SDK 的使用 ··················· 150
　　7.4.1 HBird SDK 的环境配置与

工具链安装 ···················· 150
　　7.4.2 HBird SDK 的运行 ·········· 154

第 8 章　集成开发环境——
　　　　　Nuclei Studio ················· 158
8.1 Nuclei Studio 的简介、下载与
　　启动 ·································· 158
　　8.1.1 Nuclei Studio 简介 ·········· 158
　　8.1.2 Nuclei Studio 的下载与
　　　　　启动 ························· 158
8.2 使用 Nuclei Studio 进行蜂鸟 E203
　　MCU 的开发 ·························· 160

第 9 章　初试蜂鸟 E203 MCU 开发 ······· 168
9.1 蜂鸟 E203 MCU 在 Nuclei DDR200T
　　开发板中的实现 ···················· 168
9.2 蜂鸟调试器的驱动程序的安装和
　　蜂鸟调试器的设置 ················ 175
9.3 基于 HBird SDK 运行 HelloWorld
　　程序 ·································· 177
　　9.3.1 将程序下载至 DDR200T
　　　　　开发板 ····················· 177
　　9.3.2 将程序在 DDR200T 开发板上
　　　　　运行 ························· 178
　　9.3.3 将程序在 DDR200T 开发板上
　　　　　调试 ························· 180
9.4 基于 Nuclei Studio 运行 HelloWorld
　　程序 ·································· 183
　　9.4.1 将程序下载至 DDR200T
　　　　　开发板 ····················· 183
　　9.4.2 将程序在 DDR200T 开发板上
　　　　　运行 ························· 186
　　9.4.3 将程序在 DDR200T 开发板上
　　　　　调试 ························· 187

第 10 章　Benchmark 实验 ·················· 190
10.1 实验目的 ···························· 190
10.2 实验准备 ···························· 190
10.3 实验原理 ···························· 190
　　10.3.1 Dhrystone 简介 ············· 191

10.3.2　Dhrystone 示例程序 ⋯⋯⋯ 193
　　10.3.3　CoreMark 简介 ⋯⋯⋯⋯⋯ 194
　　10.3.4　CoreMark 示例程序 ⋯⋯⋯ 195
　10.4　实验步骤 ⋯⋯⋯⋯⋯⋯⋯⋯⋯⋯ 196
　　10.4.1　在 HBird SDK 中运行
　　　　　　Dhrystone 示例程序 ⋯⋯ 196
　　10.4.2　在 Nuclei Studio 中运行
　　　　　　Dhrystone 示例程序 ⋯⋯ 198
　　10.4.3　在 HBird SDK 中运行
　　　　　　CoreMark 示例程序 ⋯⋯ 200
　　10.4.4　在 Nuclei Studio 中运行
　　　　　　CoreMark 示例程序 ⋯⋯ 202

第 11 章　内联汇编实验 ⋯⋯⋯⋯⋯⋯ 205
　11.1　实验目的 ⋯⋯⋯⋯⋯⋯⋯⋯⋯⋯ 205
　11.2　实验准备 ⋯⋯⋯⋯⋯⋯⋯⋯⋯⋯ 205
　11.3　实验原理 ⋯⋯⋯⋯⋯⋯⋯⋯⋯⋯ 205
　　11.3.1　在 C/C++程序中嵌入汇编
　　　　　　程序 ⋯⋯⋯⋯⋯⋯⋯⋯ 205
　　11.3.2　内联汇编示例程序 ⋯⋯⋯ 206
　11.4　实验步骤 ⋯⋯⋯⋯⋯⋯⋯⋯⋯⋯ 206
　　11.4.1　在 HBird SDK 中运行内联
　　　　　　汇编示例程序 ⋯⋯⋯⋯ 206
　　11.4.2　在 Nuclei Studio 中运行内联
　　　　　　汇编示例程序 ⋯⋯⋯⋯ 208

第 12 章　GPIO 实验 ⋯⋯⋯⋯⋯⋯⋯ 213
　12.1　实验目的 ⋯⋯⋯⋯⋯⋯⋯⋯⋯⋯ 213
　12.2　实验准备 ⋯⋯⋯⋯⋯⋯⋯⋯⋯⋯ 213
　12.3　实验原理 ⋯⋯⋯⋯⋯⋯⋯⋯⋯⋯ 213
　　12.3.1　GPIO 简介 ⋯⋯⋯⋯⋯⋯ 213
　　12.3.2　GPIO 示例程序 ⋯⋯⋯⋯ 214
　12.4　实验步骤 ⋯⋯⋯⋯⋯⋯⋯⋯⋯⋯ 215
　　12.4.1　在 HBird SDK 中运行 GPIO
　　　　　　示例程序 ⋯⋯⋯⋯⋯⋯ 215
　　12.4.2　在 Nuclei Studio 中运行 GPIO
　　　　　　示例程序 ⋯⋯⋯⋯⋯⋯ 216

第 13 章　PWM 实验 ⋯⋯⋯⋯⋯⋯⋯ 220
　13.1　实验目的 ⋯⋯⋯⋯⋯⋯⋯⋯⋯⋯ 220

13.2　实验准备 ⋯⋯⋯⋯⋯⋯⋯⋯⋯⋯ 220
　13.3　实验原理 ⋯⋯⋯⋯⋯⋯⋯⋯⋯⋯ 220
　　13.3.1　PWM 简介 ⋯⋯⋯⋯⋯⋯ 220
　　13.3.2　PWM 示例程序 ⋯⋯⋯⋯ 221
　13.4　实验步骤 ⋯⋯⋯⋯⋯⋯⋯⋯⋯⋯ 222
　　13.4.1　在 HBird SDK 中运行
　　　　　　PWM 示例程序 ⋯⋯⋯ 222
　　13.4.2　在 Nuclei Studio 中运行
　　　　　　PWM 示例程序 ⋯⋯⋯ 224

第 14 章　SPI 实验 ⋯⋯⋯⋯⋯⋯⋯⋯ 227
　14.1　实验目的 ⋯⋯⋯⋯⋯⋯⋯⋯⋯⋯ 227
　14.2　实验准备 ⋯⋯⋯⋯⋯⋯⋯⋯⋯⋯ 227
　14.3　实验原理 ⋯⋯⋯⋯⋯⋯⋯⋯⋯⋯ 227
　　14.3.1　SPI 简介 ⋯⋯⋯⋯⋯⋯⋯ 227
　　14.3.2　SPI 示例程序 ⋯⋯⋯⋯⋯ 228
　14.4　实验步骤 ⋯⋯⋯⋯⋯⋯⋯⋯⋯⋯ 229
　　14.4.1　在 HBird SDK 中运行 SPI
　　　　　　示例程序 ⋯⋯⋯⋯⋯⋯ 229
　　14.4.2　在 Nuclei Studio 中运行 SPI
　　　　　　示例程序 ⋯⋯⋯⋯⋯⋯ 231

第 15 章　I²C 实验 ⋯⋯⋯⋯⋯⋯⋯⋯ 235
　15.1　实验目的 ⋯⋯⋯⋯⋯⋯⋯⋯⋯⋯ 235
　15.2　实验准备 ⋯⋯⋯⋯⋯⋯⋯⋯⋯⋯ 235
　15.3　实验原理 ⋯⋯⋯⋯⋯⋯⋯⋯⋯⋯ 235
　　15.3.1　I²C 简介 ⋯⋯⋯⋯⋯⋯⋯ 235
　　15.3.2　I²C 示例程序 ⋯⋯⋯⋯⋯ 236
　15.4　实验步骤 ⋯⋯⋯⋯⋯⋯⋯⋯⋯⋯ 237
　　15.4.1　在 HBird SDK 中运行 I²C
　　　　　　示例程序 ⋯⋯⋯⋯⋯⋯ 237
　　15.4.2　在 Nuclei Studio 中运行
　　　　　　I²C 示例程序 ⋯⋯⋯⋯ 238

第 16 章　中断相关实验 ⋯⋯⋯⋯⋯⋯ 243
　16.1　实验目的 ⋯⋯⋯⋯⋯⋯⋯⋯⋯⋯ 243
　16.2　实验准备 ⋯⋯⋯⋯⋯⋯⋯⋯⋯⋯ 243
　16.3　实验原理 ⋯⋯⋯⋯⋯⋯⋯⋯⋯⋯ 243
　　16.3.1　计时器中断和软件
　　　　　　中断 ⋯⋯⋯⋯⋯⋯⋯⋯243

16.3.2 计时器中断和软件中断示例
程序 ················· 244
16.3.3 外部中断 ············ 244
16.3.4 外部中断示例程序 ······· 245
16.4 实验步骤 ················· 246
16.4.1 在 HBird SDK 中运行
计时器中断与软件
中断示例程序 ······· 246
16.4.2 在 Nuclei Studio 中运行
计时器中断与软件
中断示例程序 ······· 247
16.4.3 在 HBird SDK 中运行
外部中断示例程序 ······ 249
16.4.4 在 Nuclei Studio 中运行
外部中断示例程序 ······ 251

第 17 章 FreeRTOS 的移植与示例程序
运行 ················· 253
17.1 RTOS 概述 ············· 253
17.1.1 RTOS 的定义 ········· 253

17.1.2 基于 RTOS 的开发与裸机
开发 ··············· 254
17.2 常用的实时操作系统 ········· 254
17.3 FreeRTOS 概述 ··········· 255
17.4 FreeRTOS 在蜂鸟 E203 MCU 中的
移植 ··············· 257
17.5 FreeRTOS 示例程序的运行 ······· 261
17.5.1 FreeRTOS 示例程序 ······· 261
17.5.2 在 HBird SDK 中运行
FreeRTOS 示例程序 ······· 261
17.5.3 在 Nuclei Studio 中运行
FreeRTOS 示例程序 ········· 262

第 18 章 获取更多资源 ············· 265
18.1 开源蜂鸟 E203 MCU 文档资源 ····· 265
18.2 开源蜂鸟 E203 MCU 嵌入式
开发实验 ··············· 265
18.3 开源蜂鸟 E203 处理器教学
资源 ··············· 266
18.4 开源蜂鸟 E203 论坛 ········· 266

第 1 章　开源蜂鸟 E203 MCU 总体介绍

本章将介绍蜂鸟 E203 配套的 MCU 级别的 SoC（简称蜂鸟 E203 MCU），该 MCU 是国内第一款完全开源的 RISC-V SoC，其源代码在 GitHub 和 Gitee 的 e203_hbirdv2 项目（读者可在 GitHub 或 Gitee 中搜索 "e203_hbirdv2"）中托管并开源。

1.1　蜂鸟 E203 MCU 的系统结构和特性

蜂鸟 E203 MCU 的系统结构如图 1-1 所示，其特性概述如下。

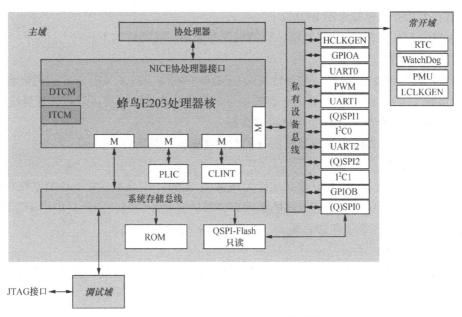

图 1-1　蜂鸟 E203 MCU 系统结构图

（1）使用开源的蜂鸟 E203 处理器核。
- 超低功耗二级流水线处理器核。

- 可配置为 RV32IMAC 或者 RV32EMAC 架构，仅支持机器模式。
- 大小可配置的 ITCM（或称为 ILM）和 DTCM（或称为 DLM）。
- 支持自定义指令扩展（协处理器）。

（2）集成众多开源的外设资源，包括 UART、GPIO、PWM、(Q)SPI 和 I^{2}C 等。有关蜂鸟 E203 MCU 中各个外设的详细介绍，见第 2 章。

（3）进行了时钟域和电源域的划分，详见 1.5 节和 1.6 节。

1.2 蜂鸟 E203 MCU 的存储资源

蜂鸟 E203 MCU 中的存储资源分为片上存储资源和片外 Flash 存储资源，下面分别予以介绍。

1.2.1 片上存储资源

蜂鸟 E203 MCU 的片上存储资源主要有 ITCM（或称为 ILM）和 DTCM（或称为 DLM），以及挂载在系统存储总线上的 ROM。

（1）ITCM 为 RISC-V 处理器核私有的指令存储器，其特性如下。

- 大小可配置。
- 可配置的地址区间（默认起始地址为 0x8000_0000），见 1.4 节中 SoC 的完整地址分配。
- 虽然 ITCM SRAM 主要用于存放指令，但是其地址区间也可以被处理器核的 Load 和 Store 指令访问，从而用来存放数据。

（2）DTCM 为 RISC-V 处理器核私有的数据存储器，其特性如下。

- 大小可配置。
- 可配置的地址区间（默认起始地址为 0x9000_0000），见 1.4 节中 SoC 的完整地址分配。
- 由于 DTCM 只能被处理器核的数据存储器访问指令访问，因此只能用于存放数据。

（3）ROM 挂载在系统存储总线上，其特性如下。

- 大小为 4KB。
- 默认仅存放一条跳转指令，将直接跳转至 ITCM 的起始地址位置并开始执行。

1.2.2 片外 Flash 存储资源

蜂鸟 E203 MCU 的片外存储资源主要为 Flash 存储器，其要点如下。

- 外部 Flash 可以利用其 XiP（Execution in Place）模式，通过 QSPI0 被映射为一个只

读的地址区间。地址区间为 0x2000_0000～0x3FFF_FFFF。
- 用户可以通过调试器将开发的程序"烧录"到 Flash 中，然后利用 Flash 的 XiP 模式，程序可以直接从 Flash 中被执行。
- 关于 QSPI0 和 Flash XiP 模式的更多信息，见 2.7.5 节。

1.3 蜂鸟 E203 MCU 的外设资源

有关蜂鸟 E203 MCU 外设的详细信息，见第 2 章。

1.4 蜂鸟 E203 MCU 的地址分配

蜂鸟 E203 MCU 的总线地址分配如表 1-1 所示。

表 1-1 蜂鸟 E203 MCU 的总线地址分配

总线分组	组件	地址区间	描述
Core 直属	CLINT	0x0200_0000～0x0200_FFFF	Core Local Interrupt Controller 模块寄存器地址区间
	PLIC	0x0C00_0000～0x0CFF_FFFF	Platform Level Interrupt Controller 模块寄存器地址区间
	ITCM	0x8000_0000～0x8001_FFFF	ITCM 地址区间
	DTCM	0x9000_0000～0x8001_FFFF	DTCM 地址区间
系统存储总线接口	Debug Module	0x0000_0000～0x0000_0FFF	注意，Debug Module（调试模块）主要供调试器使用，普通软件程序不应该使用此区间
	ROM	0x0000_1000～0x0000_1FFF	片上 ROM 模块
	Off-Chip QSPI0 Flash Read	0x2000_0000～0x3FFF_FFFF	QSPI0 处于 Flash XiP 模式时，将外部 Flash 进行映射的只读地址区间。有关 Flash XiP 模式的更多信息，见 2.7.5 节
私有设备总线接口（总区间为 0x1000_0000～0x1FFF_FFFF）	Always-On	0x1000_0000～0x1000_7FFF	Always-on 模块包含 PMU、RTC、WatchDog 和 LCLKGEN
	HCLKGEN	0x1000_8000～0x1000_8FFF	高速时钟生成模块
	GPIOA	0x1001_2000～0x1001_2FFF	第一组 GPIO 模块地址区间
	UART0	0x1001_3000～0x1001_3FFF	第一个 UART 模块地址区间
	QSPI0	0x1001_4000～0x1001_4FFF	第一个 QSPI 模块地址区间

续表

总线分组	组件	地址区间	描述
私有设备总线接口 （总区间为 0x1000_0000~ 0x1FFF_FFFF）	PWM	0x1001_5000~0x1001_5FFF	PWM 模块地址区间
	UART1	0x1002_3000~0x1002_3FFF	第二个 UART 模块地址区间
	QSPI1	0x1002_4000~0x1002_4FFF	第二个 QSPI 模块地址区间
	I²C0	0x1002_5000~0x1002_5FFF	第一个 I²C 模块地址区间
	UART2	0x1003_3000~0x1003_3FFF	第三个 UART 模块地址区间
	QSPI2	0x1003_4000~0x1003_4FFF	第三个 QSPI 模块地址区间
	I²C1	0x1003_5000~0x1003_5FFF	第二个 I²C 模块地址区间
	GPIOB	0x1004_0000~0x1004_0FFF	第二组 GPIO 模块地址区间
其他地址区间	表中未列出的地址区间，均为写忽略，读返回 0

1.5 蜂鸟 E203 MCU 的时钟域划分

如图 1-2 所示，蜂鸟 E203 MCU 划分为 3 个主要的时钟域。

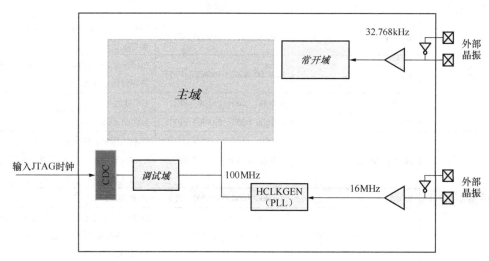

图 1-2　蜂鸟 E203 MCU 时钟域划分

1）常开域

- 此域主要使用低速的常开域时钟，频率为 32.768kHz，时钟可以选择来自片上振荡器、外部晶振，或者直接通过芯片引脚输入。
- 在蜂鸟 E203 MCU 中，由 LCLKGEN 模块控制生成常开域的时钟。关于 LCLKGEN

模块的更多信息，见 2.4 节。

注意：在 FPGA 原型平台中，LCLKGEN 模块为空模块，直接输出 32.768kHz 的参考时钟。

2）主域

- 此域包含了芯片的主体。在此域中，没有再划分时钟域，因此，处理器核和总线，以及外设 IP 均使用同样的时钟。
- 在蜂鸟 E203 MCU 中，由 HCLKGEN 模块控制生成主域的时钟。时钟可以使用片上振荡器、外部晶振和片上 PLL 产生高速时钟，PLL 也可以通过软件配置将其旁路。关于 HCLKGEN 模块的更多信息，见 2.5 节。

注意：在 FPGA 原型平台中，HCLKGEN 模块为空模块，直接输出 16MHz 的参考时钟。

3）调试域

- 此域包含为了支持 JTAG 对 RISC-V 处理器进行调试而添加的相关逻辑。
- 此模块由两个不同的时钟域组成，分别是 JTAG 时钟和 RISC-V 处理器核时钟（即主域的时钟），因此其内部有异步时钟跨越处理。

1.6 蜂鸟 E203 MCU 的电源域划分

蜂鸟 E203 MCU 可以分为两个主要的电源域。

1）常开域

如图 1-1 所示，常开域包括子模块 LCLKGEN、WatchDog、RTC 和 PMU。

2）MOFF 域

MOFF 是 Most-Off 的简称，即芯片中除常开域以外的所有其他主体部分。

1.7 蜂鸟 E203 MCU 的低功耗模式

蜂鸟 E203 MCU 可以工作在以下 3 种不同的模式。

1）正常模式

- 常开域和 MOFF 域均处于正常供电状态。
- 在真实芯片中，由 HCLKGEN 模块的 PLL 产生时钟，可以通过配置 PLL 的输出时钟频率在低速态运行，以节省功耗。

2）等待模式

常开域和 MOFF 域均处于正常供电状态，但是 RISC-V 处理器核执行了一条 WFI 指令，因此处理器停止执行，其时钟被关闭，进入等待模式，直到被中断唤醒。有关 RISC-V 架构 WFI 指令，以及中断唤醒的更多信息，可参见《手把手教你 RISC-V CPU（上）——处理器设计》附录 A.14.2 节。

3）休眠模式

- 常开域正常供电，但是 MOFF 域的电源切断。
- 通过配置 PMU 的 PMUSLEEP 寄存器可以进入休眠模式，直到被 PMU 定义的唤醒条件唤醒。有关 PMU 的 PMUSLEEP 寄存器，以及 PMU 唤醒条件的更多信息，分别见 2.13.5 节和 2.13.8 节。

注意：在 FPGA 原型平台中，由于没有真正的电源域功能，因此，在休眠模式下，MOFF 域不会真正断电。

1.8　蜂鸟 E203 MCU 的全局复位

蜂鸟 E203 MCU 的全局复位有 3 个来源。

（1）来自 POR（Power-On-Reset）电路。

在芯片上电后，POR 在电压达到稳定阈值之前一直输出复位信号，保证芯片能够被正确地自动上电复位。

（2）来自芯片引脚 AON_ERST_N。

AON_ERST_N 引脚可以用于外部复位。

（3）来自 WatchDog 生成的 Reset。

关于 WatchDog 模块的更多信息，见 2.11 节。

上述 3 种全局复位来源中的任何一种驱动都将触发系统进行全局复位。在全局复位后，具体的复位原因会反映在 PMU 的 PMUCAUSE 寄存器中，供复位后的软件读取和查询。关于 PMUCAUSE 寄存器的更多信息，见 2.13.10 节。

整个 SoC 的复位结构如图 1-3 所示，其要点介绍如下。

（1）上述 3 种全局复位来源经过“或”操作成为 aonrst 信号。

（2）aonrst 信号将作为 Always-On 模块本身的复位信号，复位 Always-On 模块的 PMU、WatchDog、RTC 和 LCLKGEN 等。

（3）PMU 被 aonrst 信号复位之后，将执行其默认的唤醒指令序列，继而唤醒整个 SoC 复位。PMU 执行默认的唤醒指令序列将会生成 hclkrst 信号和 corerst 信号。

- hclkrst 信号用于复位 HCLKGEN 模块（主要包含 PLL 时钟生成）。
- corerst 信号用于除 HCLKGEN 模块以外的所有主域（main domain）中模块的复位。

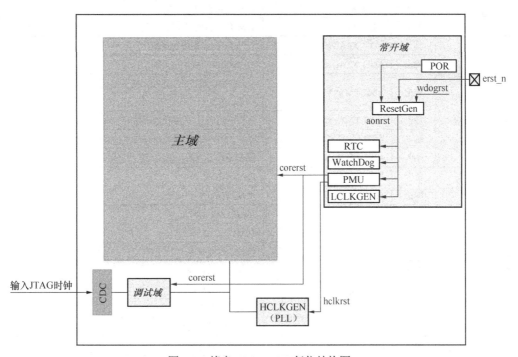

图 1-3　蜂鸟 E203 MCU 复位结构图

1.9　蜂鸟 E203 MCU 的上电流程控制

蜂鸟 E203 MCU 中的处理器核上电复位后，默认从外部 Flash 开始执行。用户可以通过调试器将开发的程序烧录至 Flash 中。利用 Flash 的 XiP 模式，程序可以直接从 Flash 中被执行。关于 QSPI0 和 Flash XiP 模式的更多信息，见 2.7.5 节。

由于映射的外部 Flash（Off-Chip QSPI0 Flash Read）的地址区间位于 0x2000_0000～0x3FFF_FFFF，因此蜂鸟 E203 处理器核的 PC 复位值默认设置为 0x2000_0000。

1.10　蜂鸟 E203 MCU 的顶层引脚

蜂鸟 E203 MCU 的顶层引脚如表 1-2 所示。

表 1-2　　　　　　　　　　蜂鸟 E203 MCU 的顶层引脚

类型	方向	名称	描述
MOFF 域时钟	输入	XTAL XI	16MHz 晶振输入引脚
	输出	XTAL XO	16MHz 晶振输出引脚
Always-On 时钟	输入	AON_XTAL XI	32.768kHz 晶振输入引脚
	输出	AON_XTAL XO	32.768kHz 晶振输出引脚
Always-On 端口	输出	AON_PMU_VDDPADEN	来自 PMU 模块的输出控制信号 vddpaden。关于 PMU 的更多信息，见 2.13 节
	输出	AON_PMU_PADRST	来自 PMU 模块的输出控制信号 padrst
	输入	AON_PMU_DWAKEUP_N	作为 PMU 模块的 dwakeup 输入信号（低电平有效）
	输入	AON_ERST_N	整个 SoC 芯片的外部输入复位信号（低电平有效）
JTAG 调试	输入	JTAG TCK	JTAG TCK 信号
	输出	JTAG TDO	JTAG TDO 信号
	输入	JTAG TMS	JTAG TMS 信号
	输入	JTAG TDI	JTAG TDI 信号
QSPI0 外部 Flash	双向	QSPI DQ 3	Quad SPI 数据线
	双向	QSPI DQ 2	Quad SPI 数据线
	双向	QSPI DQ 1	Quad SPI 数据线
	双向	QSPI DQ 0	Quad SPI 数据线
	输出	QSPI CS	Quad SPI 使能信号
	输出	QSPI SCK	Quad SPI 时钟信号
GPIO	双向	GPIOA_0～GPIOA_31	64 个 GPIO 引脚。关于 GPIO 引脚复用的情况，见 1.11 节
	双向	GPIOB_0～GPIOB_31	

1.11 蜂鸟 E203 MCU 的 GPIO 复用功能

蜂鸟 E203 MCU 有 A、B 两组 GPIO 引脚（共 64 个），如表 1-2 所示，这是 SoC 与外界连接的主要通用接口。GPIO 可以通过 IOF 功能，使得 SoC 中的外设能够复用 GPIO 的 64 个引脚与芯片外界进行通信，其接口分配如表 1-3 所示。关于 GPIO 的更多详细信息，见 2.6 节。

表 1-3　　　　　　　　　　GPIOA 和 GPIOB 的 IOF 接口分配表

GPIOA 引脚编号	IOF	GPIOB 引脚编号	IOF
0	PWM0_0	0	PWM2_0
1	PWM0_1	1	PWM2_1
2	PWM0_2	2	PWM2_2
3	PWM0_3	3	PWM2_3

续表

GPIOA 引脚编号	IOF	GPIOB 引脚编号	IOF
4	PWM1_0	4	PWM3_0
5	PWM1_1	5	PWM3_1
6	PWM1_2	6	PWM3_2
7	PWM1_3	7	PWM3_3
8	QSPI1:SCK	8	QSPI2:SCK
9	QSPI1:CS	9	QSPI2:CS
10	QSPI1:DQ0	10	QSPI2:DQ0
11	QSPI1:DQ1	11	QSPI2:DQ1
12	QSPI1:DQ2	12	QSPI2:DQ2
13	QSPI1:DQ3	13	QSPI2:DQ3
14	I^2C0:SCL	14	I^2C1:SCL
15	I^2C0:SDA	15	I^2C1:SDA
16	UART0:RX	16	UART1:RX
17	UART0:TX	17	UART1:TX
18	UART2:RX	18	—
19	UART2:TX	19	—
20	—	20	—
21	—	21	—
22	—	22	—
23	—	23	—
24	—	24	—
25	—	25	—
26	—	26	—
27	—	27	—
28	—	28	—
29	—	29	—
30	—	30	—
31	—	31	—

1.12 蜂鸟 E203 MCU 的中断处理

1.12.1 蜂鸟 E203 处理器核的异常和中断处理

1. 蜂鸟 E203 处理器核支持的异常和中断类型

在《手把手教你 RISC-V CPU（上）——处理器设计》的第 13 章中，我们介绍了 RISC-V

架构支持的所有中断和异常类型,但是蜂鸟 E203 处理器核并没有实现所有的中断和异常。

蜂鸟 E203 处理器核对异常和中断的硬件实现的要点概述如下。

- 蜂鸟 E203 为 "只支持机器模式" 架构,并且没有实现 MPU 与 MMU(不会产生虚拟地址 Page-Fault 相关的异常),因此只支持《手把手教你 RISC-V CPU(上)——处理器设计》的第 13 章描述的 RISC-V 架构中与机器模式相关的异常类型。
- 蜂鸟 E203 只实现了 RISC-V 架构定义的 3 种基本中断类型(软件中断、计时器中断和外部中断),并未实现更多的自定义中断类型。
- 蜂鸟 E203 的 MTVEC 寄存器最低位的 MODE 域仅支持模式 0,即在异常响应时,处理器均跳转到 BASE 域指示的 PC 地址。

综上所述,蜂鸟 E203 处理器核支持的中断和异常类型如表 1-4 所示(读者可参考《手把手教你 RISC-V CPU(上)——处理器设计》的第 13 章来理解表 1-4 中的内容)。

表 1-4　　　　　　　蜂鸟 E203 处理器核的中断和异常类型

类型	编号	中断和异常类型	同步/异步	描述
中断 (interrupt)	3	机器模式软件中断(machine software interrupt)	精确异步	机器模式软件中断
	7	机器模式计时器中断(machine timer interrupt)	精确异步	机器模式计时器中断
	11	机器模式外部中断(machine external interrupt)	精确异步	机器模式外部中断
异常 (exception)	0	指令地址非对齐(instruction address misaligned)	同步	指令 PC 地址非对齐
	1	指令访问错误(instruction access fault)	同步	取指令访存错误
	2	非法指令(illegal instruction)	同步	非法指令
	3	断点(breakpoint)	同步	RISC-V 架构定义了 EBREAK 指令。当处理器执行到该指令时,会发生异常并进入异常服务程序。该指令往往用于调试器(debugger),如设置断点
	4	读存储器地址非对齐(load address misaligned)	同步	Load 指令访存地址非对齐
	5	读存储器访问错误(load access fault)	非精确异步	Load 指令访存错误
	6	写存储器和 AMO 地址非对齐(store/AMO address misaligned)	同步	Store 或者 AMO 指令访存地址非对齐
	7	写存储器和 AMO 访问错误(store/AMO access fault)	非精确异步	Store 或者 AMO 指令访存错误

续表

类型	编号	中断和异常类型	同步/异步	描述
异常 （exception）	11	机器模式环境调用（environment call from m-mode）	同步	机器模式下执行 ECALL 指令。RISC-V 架构定义了 ECALL 指令。当处理器执行该指令时，会发生异常，进入异常服务程序。该指令往往供软件使用，强行进入异常模式
	16	NICE 指令写回错误（NICE instruction write-back error）	非精确异步	RISC-V 架构只定义了异常编号为 0～15 这 16 种异常。因此，该异常不是 RISC-V 架构定义的标准异常。此异常是用于蜂鸟 E203 的协处理器扩展指令写回错误造成的。有关 NICE 协处理器的信息，可参见《手把手教你 RISC-V CPU（上）——处理器设计》的第 16 章

2．蜂鸟 E203 处理器对于 MEPC 的处理

RISC-V 架构在中断和异常时的返回地址定义（更新 MEPC 的值）有细微差别：在出现中断时，中断返回地址 MEPC 被指向下一条尚未执行的指令；在出现异常时，MEPC 则指向当前指令，因为当前指令触发了异常。

按照上述差别，蜂鸟 E203 处理器核对 MEPC 值更新的原则如下。

- 对于同步异常，MEPC 值更新为当前发生异常的指令 PC 值。
- 对于精确异步异常（即中断），MEPC 值更新为下一条尚未执行的指令 PC 值。
- 对于非精确异步异常，MEPC 值更新为当前发生异常的指令 PC 值。

注意：在蜂鸟 E203 处理器核的实现中，同步异常、精确异步异常和非精确异步异常的分类如表 1-4 所示。

1.12.2　蜂鸟 E203 处理器核的中断接口

RISC-V 架构支持 4 种中断类型，分别为软件中断、计时器中断、外部中断和调试中断。按照此架构，在蜂鸟 E203 处理器核的顶层接口中，有 4 根中断输入信号线，分别是软件中断、计时器中断、外部中断和调试中断，如图 1-4 所示。

- SoC 层面的 CLINT 模块产生一根软件中断信号线和一根计时器中断信号线，通给蜂鸟 E203 处理器核。关于 SoC 层面的 CLINT 模块的更多详情，见 1.12.3 节。
- SoC 层面的 PLIC 模块管理多个外部中断源，在将其仲裁后，生成一根外部中断信号线，通给蜂鸟 E203 处理器核。关于 SoC 层面的 PLIC 模块的更多详情，见 1.12.4 节。
- SoC 层面的调试模块生成一根调试中断信号线，通给蜂鸟 E203 处理器核。由于调试

中断比较特殊,只有调试器介入调试时才发生,正常情形下不会发生,普通软件开发用户可以不予关注,因此在此不予讨论。对处理器核调试方案感兴趣的读者,可以参考《手把手教你 RISC-V CPU(上)——处理器设计》的第 14 章。

- 所有的中断信号均由蜂鸟 E203 处理器核内部进行处理。

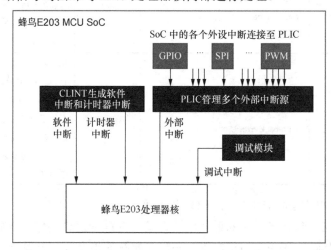

图 1-4 蜂鸟 E203 处理器核的中断接口

1.12.3　CLINT 模块生成计时器中断和软件中断

1. CLINT 简介

在蜂鸟 E203 MCU 中,CLINT(Core Local Interrupt Controller,处理器核局部中断控制器)主要用于产生计时器中断(timer interrupt)和软件中断(software interrupt)。读者可通过《手把手教你 RISC-V CPU(上)——处理器设计》的第 13 章了解 RISC-V 架构中的计时器中断与软件中断的详细信息。

2. CLINT 的寄存器

CLINT 是一个存储器地址映射的模块。在蜂鸟 E203 MCU 中,其寄存器的地址区间如表 1-5 所示。

表 1-5　　　　CLINT 的寄存器的存储器映射地址（memory mapped address）

地址	寄存器名称	复位默认值	功能描述
0x0200_0000	MSIP	0x0	生成软件中断
0x0200_4000	MTIMECMP_LO	0xFFFF_FFFF	配置计时器的比较值低 32 位
0x0200_4004	MTIMECMP_HI	0xFFFF_FFFF	配置计时器的比较值高 32 位
0x0200_BFF8	MTIME_LO	0x0000_0000	反映计时器的低 32 位值
0x0200_BFFF	MTIME_HI	0x0000_0000	反映计时器的高 32 位值

注意：CLINT 的寄存器只支持操作尺寸（size）为 32 位的读写访问。

3．通过 MSIP 寄存器生成软件中断

CLINT 可以用于生成软件中断，要点如下。

- CLINT 中实现了一个 32 位的 MSIP 寄存器。该寄存器只有最低位为有效位。该寄存器的有效位直接作为软件中断信号通给处理器核。
- 当软件将 1 写至 MSIP 寄存器，触发了软件中断后，蜂鸟 E203 处理器核的 CSR MIP 中的 MSIP 域便会置高，指示当前中断等待（pending）状态。
- 软件可通过将 0 写至 MSIP 寄存器来清除该软件中断。
- 读者可通过《手把手教你 RISC-V CPU（上）——处理器设计》的附录 B.2.19 节了解 MSIP 寄存器的更多信息。

注意：只有蜂鸟处理器核的中断全局使能和软件中断局部使能被打开后，才能够响应此软件中断（读者可通过《手把手教你 RISC-V CPU（上）——处理器设计》的第 13 章了解中断使能的相关信息）。

4．通过 MTIME 和 MTIMECMP 寄存器生成计时器中断

CLINT 可以用于生成计时器中断，要点如下。

- CLINT 中实现了一个 64 位的 MTIME 寄存器，该寄存器反映了 64 位计时器的值。计时器根据低速的输入节拍信号进行计时，计时器默认是打开的，因此会一直进行计数。注意，由于 CLINT 的计时器上电后会默认一直进行计数，为了在某些特殊情况下关闭此计时器计数，可以通过蜂鸟 E203 自定义的 CSR——MCOUNTERSTOP 中的 TIMER 域进行控制。读者可通过《手把手教你 RISC-V CPU（上）——处理器设计》的附录 B.3 节了解 MCOUNTERSTOP 寄存器的更多信息。
- CLINT 中实现了一个 64 位的 MTIMECMP 寄存器，该寄存器的值作为计时器的比较值。假设计时器的值 MTIME 大于或等于 MTIMECMP 的值，则产生计时器中断。软件可以通过改写 MTIMECMP 的值（使得其大于 MTIME 的值）来清除计时器中断。
- 读者可通过《手把手教你 RISC-V CPU（上）——处理器设计》的附录 B.2.19 节了解 MTIME 和 MTIMECMP 寄存器的更多信息。

注意：只有蜂鸟处理器核的中断全局使能和计时器中断局部使能被打开后，才能响应此计时器中断。

1.12.4 PLIC 管理多个外部中断

1．PLIC 简介

PLIC（Platform Level Interrupt Controller，平台级别中断控制器）是 RISC-V 架构标准定义的系统中断控制器，主要用于多个外部中断源的优先级仲裁，其要点简述如下。

（1）理论上，PLIC 可以支持多达 1024 个外部中断源，在具体的 SoC 中，连接的中断源个数可以不同。在蜂鸟 E203 MCU 中，PLIC 连接了 GPIO、UART 和 PWM 等多个外部中断源，其中断分配如表 1-6 所示。

表 1-6 PLIC 的中断分配

PLIC 的外部中断源编号	来源
0	预留为表示没有中断
1	wdogcmp
2	rtccmp
3	uart0
4	uart1
5	uart2
6	qspi0
7	qspi1
8	qspi2
9	pwm0
...	...
12	pwm3
13	i^2c0
14	i^2c1
15	gpioA
16	gpioB

（2）PLIC 将多个外部中断源仲裁为一个单比特的中断信号，送入处理器核作为机器模式外部中断（machine external interrupt）。处理器核在收到中断并进入异常服务程序后，可以通过读 PLIC 的相关寄存器查看中断源的编号和信息。

（3）处理器核在处理完相应的中断服务程序后，可以通过写 PLIC 的相关寄存器和具体的外部中断源的寄存器来清除中断源（如果中断来源为 GPIO，则可以通过 GPIO 模块的中断相关寄存器清除该中断）。

读者可通过《手把手教你 RISC-V CPU（上）——处理器设计》的附录 C 了解 RISC-V 架构所定义的 PLIC 的详细信息。

2．PLIC 的外部中断源分配

PLIC 在蜂鸟 E203 MCU 中连接所有外设的中断，包括 GPIO、UART 和 PWM 等多个外部中断源。蜂鸟 E203 MCU 的 PLIC 外部中断源分配如表 1-6 所示，从中可以看出，蜂鸟 E203 MCU 的外部中断源共有 17 个，其中除 0 被预留为表示"不存在的中断"以外，编号 1～16 对应的中断源接口信号线被用于连接有效的外部中断源。

3．PLIC 的寄存器

PLIC 是一个存储器地址映射的模块，在蜂鸟 E203 MCU 中，其寄存器的地址区间如表 1-7 所示。注意，PLIC 的寄存器只支持操作尺寸为 32 位的读写访问。

表 1-7　　　　　　　　　　　　　　PLIC 的寄存器的存储器映射地址

地址	寄存器的英文名称	寄存器的中文名称	复位默认值
0x0C00_0004	Source 1 priority	中断源 1 的优先级	0x0
0x0C00_0008	Source 2 priority	中断源 2 的优先级	0x0
…	…	…	…
0x0C00_0FFC	Source 1023 priority	中断源 1023 的优先级	0x0
…	…	…	…
0x0C00_1000	Start of pending array（read-only）	中断等待标志的起始地址	0x0
…	…	…	…
0x0C00_107C	End of pending array	中断等待标志的结束地址	0x0
…	…	…	…
0x0C00_2000	Target 0 enables	中断目标 0 的使能位	0x0
…	…	…	…
0x0C20_0000	Target 0 priority threshold	中断目标 0 的优先级门槛	0x0
0x0C20_0004	Target 0 claim/complete	中断目标 0 的响应/完成	0x0

- 理论上，PLIC 可以支持多个中断目标（target）。由于蜂鸟 E203 处理器是一个单核处理器，且仅实现了机器模式，因此仅用到 PLIC 的 Target 0。表 1-7 中的 Target 0 即为蜂鸟 E203 处理器核。

- 表 1-7 中的"Source 1 priority"～"Source 1023 priority"对应每个中断源的优先级寄存器（可读可写）。虽然每个优先级寄存器对应一个 32 位的地址区间（4 字节），但是优先级寄存器的有效位可以只有几位（其他位固定为 0 值）。例如，硬件实现优先级寄存器的有效位为 3 位，则其可以支持的优先级为 0～7 这 8 个优先级。注意：由于 PLIC 理论上可以支持 1024 个中断源，因此此处定义了 1024 个优先级寄存器的地址。但是，在目前的蜂鸟 E203 MCU 中，实际上只使用了表 1-6 所示的中断源。

- 表 1-7 中的"Start of pending array"～"End of pending array"对应每个中断源的 IP（中断等待）寄存器（只读）。由于每个中断源的 IP 仅有 1 位宽，而每个寄存器对应一个 32 位的地址区间（4 字节），因此每个寄存器可以包含 32 个中断源的 IP。按照此规则，"Start of pending array"寄存器包含中断源 0～中断源 31 的 IP 寄存器值，其他依此类推。每 32 个中断源的 IP 被组织在一个寄存器中，总共 1024 个中断源，则需要 32 个寄存器，其地址为 0x0C00_1000～0x0C00_107C 的 32 个地址。

注意： 由于 PLIC 理论上可以支持 1024 个中断源，因此此处定义了 1024 个等待阵列（pending array）寄存器的地址。但是，在目前的蜂鸟 E203 MCU 中，实际上只使用了表 1-6 所示的中断源。

- 表 1-7 中的"Target 0 enables"对应每个中断源的中断使能寄存器（可读可写）。与 IP 寄存器同理，由于每个中断源的 IE 仅有 1 位宽，而每个寄存器对应一个 32 位的地址区间（4 字节），因此每个寄存器可以包含 32 个中断源的 IE。按照此规则，对于"Target 0"，每 32 个中断源的 IE 被组织在一个寄存器中，总共 1024 个中断源，则需要 32 个寄存器，其地址为 0x0C00_2000～0x0C00_207C 的 32 个地址。

- 表 1-7 中的"Target 0 priority threshold"对应"Target 0"的阈值寄存器（可读可写）。虽然每个阈值寄存器对应一个 32 位的地址区间（4 字节），但是阈值寄存器的有效位个数应该与每个中断源的优先级寄存器有效位个数相同。

- 表 1-7 中的"Target 0 claim/complete"对应"Target 0"的"中断响应"寄存器和"中断完成"寄存器。对于每个中断目标，由于"中断响应"寄存器为可读，"中断完成"寄存器为可写，因此可将它们合并为一个寄存器，共享同一个地址，成为一个可读可写的寄存器。

第 2 章　开源蜂鸟 E203 MCU 的外设

本章将介绍蜂鸟 E203 MCU 中的所有外设。

2.1　蜂鸟 E203 MCU 的外设概述

蜂鸟 E203 MCU 中的所有外设如表 2-1 所示。

表 2-1　　　　　　　　　　　　蜂鸟 E203 MCU 中的所有外设

类型	外设	数目
中断控制	外部中断控制模块（PLIC）	1 组
	软件中断和计时器中断生成模块（CLINT）	1 组
时钟控制	低速时钟生成模块（LCLKGEN）	1 组
	高速时钟生成模块（HCLKGEN）	1 组
端口控制	GPIO	A、B 两组（共 64 个引脚）
通信协议接口	(Q)SPI	3 组
	I²C	2 组
	UART	3 组
脉宽调制输出	PWM	1 组（16 路输出通道）
计时器	WDT（WatchDog Timer）	1 组
	RTC（RealTime Counter）	1 组
	Timer（来自 CLINT 模块）	1 组
电源管理	PMU	1 组

下面将介绍各个外设的详细信息。

2.2　PLIC

PLIC 是 RISC-V 架构标准定义的系统中断控制器，主要用于多个外部中断源的优先级仲裁，最后产生一根外部中断信号线并通给 RISC-V 处理器核。PLIC 是一个存储器地址映射（memory address mapped）的模块，挂载在蜂鸟 E203 处理器核为其实现的专用总线接口上。关于蜂鸟 E203 MCU 中 PLIC 的详情，见 1.12.4 节。

2.3 CLINT

CLINT 在蜂鸟 E203 MCU 中主要用于产生计时器中断和软件中断。关于蜂鸟 E203 MCU 中 CLINT 的详情，见 1.12.3 节。

2.4 LCLKGEN

2.4.1 LCLKGEN 简介

如图 1-1 所示，LCLKGEN（Low-Speed Clock Generation，低速时钟生成）模块主要为常开域（always-on domain）生成时钟。常开域使用低速的实时时钟，频率为 32.768kHz，可以选择来自片上振荡器、外部晶振，或者直接通过芯片引脚输入。

LCLKGEN 模块的结构取决于具体芯片的工艺和 IP，本书在此不做介绍。

注意： 在 FPGA 原型平台中，LCLKGEN 模块为空模块，直接输出由板载晶振产生的 32.768kHz 时钟。

2.4.2 LCLKGEN 的寄存器

在蜂鸟 E203 MCU 的具体芯片实现中，LCLKGEN 模块有若干可编程寄存器（地址区间为 0x1000_0200～0x1000_02FF），用于控制 LCLKGEN 模块的相关功能。

2.5 HCLKGEN

2.5.1 HCLKGEN 简介

如图 1-1 所示，HCLKGEN（High-Speed Clock Generation，高速时钟生成）模块主要为主域生成高速时钟（如频率为 100MHz）。HCLKGEN 模块可以使用片上振荡器、外部晶振和片上 PLL 产生高速时钟，PLL 可以通过软件配置将其旁路。HCLKGEN 模块的结构取决于具体芯片的工艺和 IP，本书在此不做介绍。

注意：在 FPGA 原型平台中，HCLKGEN 模块为空模块，直接输出由 FPGA 产生的 16MHz 时钟。

2.5.2 HCLKGEN 的寄存器

在蜂鸟 E203 MCU 的具体芯片中，HCLKGEN 模块有若干可编程寄存器（地址区间为 0x1000_8000～0x1000_8FFF），它用于控制 HCLKGEN 模块的相关功能。

2.6 GPIO

2.6.1 GPIO 的功能

GPIO 的英文全称为 General Purpose I/O。蜂鸟 E203 MCU 中的 GPIO 的功能如下。

（1）GPIO 为 MCU 提供一组 32 个通用输入/输出接口。

（2）每个 I/O 均可直接受软件编程的可配置寄存器控制，此模式称为软件控制模式。读者可通过 2.6.3 节了解软件控制模式的更多信息。

（3）每个 I/O 均可直接受硬件接口信号控制，此模式称为 IOF 模式。读者可通过 2.6.3 节了解 IOF 模式的更多信息。

（4）每个 I/O 均可产生中断。

2.6.2 GPIO 的寄存器

GPIO 的可配置寄存器为存储器地址映射寄存器。如图 1-1 所示，GPIO 作为一个从模块挂载在 SoC 的私有设备总线上，可配置寄存器在系统中的存储器映射地址区间如表 1-1 所示。GPIO 的可配置寄存器及其偏移地址如表 2-2 所示，部分寄存器将在 2.6.6 节～2.6.12 节中详细讲解。

表 2-2　　　　　　　　　　　　GPIO 的可配置寄存器列表

寄存器名称	偏移地址	复位默认值	描述
GPIO_PADDIR	0x00	0x0	引脚的工作方向（输入/输出）
GPIO_PADIN	0x04	0x0	引脚的输入值
GPIO_PADOUT	0x08	0x0	引脚的输出值

续表

寄存器名称	偏移地址	复位默认值	描述
GPIO_INTEN	0x0C	0x0	中断使能
GPIO_INTTYPE0	0x10	0x0	中断模式设置
GPIO_INTTYPE1	0x14	0x0	中断模式设置
GPIO_INTSTATUS	0x18	0x0	中断标志
GPIO_IOFCFG	0x1C	0x0	I/O 功能设置
GPIO_PADCFG0～GPIO_PADCFG7	0x20～0x3C	0x0	引脚的性能配置

注：1. 蜂鸟 E203 MCU 中有 A、B 两组 GPIO，在系统中的基地址分别为 0x1001_2000 和 0x1004_0000，因此，对于 GPIOA，表中的 GPIO_PADDIR 寄存器的存储器映射地址为 0x1001_2000，GPIO_PADIN 寄存器的存储器映射地址为 0x1001_2004，其他依此类推。

2. 表中所有的寄存器均为 32 位宽度，每一位用于控制 GPIO 的一个 I/O，因此，一组 GPIO 支持最多 32 个 I/O。

3. 表中所有的寄存器需要以 32 位对齐的存储器访问方式进行读写。

4. 表中 GPIO_PADCFG0～GPIO_PADCFG7 这几个配置寄存器用于设置 GPIO 的驱动强度、转换速率等，这些功能主要适用于 ASIC 设计。在 FPGA 原型平台中，这几个寄存器并无任何实际功能。

2.6.3　I/O 结构和 IOF 模式

GPIO 的 32 个 I/O 的结构完全相同，要点如下。

（1）每个 I/O 的 Pad 有如下控制信号。

- DIR：工作方向（输入或者输出）。
- IN：输入值。
- OUT：输出值。

（2）每个 I/O 具有两种模式：软件控制模式和 IOF（IO Function）控制模式，介绍如下。

- 软件控制模式：当表 2-2 中的 GPIO_IOFCFG 寄存器对应此 I/O 的比特位被配置为 0 时，此 I/O 处于软件控制模式。在此模式下，MCU 的 I/O Pad 工作在普通的 GPIO 模式。
- IOF 控制模式：当表 2-2 中的 GPIO_IOFCFG 寄存器对应此 I/O 的比特位被配置为 1 时，此 I/O 处于 IOF 控制模式。在此模式下，MCU 的 I/O Pad 工作在其所对应的外设模式。

注意：当工作在 IOF 控制模式时，无须设置 Pad 的工作方向。

2.6.4　MCU 各外设复用 GPIO 引脚

GPIO 的 IOF 功能可以使蜂鸟 E203 MCU 中的外设复用 GPIO 的 32 个 Pad 与芯片外界进行通信。其接口分配如表 1-3 所示。

2.6.5　GPIO 中断

　　GPIO 的每个 I/O 都可以根据 I/O Pad 的输入信号产生不同类型的中断，包括上升沿触发、下降沿触发、高电平触发和低电平触发，不同的中断触发类型可通过 GPIO_INTTYPE0 和 GPIO_INTTYPE1 寄存器进行设置。在通过 GPIO_INTEN 寄存器完成 GPIO 的中断使能后，当检测到所配置类型的中断触发信号时，便会产生中断。产生的任何类型的中断会统一反映在 GPIO_INTSTATUS 寄存器对应此 I/O 的比特位中，而且该中断会一直保持，直到软件读取 GPIO_INTSTATUS 寄存器的值并对其进行清零。关于 GPIO 的中断配置相关寄存器，可参见 2.6.9 节～2.6.11 节。

　　一组 GPIO 支持 32 个 I/O，每个 I/O 均可以产生中断，总共可以产生 32 个中断信号，这 32 个中断会经过"或"操作产生最终的一个中断信号，送往 MCU 中的 PLIC 作为其外部中断源。读者可通过 1.12.4 节，了解关于 PLIC 管理外部中断源的更多信息。简而言之，一组 GPIO（32 个引脚）共享一根中断输出信号线。

　　注意：在 GPIO 对 I/O Pad 的输入信号进行检测前，需要被 GPIO 所处的时钟域进行同步和采样，因此外部的 Pad 输入信号必须持续超过两个 GPIO 时钟周期才能够被检测到，否则会被作为"毛刺"而忽略。在蜂鸟 E203 MCU 中，GPIO 处于主域的时钟域。读者可通过 1.5 节了解时钟域的更多信息。

2.6.6　GPIO_PADDIR 寄存器

　　GPIO_PADDIR 寄存器用于在软件控制模式下配置 GPIO 的工作方向，其每一个比特位对应 GPIO 的每个 I/O Pad，配置时的对应关系如下。
- 1：输出。
- 0：输入。

2.6.7　GPIO_PADIN 寄存器

　　GPIO_PADIN 寄存器用于反映 GPIO 的输入值，其每一个比特位对应 GPIO 的每个 I/O Pad。

2.6.8　GPIO_PADOUT 寄存器

　　GPIO_PADOUT 寄存器用于在软件控制模式下配置 GPIO 的输出值，其每一个比特位对应 GPIO 的每个 I/O Pad，配置时的对应关系如下。
- 1：输出高电平。
- 0：输出低电平。

2.6.9　GPIO_INTTEN 寄存器

GPIO_INTTEN 寄存器用于配置 GPIO 的中断使能，其每一个比特位对应 GPIO 的每个 I/O Pad，配置时的对应关系如下。

- 1：中断被使能。
- 0：中断被禁用。

2.6.10　GPIO_INTTYPE0 和 GPIO_INTTYPE1 寄存器

GPIO_INTTYPE0 和 GPIO_INTTYPE1 寄存器用于配置 GPIO 的中断触发类型，其每一个比特位对应 GPIO 的每个 I/O Pad，配置时的对应关系如下。

- INTTYPE0 = 0，INTTYPE1 = 0：高电平触发。
- INTTYPE0 = 1，INTTYPE1 = 0：低电平触发。
- INTTYPE0 = 0，INTTYPE1 = 1：上升沿触发。
- INTTYPE0 = 1，INTTYPE1 = 1：下降沿触发。

2.6.11　GPIO_INTSTATUS 寄存器

GPIO_INTSTATUS 寄存器用于反映 GPIO 的中断触发状态，其每一个比特位对应 GPIO 的每个 I/O Pad。通过在软件上读取该寄存器的值便可完成该寄存器的清零。

2.6.12　GPIO_IOFCFG 寄存器

GPIO_IOFCFG 寄存器用于配置 GPIO 的具体功能，其每一个比特位对应 GPIO 的每个 I/O Pad，配置时的对应关系如下。

- 1：IOF 控制模式。
- 0：软件控制模式。

2.7　SPI

2.7.1　SPI 的背景知识

SPI（Serial Peripheral Interface，串行外设接口）是 MCU 中常用的接口模块。SPI 的通信原理很简单，它以主从方式工作，通常有一个主设备和一个（或多个）从设备，需要至少

4 根线（支持全双工方式）或者 3 根线（支持半双工方式），包括 MOSI（数据输出）、MISO（数据输入）、SCK（时钟）和 CS（片选），下面分别予以介绍。

（1）MOSI：SPI 总线主设备输出/从设备输入（Master Output / Slave Input）。

（2）MISO：SPI 总线主设备输入/从设备输出（Master Input / Slave Output）。

（3）SCK：时钟信号，由主设备产生。

（4）CS（Chip Select，片选）：从设备使能信号，由主设备控制，有些芯片的此引脚也称为 SS。CS 控制芯片是否被选中，也就是说，只有片选信号为预先规定的使能值（高电平或低电平），对此芯片的操作才有效。此方法使得在同一总线上连接多个 SPI 设备成为可能。

一个主设备与一个从设备直接对接的示意图如图 2-1 所示。

一个主设备与多个从设备对接的示意图如图 2-2 所示。

注意：在独立的从设备配置中，每个从设备都有独立的片选线。同时，由于从设备的 MISO 引脚连接在一起，因此要求它们是三态（高电平、低电平或高阻抗）引脚。

图 2-1　SPI 总线中一个主设备与一个从设备直接对接　　图 2-2　SPI 总线中一个主设备与多个从设备对接

基本的 SPI 协议也称为 Single-SPI。由于 Single-SPI 是串行通信协议，因此数据逐位进行传输，由 SCK（图 2-1 中的 SCLK 等同于 SCK）提供时钟脉冲，MOSI、MISO 则基于此脉冲完成数据传输。数据输出通过 MOSI 线传输，数据在时钟上升沿或下降沿时改变，在紧接着的下降沿或上升沿被采样完成一位数据传输，输入也是同样的原理。图 2-3 所示为典型的 Single-SPI 通信波形。

在 Single SPI 协议的基础上，扩展出了 Dual-SPI 和 Quad-SPI 协议，介绍如下。

1）Dual-SPI

- 由于在实际中较少使用全双工模式，因此，为了充分利用数据线，Dual-SPI 协议被引入。

- 在 Dual-SPI 协议中，MOSI、MISO 数据线被分别重命名为 SD0、SD1，变成既可以进行输出，又可以进行输入的双向信号线。

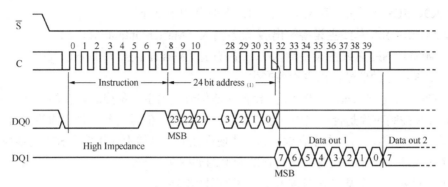

图 2-3 典型的 Single-SPI 通信波形（Micron Flash 读操作）

- Dual-SPI 协议同时使用两根数据线进行传输，在一段时间内，或者全部进行输出（发送数据），或者全部进行输入（接收数据），因此是半双工方式。
- 由于同时使用两根数据线进行传输，一个周期可以传送 2bit 信号，因此，在单向传输时，数据的吞吐率能够提高 1 倍。

2）Quad-SPI

- Quad-SPI 在 Dual-SPI 的基础上新添加两根数据线，使得数据线变成 4 根，分别为 SD0、SD1、SD2 和 SD3。
- Quad-SPI 协议同样使用半双工方式，一个周期可以传送 4bit 信号，因此，在单向传输时，数据的吞吐率比 Dual-SPI 协议提高 1 倍。

图 2-4 所示为典型的 Quad-SPI 通信波形，Dual-SPI 通信波形与之相似。

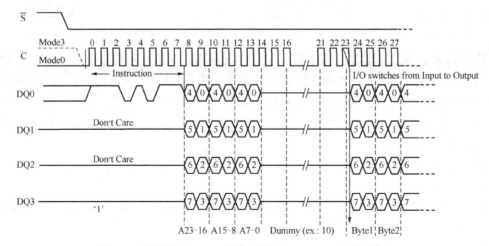

图 2-4 典型的 Quad-SPI 通信波形（Micron Flash 读操作）

限于篇幅，本书仅对 Single-SPI、Dual-SPI 和 Quad-SPI 进行简单介绍。若读者想要了解更多内容，可自行查阅相关的学习资料。

2.7.2　SPI 的特性

蜂鸟 E203 MCU 支持 3 个 Quad-SPI 模块，分别为 QSPI0、QSPI1 和 QSPI2，如图 1-1 所示。

QSPI0 较为特殊，可支持 Flash 的 XiP 模式，使得外部 Flash 能够被映射为一个只读的地址区间，从而被直接读取，因此，蜂鸟 E203 MCU 中的 QSPI0 是专门用于访问外部 Flash 的接口。读者可通过 2.7.5 节了解 QSPI0 对应的 Flash XiP 模式的更多信息。

QSPI1 和 QSPI2 是两个功能完全相同的模块，不支持 Flash 的 XiP 模式，可以通过寄存器配置为单线（Single-SPI）模式和四线（Quad-SPI）模式，支持发送和接收 FIFO 缓存，同时支持软件可编程的阈值以产生中断。

2.7.3　SPI 的寄存器

SPI 的可配置寄存器为存储器地址映射寄存器。如图 1-1 所示，SPI 作为从模块挂载在 SoC 的私有设备总线上。蜂鸟 E203 MCU 中的 3 个 SPI 模块的可配置寄存器在系统中的存储器映射地址区间如表 1-1 所示。QSPI0 的可配置寄存器及其偏移地址如表 2-3 所示，QSPI1 和 QSPI2 的可配置寄存器及其偏移地址如表 2-4 所示。

表 2-3　　　　　　　　　　　　QSPI0 的可配置寄存器列表

寄存器名称	偏移地址	描述
SPI_SCKDIV	0x00	SCK 时钟频率分频系数寄存器
SPI_SCKMODE	0x04	SCK 模式配置寄存器
SPI_CSID	0x10	CS 选通标识（ID）寄存器
SPI_CSDEF	0x14	CS 默认电平配置寄存器
SPI_CSMODE	0x18	CS 模式配置寄存器
SPI_DELAY0	0x28	延迟控制寄存器 0
SPI_DELAY1	0x2C	延迟控制寄存器 1
SPI_FMT	0x40	传输参数配置寄存器
SPI_TXDATA	0x48	发送数据寄存器
SPI_RXDATA	0x4C	接收数据寄存器
SPI_TXMARK	0x50	发送中断阈值寄存器
SPI_RXMARK	0x54	接收中断阈值寄存器
SPI_FCTRL	0x60	Flash XiP 模式控制寄存器（仅 QSPI0 有）

续表

寄存器名称	偏移地址	描述
SPI_FFMT	0x64	XiP 传输参数控制寄存器（仅 QSPI0 有）
SPI_IE	0x70	中断使能寄存器
SPI_IP	0x74	中断等待标志寄存器

注：1. 由于 QSPI0 在系统中的基地址为 0x1001_4000，因此 QSPI0 的 SPI_SCKDIV 寄存器的存储器映射地址为 0x1001_4000，
   　 SPI_SCKMODE 寄存器的存储器映射地址为 0x1001_4004，其他依此类推。

　 2. 表中所有的寄存器需要以 32 位对齐的存储器访问方式进行读写。

表 2-4　　　　　　　　　　　QSPI1 和 QSPI2 的可配置寄存器列表

寄存器名称	偏移地址	描述
SPI_STATUS	0x00	SPI 的控制和状态寄存器
SPI_CLKDIV	0x04	SCK 时钟频率分频系数寄存器
SPI_CMD	0x08	SPI 的命令配置寄存器
SPI_ADR	0x0C	SPI 的地址配置寄存器
SPI_LEN	0x10	SPI 的传输长度配置寄存器
SPI_DUM	0x14	延迟（空闲周期）控制寄存器
SPI_TXFIFO	0x18	发送数据寄存器
SPI_RXFIFO	0x20	接收数据寄存器
SPI_INTCFG	0x24	中断配置寄存器
SPI_INTSTA	0x28	中断状态寄存器

注：1. 蜂鸟 E203 MCU 中有 QSPI1 和 QSPI2 两个模块，在系统中的基地址分别为 0x1002_4000 和 0x1003_4000，因此，对于
   　 QSPI1，表中的 SPI_STATUS 寄存器的存储器映射地址为 0x1002_4000，SPI_CLKDIV 寄存器的存储器映射地址为
   　 0x1002_4004，其他依此类推。

　 2. 表中所有的寄存器需要以 32 位对齐的存储器访问方式进行读写。

2.7.4　SPI 数据线

蜂鸟 E203 MCU 中有 3 个 QSPI 模块，其中 QSPI0 是专门用于访问外部 Flash 存储器的接口，拥有专用的芯片引脚。读者可通过 1.11 节了解芯片引脚分配的更多信息。而 QSPI1 和 QSPI2 则通过 GPIO 的 IOF 功能复用 GPIO 引脚，如表 1-3 所示。

2.7.5　QSPI0 的寄存器配置

1．SPI_SCKDIV 寄存器

SPI_SCKDIV 寄存器用于设置 SPI 的 SCK 信号的时钟频率。SPI_SCKDIV 寄存器的格

式如图 2-5 所示。

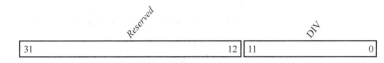

图 2-5 SPI_SCKDIV 寄存器的格式

SPI_SCKDIV 寄存器各比特域的描述如表 2-5 所示。

表 2-5 SPI_SCKDIV 寄存器各比特域

域名	比特域	读写属性	复位默认值	描述
DIV	11：0	可读可写	0x3	用于配置产生 SCK 信号的分频系数

SCK 信号的时钟频率计算过程如下。

（1）假设 SPI_SCKDIV 寄存器值为 div。

（2）假设 SPI 模块在 SoC 中所处的时钟域的时钟频率为 Freq_SPI。

注意：在蜂鸟 E203 MCU 中，SPI 处于主域的时钟域。读者可通过 1.5 节了解时钟域的更多信息。

（3）SCK 信号的时钟频率 Freq_SCK = Freq_SPI / (2(div + 1))。

2．SPI_SCKMODE 寄存器

SPI 的时钟信号 SCK 的时钟极性与时钟相位均有两种模式，介绍如下。SPI 的时钟信号 SCK 的不同极性和相位模式示意图如图 2-6 所示。

1）时钟极性（简称 CPOL）

- 假设 CPOL 为 0，则 SCK 在空闲时为低电平，时钟的"前沿"是上升沿，"后沿"是下降沿。
- 假设 CPOL 为 1，则 SCK 在空闲时为高电平，时钟的"前沿"是下降沿，"后沿"是上升沿。

2）时钟相位（简称 CPHA）

- 假设 CPHA 为 0，则数据在发送端的时钟后沿改变，在接收端的下一个时钟前沿被采样。注意，如果是第一个时钟周期，那么数据必须提前准备好，以便接收端能够在第一个时钟前沿采样数据。
- 假设 CPHA 为 1，则数据在发送端的时钟前沿改变，在接收端的下一个时钟后沿被采样。

注意：如果是第一个时钟周期，那么数据必须提前准备好，以便接收端能够在第一个时钟后沿采样数据。

SPI_SCKMODE 寄存器用于设置 SPI 的时钟信号 SCK 的时钟极性和时钟相位。SPI_SCKMODE 寄存器的格式如图 2-7 所示。

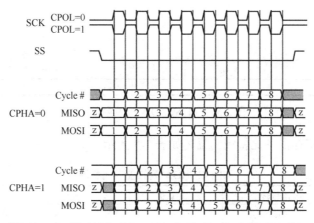

图 2-6　SPI 的时钟信号 SCK 的不同极性和相位模式示意图

图 2-7　SPI_SCKMODE 寄存器的格式

SPI_SCKMODE 寄存器各比特域的描述如表 2-6 所示。

表 2-6　　　　　　　　　　　　SPI_SCKMODE 寄存器各比特域

域名	比特域	读写属性	复位默认值	描述
POL	1	可读可写	0x0	此域配置 CPOL
PHA	0	可读可写	0x0	此域配置 CPHA

3. SPI_CSID 寄存器

SPI 最多可以有 4 个使能信号，分别为 SS0、SS1、SS2 和 SS3。多个使能信号使得同一总线上连接多个 SPI 从设备成为可能，但是一次只能使能一个 SPI 从设备。

SPI_CSID 寄存器用于设置 SPI 的使能信号。SPI_CSID 寄存器的格式如图 2-8 所示。

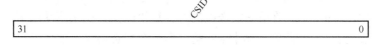

图 2-8　SPI_CSID 寄存器的格式

SPI_CSID 寄存器各比特域的描述如表 2-7 所示。

表 2-7　　　　　　　　　　　　SPI_CSID 寄存器各比特域

域名	比特域	读写属性	复位默认值	描述
CSID	31：0	可读可写	0x0	该域的值用于选择使能信号的索引。假设此域的值为 1，则表示控制 SS1 使能信号，依此类推

4. SPI_CSDEF 寄存器

SPI 的使能信号在空闲时可以是低电平或高电平。SPI_CSDEF 寄存器用于设置 SPI 的使能信号空闲值。SPI_CSDEF 寄存器的格式如图 2-9 所示。

图 2-9 SPI_CSDEF 寄存器的格式

SPI_CSDEF 寄存器各比特域的描述如表 2-8 所示。

表 2-8 　　　　　　　　　　　　　SPI_CSDEF 寄存器各比特域

域名	比特域	读写属性	复位默认值	描述
CS3DEF	3	可读可写	0x1	该域的值表示 SS3 使能信号的空闲值
CS2DEF	2	可读可写	0x1	该域的值表示 SS2 使能信号的空闲值
CS1DEF	1	可读可写	0x1	该域的值表示 SS1 使能信号的空闲值
CS0DEF	0	可读可写	0x1	该域的值表示 SS0 使能信号的空闲值

5. SPI_CSMODE 寄存器

SPI_CSMODE 寄存器用于设置使能信号的行为。SPI 使能信号的行为有多种，介绍如下。

1）AUTO 模式

在 SPI 开始发送数据之前，硬件自动将使能信号置为有效电平值（取决于高电平有效或者低电平有效），该过程称为 assertion；在结束发送数据之后，硬件自动将使能信号恢复为空闲值，该过程称为 de-assertion。

2）HOLD 模式

（1）在 SPI 开始发送数据之前，硬件自动将使能信号置为有效电平（取决于高电平有效或者低电平有效）；在结束发送数据之后，使能信号一直保持为有效电平值。

（2）使能信号在以下任一条件发生时会被恢复为空闲值。

- SPI_CSMODE 或 SPI_CSID 寄存器被写入了新的不同值。
- SPI_CSDEF 寄存器被写入了新值，改变了相应使能信号的空闲值设置。
- SPI_FCTRL 寄存器被配置为 1，即直接以 Flash 读模式被打开。

3）OFF 模式

关闭使能信号功能。在此模式下，硬件将无法控制使能信号的行为，使能信号的值保持为空闲值。

SPI_CSMODE 寄存器的格式如图 2-10 所示。

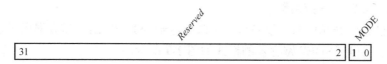

图 2-10　SPI_CSMODE 寄存器的格式

SPI_CSMODE 寄存器各比特域的描述如表 2-9 所示。

表 2-9　　　　　　　　　　　　　　SPI_CSMODE 寄存器各比特域

域名	比特域	读写属性	复位默认值	描述
MODE	1：0	可读可写	0x0	• 假设该域的值为 0，表示配置使能信号为 AUTO 模式； • 假设该域的值为 2，表示配置使能信号为 HOLD 模式； • 假设该域的值为 3，表示配置使能信号为 OFF 模式

6．SPI_DELAY0 和 SPI_DELAY1 寄存器

SPI_DELAY0 和 SPI_DELAY1 寄存器用于配置若干延迟周期参数。SPI_DELAY0 寄存器的格式如图 2-11 所示，SPI_DELAY1 寄存器的格式如图 2-12 所示。

图 2-11　SPI_DELAY0 寄存器的格式

图 2-12　SPI_DELAY1 寄存器的格式

SPI_DELAY0 寄存器各比特域的描述如表 2-10 所示，SPI_DELAY1 寄存器各比特域的描述如表 2-11 所示。

表 2-10　　　　　　　　　　　　　　SPI_DELAY0 寄存器各比特域

域名	比特域	读写属性	复位默认值	描述
SCKCS	23：16	可读可写	0x1	该域的值指定在结束发送数据和最后一个 SCK 时钟后沿之后至少多少个周期内仍会将使能信号（SS）保持为有效值
CSSCK	7：0	可读可写	0x1	该域的值指定在开始发送数据和第一个 SCK 时钟前沿之前至少提前多少个周期会将使能信号（SS）置为有效值

表 2-11   SPI_DELAY1 寄存器各比特域

域名	比特域	读写属性	复位默认值	描述
INTERXFR	23：16	可读可写	0x0	该域的值指定在使能信号保持不变的情况下，SPI 连续传输两个数据帧之间最少的间隔周期数。注意，该种情况只有在 SPI_SCKMODE 被配置为 HOLD 模式或者 OFF 模式时才会发生
INTERCS	7：0	可读可写	0x1	该域的值指定使能信号从"有效值恢复为空闲值（de-assertion）后"到"重新置为有效值（assertion）"最少应该持续的空闲周期数（mininum CS inactive time）

7．SPI_FCTRL 寄存器

蜂鸟 E203 MCU 中的 QSPI0 特别地支持 Flash 的 XiP 模式，使得外部 Flash 能够被映射为一个只读的地址区间，从而被直接读取。因此，对于 QSPI0，有两种工作模式，简述如下。

1）FIFO 发送/接收模式

在此模式下，QSPI0 通过 SPI_TXDATA 和 SPI_RXDATA 寄存器分别进行发送和接收数据操作。

2）Flash XiP 模式

- 在此模式下，QSPI0 模块的 SPI_TXDATA 和 SPI_RXDATA 等寄存器的功能失效。整个 QSPI0（外接 Flash）被映射为一个只读的地址区间，从而被直接读取。
- 如表 1-1 所示，在蜂鸟 E203 MCU 中，QSPI0 Flash 只读区间被映射到地址区间 0x2000_0000~0x3FFF_FFFF，因此，软件直接从此区间读数据或者取指令会自动触发 QSPI0 通过 SPI 协议读取外部的 Flash。

QSPI0 通过 SPI 读取外部 Flash 的具体 SPI 协议行为受 SPI_FFMT 寄存器控制。

在此模式下，支持常用的 Winbond/Numonx Flash 串行读命令（0x03）读取外部的 Flash。

对于 QSPI0，有一个特殊的 SPI_FCTRL 寄存器用于控制当前 Flash 所处的工作模式。SPI_FCTRL 寄存器的格式如图 2-13 所示。

图 2-13 SPI_FCTRL 寄存器的格式

SPI_FCTRL 寄存器各比特域的描述如表 2-12 所示。

表 2-12   SPI_FCTRL 寄存器各比特域

域名	比特域	读写属性	复位默认值	描述
EN	0	可读可写	0x1	- 如果该域为 1，则表示使能 QSPI0 的 Flash XiP 模式； - 如果该域为 0，则表示不使能 QSPI0 的 Flash XiP 模式，QSPI0 处于普通的 FIFO 发送/接收模式

8. SPI_FFMT 寄存器

当 QSPI0 处于 Flash XiP 模式时，整个 QSPI0（外接 Flash）被映射为一个只读的地址区间，从而被直接读取。软件直接从此区间读数据或者取指令会自动触发 QSPI0 通过 SPI 协议读取外部的 Flash。QSPI0 通过 SPI 读取外部 Flash 的具体 SPI 协议行为受 SPI_FFMT 寄存器控制。SPI_FFMT 寄存器的格式如图 2-14 所示。

图 2-14　SPI_FFMT 寄存器的格式

SPI_FFMT 寄存器各比特域的描述如表 2-13 所示。

表 2-13　　　　　　　　　　　SPI_FFMT 寄存器各比特域

域名	比特域	读写属性	复位默认值	描述
PAD_CODE	31：24	可读可写	0x00	在 Dummay Cycles 中发送的头 8 位
CMD_CODE	23：16	可读可写	0x03	具体的命令（command）值。默认值 0x03 是常用的 Winbond/Numonx Flash 串行 READ 命令（0x03）
DATA_PROTO	13：12	可读可写	0x0	发送数据（data）阶段使用的 SPI 协议，见 SPI_FMT 寄存器的 PROTO 域的定义
ADDR_PROTO	11：10	可读可写	0x0	发送地址（address）阶段使用的 SPI 协议，见 SPI_FMT 寄存器的 PROTO 域的定义
CMD_PROTO	9：8	可读可写	0x0	发送命令阶段使用的 SPI 协议，见 SPI_FMT 寄存器的 PROTO 域的定义
PAD_CNT	7：4	可读可写	0x0	发送的 Dummy Cycles 的个数
ADDR_LEN	3：1	可读可写	0x3	地址位由多少字节（0~4）组成。默认为 3 字节（即 24 位）
CMD_EN	0	可读可写	0x1	是否发送命令的使能

对于 SPI_FFMT 寄存器，我们必须结合外部 Flash 的读时序进行理解。以 Micron Flash 为例，如果配置为表 2-13 中的默认值，则读操作时序如图 2-15 所示，要点如下。

（1）首先从 DQ0（MOSI）输出一个命令字节 0x03（对应的指令为 READ），即二进制 0000_0011。在发送命令时，使用的 SPI 协议为 Single-SPI。

（2）然后输出 3 字节的地址，输出的方式为高位优先。在发送地址时，使用的 SPI 协议为 Single-SPI。

（3）最后通过 DQ1（MISO）读回地址指向的 Flash 存储数据，每一字节读回的方式为高位优先。在读回数据时，使用的 SPI 协议为 Single-SPI。

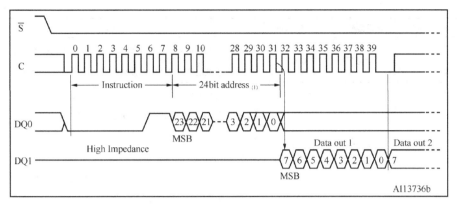

图 2-15 Micron Flash 的读操作时序

9. SPI_FMT 寄存器

在 FIFO 发送/接收模式下，我们可以通过 SPI_TXDATA 和 SPI_RXDATA 寄存器分别进行发送和接收数据操作。

当通过写读 SPI_TXDATA 和 SPI_RXDATA 发送和接收数据时，SPI_FMT 寄存器用于配置若干传输参数。SPI_FMT 寄存器的格式如图 2-16 所示。

图 2-16 SPI_FMT 寄存器的格式

SPI_FMT 寄存器各比特域的描述如表 2-14 所示。

表 2-14 SPI_FMT 寄存器各比特域

域名	比特域	读写属性	复位默认值	描述
LEN	19：16	可读可写	0x8	该域的值指定发送一帧数据的比特位数（长度值），有效的长度值范围为 0～8
DIR	3	可读可写	0x0	（1）如果该域的值为 1，则表示 TX，即发送。在此模式下，RX-FIFO 将不会接收数据。 （2）如果该域的值为 0，则表示 RX，即接收。在此模式下，RX-FIFO 将会接收数据： • 如果 PROTO 域配置的是 Dual-SPI 或者 Quad-SPI 协议，则所有的 DQ 数据线均处于接收数据的输入状态； • 如果 PROTO 域配置的是 Single-SPI 协议，则根据普通 SPI 协议，DQ0（MOSI）仍然会进行输出，DQ1（MISO）会作为输入接收数据

续表

域名	比特域	读写属性	复位默认值	描述
ENDIAN	2	可读可写	0x0	• 如果该域的值为1，则对数据先发送低位（LSB 优先）； • 如果该域的值为0，则对数据先发送高位（MSB 优先）
PROTO	1：0	可读可写	0x0	• 如果该域的值为2，则配置传输协议为 Quad-SPI。在此模式下，有4根数据线（DQ0、DQ1、DQ2 和 DQ3）工作； • 如果该域的值为1，则配置传输协议为 Dual-SPI。在此模式下，有两根数据线（DQ0 和 DQ1）工作； • 如果该域的值为0，则配置传输协议为 Single-SPI。在此模式下，有两根数据线工作，即 DQ0（作为 MOSI）和 DQ1（作为 MISO）

10. SPI_TXDATA 寄存器

在 FIFO 发送/接收模式下，可以通过 SPI_TXDATA 寄存器发送数据。

SPI_TXDATA 寄存器其实是 SPI 发送 FIFO（TX-FIFO）的映像。TX-FIFO 的深度为 8 个表项，每个表项存储 1 字节数据。FIFO 按照先入先出的方式组织，软件可以通过写 SPI_TXDATA 寄存器将数据压入（enqueue）FIFO，FIFO 会按照先入先出的顺序将数据依次弹出（dequeue）。每弹出 1 个表项的字节数据，作为一个数据帧，然后将此帧依照 SPI 格式串行发送出去。

注意： 虽然 TX-FIFO 每次弹出 1 字节数据，但是具体通过 SPI 发送多少个比特位由 SPI_FMT 寄存器的 LEN 域来决定。因此，如果 LEN 域的值小于 8，则有如下情况。

- 如果 SPI_FMT 寄存器的 ENDIAN 域为0，那么此种配置下对数据先发送高位，软件将数据写入 SPI_TXDATA 寄存器的 DATA 域时应该靠左对齐（保证以高位优先的方式发送时能够选取正确的数据）。
- 如果 SPI_FMT 寄存器的 ENDIAN 域为1，此种配置下对数据先发送低位，软件将数据写入 SPI_TXDATA 寄存器的 DATA 域时应该靠右对齐（保证以低位优先的方式发送时能够选取正确的数据）。

SPI_TXDATA 寄存器的格式如图 2-17 所示。

图 2-17　SPI_TXDATA 寄存器的格式

SPI_TXDATA 寄存器各比特域的描述如表 2-15 所示。

表 2-15　　　　　　　　　　　　　　SPI_TXDATA 寄存器各比特域

域名	比特域	读写属性	复位默认值	描述
FULL	31	只读 写忽略	0x0	• 该位为只读域，用于表示 SPI TX-FIFO 的状态是否为满； • 如果 FULL 域为 1，则表示当前的 SPI TX-FIFO 状态已经为满，写入 DATA 域的数据将被忽略；反之，则为非满，写入 DATA 域的数据将被接收。 注意，FULL 域为只读，软件写入 SPI_TXDATA 寄存器时并不会改变此域的值，也不会产生错误异常
DATA	7：0	可写 读为 0	0x0	• 如果 FULL 域为 0，那么软件写入 DATA 域的数据将会被推入 SPI TX-FIFO； • 如果 FULL 域为 1，那么软件写入 DATA 域的数据将会被忽略

11．SPI_RXDATA 寄存器

在 FIFO 发送/接收模式下，可以通过 SPI_RXDATA 寄存器接收数据。

SPI_RXDATA 寄存器其实是 SPI 接收 FIFO（RX-FIFO）的映像。RX-FIFO 的深度为 8 个表项，每个表项存储 1 字节数据。FIFO 按照先入先出的方式组织，SPI 通过 SPI 数据线依照 SPI 协议串行接收数据，每接收一个数据帧，便将数据以 1 字节的方式压入 FIFO。软件每读一次 SPI_RXDATA 寄存器，便会将 1 字节的表项数据弹出 FIFO。

注意：即便是接收数据操作，也需要软件写入任意值至 TX-FIFO 触发一次假发送，因为只有如此才会触发 SPI 的 SCK 时钟信号，然后在时钟信号的控制下对输入数据进行采样，从而接收数据至 RX-FIFO 中。这是由 SPI 协议的特性决定的，SPI 的发送端和接收端就像一个移位寄存器模型。如图 2-18 所示，每一个 SCLK 时钟脉冲会发送 1 位数据，同时也会接收 1 位数据，因此，通过 SPI_RXDATA 寄存器接收数据也必须有 SCLK 的时钟脉冲。

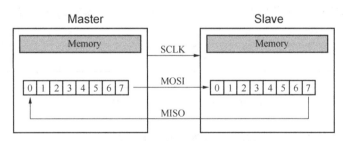

图 2-18　SPI 的移位寄存器模型

注意：虽然 RX-FIFO 每次弹出 1 字节数据，但是具体通过 SPI 接收多少个比特位由 SPI_FMT 寄存器的 LEN 域来决定。因此，如果 LEN 域的值小于 8，则分为如下情况。

• 如果 SPI_FMT 寄存器的 ENDIAN 域为 0，那么此配置下接收的数据先放在高位，接收的数据对应在 SPI_TXDATA 寄存器 DATA 域中靠左对齐的位置。

• 如果 SPI_FMT 寄存器的 ENDIAN 域为 1，那么此配置下接收的数据先放在低位，接

收的数据对应在 SPI_TXDATA 寄存器 DATA 域中靠右对齐的位置。

SPI_RXDATA 寄存器的格式如图 2-19 所示。

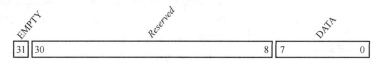

图 2-19 SPI_RXDATA 寄存器的格式

SPI_RXDATA 寄存器各比特域的描述如表 2-16 所示。

表 2-16 SPI_RXDATA 寄存器各比特域

域名	比特域	读写属性	复位默认值	描述
EMPTY	31	只读 写忽略	0x0	• 该位为只读域，用于表示 SPI RX-FIFO 的状态是否为空； • 如果 EMPTY 域为 1，则表示当前的 SPI RX-FIFO 状态已经为空，读出 DATA 域的数据没有意义；反之，则为非空，读出 DATA 域的数据是有效数据。 注意，EMPTY 域为只读，软件写入 SPI_RXDATA 寄存器时并不会改变此域的值，也不会产生错误异常
DATA	7：0	只读 写忽略	0x0	• 如果 EMPTY 域为 0，那么软件读出 DATA 域的数据为有效数据； • 如果 EMPTY 域为 1，那么软件读出 DATA 域的数据为无效数据。 注意，DATA 域为只读，软件写入 SPI_RXDATA 寄存器时并不会改变此域的值，也不会产生错误异常

12. SPI_TXMARK 寄存器

SPI_TXMARK 用于设置 SPI 的发送中断阈值，该寄存器的格式如图 2-20 所示。

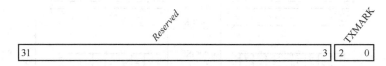

图 2-20 SPI_TXMARK 寄存器的格式

SPI_TXMARK 寄存器各比特域的描述如表 2-17 所示。

表 2-17 SPI_TXMARK 寄存器各比特域

域名	比特域	读写属性	复位默认值	描述
TXMARK	2：0	可读可写	0x0	该域的值表示 TX-FIFO 产生中断的阈值（watermark）

13. SPI_RXMARK 寄存器

SPI_RXMARK 用于设置 SPI 的接收中断阈值，该寄存器的格式如图 2-21 所示。

SPI_RXMARK 寄存器各比特域的描述如表 2-18 所示。

图 2-21 SPI_RXMARK 寄存器的格式

表 2-18 　　　　　　　　　　　　　　SPI_RXMARK 寄存器各比特域

域名	比特域	读写属性	复位默认值	描述
RXMARK	2：0	可读可写	0x0	该域的值表示 RX-FIFO 产生中断的阈值（watermark）

14. SPI_IE 和 SPI_IP 寄存器

SPI 的 TX-FIFO 和 RX-FIFO 均能产生中断，其要点如下。

- 如果发送中断被使能，则当 TX-FIFO 中待发送的有效数据表项数目少于 SPI_TXMARK 寄存器 TXMARK 域中配置的阈值时，便会产生发送中断。
- 如果接收中断被使能，则当 RX-FIFO 中已收到的有效数据表项数目多于 SPI_RXMARK 寄存器 RXMARK 域中配置的阈值时，便会产生接收中断。

每个 SPI 模块最终产生一个中断信号，这个中断信号会作为 SoC 中的 PLIC 的外部中断源。读者可通过 1.12.4 节了解 PLIC 中断的更多信息。

SPI_IE 寄存器用于对 SPI 的中断进行使能，SPI_IP 寄存器用于反映 SPI 的中断等待状态。

SPI_IE 寄存器的格式如图 2-22 所示。

图 2-22 SPI_IE 寄存器的格式

SPI_IE 寄存器各比特域的描述如表 2-19 所示。

表 2-19 　　　　　　　　　　　　　　SPI_IE 寄存器各比特域

域名	比特域	读写属性	复位默认值	描述
RXIE	1	可读可写	0x0	• 如果 RXIE 域为 1，则表示使能 SPI 的接收中断； • 如果 RXIE 域为 0，则表示不使能 SPI 的接收中断
TXIE	0	可读可写	0x0	• 如果 TXIE 域为 1，则表示使能 SPI 的发送中断； • 如果 TXIE 域为 0，则表示不使能 SPI 的发送中断

SPI_IP 寄存器的格式如图 2-23 所示。

图 2-23　SPI_IP 寄存器的格式

SPI_IP 寄存器各比特域的描述如表 2-20 所示。

表 2-20　　　　　　　　　　　SPI_IP 寄存器各比特域

域名	比特域	读写属性	复位默认值	描述
RXIP	1	只读	0x0	• 如果该域为 1，则表示当前正在产生接收中断； • 如果该域为 0，则表示当前没有产生接收中断
TXIP	0	只读	0x0	• 如果该域为 1，则表示当前正在产生发送中断； • 如果该域为 0，则表示当前没有产生发送中断

2.7.6　QSPI1 和 QSPI2 的寄存器配置

1. SPI_STATUS 寄存器

实际上，SPI_STATUS 寄存器对应 SPI 的两个寄存器：控制寄存器和状态寄存器。由于 SPI 的控制寄存器为只写，状态寄存器为只读，因此将它们合并为一个寄存器以共享同一个地址空间，成为一个可读可写的 SPI_STATUS 寄存器。

当 SPI_STATUS 寄存器作为可写的控制寄存器时，该寄存器有效比特域的描述如表 2-21 所示。

表 2-21　　　　　　　　　SPI_STATUS 寄存器有效比特域（只写）

域名	比特域	读写属性	复位默认值	描述
CS	11：8	只写	N/A	设置片选使能信号。注意：蜂鸟 E203 MCU 中的 QSPI1 和 QSPI2 均只有 1 位片选信号，因此将该域的值设置为 1 便可使能片选信号
SRST	4	只写	N/A	软件复位（清空 FIFO）
QWR	3	只写	N/A	设置执行 SPI 写操作（Quad-SPI 模式）
QRD	2	只写	N/A	设置执行 SPI 读操作（Quad-SPI 模式）
WR	1	只写	N/A	设置执行 SPI 写操作（Single-SPI 模式）
RD	0	只写	N/A	设置执行 SPI 读操作（Single-SPI 模式）

当 SPI_STATUS 寄存器作为可读的状态寄存器时，该寄存器有效比特域的描述如表 2-22 所示。

表 2-22　　　　　　　　　SPI_STATUS 寄存器有效比特域（只读）

域名	比特域	读写属性	复位默认值	描述
TXELEMS	28：24	只读	0	TX-FIFO 中待发送的有效数据表项数目
RXELEMS	20：16	只读	0	RX-FIFO 中已收到的有效数据表项数目

续表

域名	比特域	读写属性	复位默认值	描述
STATUS	6：0	只读	1	SPI 当前工作模式如下。 • 1：空闲（IDLE）； • 2：发送命令（CMD）； • 4：发送地址（ADDR）； • 16：延迟等待（DUMMY）； • 32：发送数据（DATA_TX）； • 64：接收数据（DATA_RX）

2. SPI_CLKDIV 寄存器

SPI_CLKDIV 用于设置 SPI 的 SCK 信号的时钟频率，该寄存器有效比特域的描述如表 2-23 所示。

表 2-23 　　　　　　　　　　SPI_CLKDIV 寄存器有效比特域

域名	比特域	读写属性	复位默认值	描述
CLKDIV	7：0	可读可写	0	配置 SCK 信号的分频系数。注意，不可在传输过程进行更改

SCK 信号的时钟频率计算过程如下。

（1）假设 SPI_CLKDIV 寄存器值为 div。

（2）假设 SPI 模块在 SoC 中所处的时钟域的时钟频率为 Freq_SPI。

注意：在蜂鸟 E203 MCU 中，SPI 处于主域的时钟域。

（3）SCK 的时钟频率 Freq_SCK = Freq_SPI / (2(div + 1))。

3. SPI_CMD 和 SPI_ADR 寄存器

在使用 SPI 总线与外部设备进行读写通信时，通常需要先设定命令和地址，再进行读写传输。SPI 发送命令和地址的内容设定分别由 SPI_CMD 和 SPI_ADR 寄存器完成。

SPI_CMD 寄存器有效比特域的描述如表 2-24 所示。

表 2-24 　　　　　　　　　　SPI_CMD 寄存器有效比特域

域名	比特域	读写属性	复位默认值	描述
SPICMD	31：0	可读可写	0	设置 SPI 发送的命令。注意，传输命令的长度由 SPI_LEN 寄存器进行设定

SPI_ADR 寄存器有效比特域的描述如表 2-25 所示。

表 2-25 　　　　　　　　　　SPI_ADR 寄存器有效比特域

域名	比特域	读写属性	复位默认值	描述
SPIADR	31：0	可读可写	0	设置 SPI 发送的地址。注意，传输地址的长度由 SPI_LEN 寄存器进行设定

4．SPI_LEN 寄存器

SPI_LEN 寄存器用于设置 SPI 传输时的数据的长度，包括命令、地址，以及读或写的数据，该寄存器有效比特域的描述如表 2-26 所示。

表 2-26　　　　　　　　　　　　SPI_LEN 寄存器有效比特域

域名	比特域	读写属性	复位默认值	描述
DATALEN	31：16	可读可写	0	配置 SPI 读或写数据的长度（位数）
ADDRLEN	13：8	可读可写	0	配置 SPI 发送地址的长度（位数）
CMDLEN	5：0	可读可写	0	配置 SPI 发送命令的长度（位数）

5．SPI_DUM 寄存器

SPI_DUM 寄存器用于设置 SPI 传输时的延迟周期参数，该寄存器有效比特域的描述如表 2-27 所示。

表 2-27　　　　　　　　　　　　SPI_DUM 寄存器有效比特域

域名	比特域	读写属性	复位默认值	描述
DUMMYWR	31：16	可读可写	0	设置发送命令和地址信息后，写数据之前所需等待周期数
DUMMYRD	15：0	可读可写	0	设置发送命令和地址信息后，读数据之前所需等待周期数

6．SPI_TXFIFO 寄存器

SPI 发送数据是通过 SPI_TXFIFO 寄存器完成的，该寄存器有效比特域的描述如表 2-28 所示。

SPI_TXFIFO 寄存器只是 SPI 发送 FIFO（TX-FIFO）的映像。TX-FIFO 的深度为 10 个表项，每个表项存储 32 位数据。FIFO 按照先入先出的方式组织，软件可以通过写 SPI_TXFIFO 寄存器将需要发送的数据压入 FIFO，FIFO 会按照先入先出的顺序将数据依次弹出并发送。

表 2-28　　　　　　　　　　　　SPI_TXFIFO 寄存器有效比特域

域名	比特域	读写属性	复位默认值	描述
TX	31：0	可读可写	0	写数据至 TX-FIFO

7．SPI_RXFIFO 寄存器

SPI 接收数据是通过 SPI_RXFIFO 寄存器完成的，该寄存器有效比特域的描述如表 2-29 所示。

SPI_RXFIFO 寄存器只是 SPI 接收 FIFO（RX-FIFO）的映像。RX-FIFO 的深度为 10 个表项，每个表项存储 32 位数据。FIFO 按照先入先出的方式组织，SPI 通过 SPI 数据线依照 SPI 协议串行接收数据，每接收 1 个数据帧，便将数据以 32 位的方式压入 FIFO。软件每读一次 SPI_RXFIFO 寄存器，便会按照先入先出的顺序将 1 个表项数据弹出 FIFO。

表 2-29   SPI_RXFIFO 寄存器有效比特域

域名	比特域	读写属性	复位默认值	描述
RX	31：0	可读可写	0	从 RX-FIFO 中读取数据

8. SPI_INTCFG 寄存器

SPI_INTCFG 寄存器用于进行 SPI 的中断相关配置，该寄存器有效比特域的描述如表 2-30 所示。

- 如果 SPI 中断被使能，则当 TX-FIFO 中待发送的有效数据表项数目少于 SPI_INTCFG 寄存器 TXTH 域中配置的阈值时，便会产生发送中断。
- 如果 SPI 中断被使能，则当 RX-FIFO 中已收到的有效数据表项数目多于 SPI_INTCFG 寄存器 RXTH 域中配置的阈值时，便会产生接收中断。

表 2-30   SPI_INTCFG 寄存器有效比特域

域名	比特域	读写属性	复位默认值	描述
EN	31	可读可写	0	中断使能对应关系如下。 • 1：使能中断； • 0：禁止中断
RXTH	12：8	可读可写	0	设置 SPI 的接收中断阈值
TXTH	4：0	可读可写	0	设置 SPI 的发送中断阈值

9. SPI_INTSTA 寄存器

SPI_INTSTA 寄存器用于反映 SPI 的当前中断触发状态，该寄存器有效比特域的描述如表 2-31 所示。

表 2-31   SPI_INTSTA 寄存器有效比特域

域名	比特域	读写属性	复位默认值	描述
RXINT	1	只读	0	• 如果该域为 1，则表示当前正在产生接收中断； • 如果该域为 0，则表示当前没有产生接收中断
TXINT	0	只读	0	• 如果该域为 1，则表示当前正在产生发送中断； • 如果该域为 0，则表示当前没有产生发送中断

2.8 I²C

2.8.1 I²C 的背景知识

I²C（Inter-Integrated Circuit，集成电路互联）总线是 MCU 中常用的接口模块。I²C 总线

的特点如下。

- 只有两条总线线路：一条串行数据线（SDA）和一条串行时钟线（SCL）。
- 每个连接到总线的设备都可以使用唯一地址来识别。
- 真正的多主机总线。在两个或多个主机同时发起数据传输时，可以通过冲突检测和仲裁来防止数据被破坏。
- SDA 和 SCL 都是双向 I/O 线，接口电路为开漏输出，需要通过上拉电阻接电源。当总线空闲时，两根线都是高电平。图 2-24 所示为典型的 I²C 总线连接系统图。
- 根据 SDA 与 SCL 的关系可以表示不同的协议标志位。图 2-25 所示为 I²C 协议定义的主要标志位。

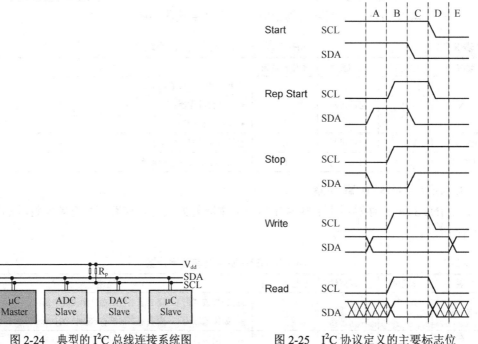

图 2-24　典型的 I²C 总线连接系统图　　　图 2-25　I²C 协议定义的主要标志位

限于篇幅，本书仅对 I²C 进行简单的背景知识介绍，若读者对此感兴趣，可自行查阅相关资料。

2.8.2　I²C 的功能

蜂鸟 E203 MCU 支持两个 I²C 模块，分别为 I²C0 和 I²C1，如图 1-1 所示。两个 I²C 的功能完全相同，介绍如下。

- 支持作为 I²C 主设备向外部 I²C 从设备写或读数据。

- 支持产生发送中断或者接收中断。
- 支持通过寄存器配置 SCL 的频率。

2.8.3 I²C 的寄存器

I²C 的可配置寄存器为存储器地址映射寄存器，如图 1-1 所示。I²C 作为从模块挂载在 SoC 的私有设备总线上。蜂鸟 E203 MCU 中的两个 I²C 模块的可配置寄存器在系统中的存储器映射地址区间如表 1-1 所示。I²C 的可配置寄存器及其偏移地址如表 2-32 所示。

表 2-32   I²C 的可配置寄存器列表

寄存器名称	偏移地址	位宽	读写属性	描述
I²C_PRE	0x00	32	可读可写	时钟预分频寄存器
I²C_CTR	0x04	32	可读可写	控制寄存器
I²C_RX	0x08	32	只读	接收寄存器
I²C_STATUS	0x0C	32	只读	状态寄存器
I²C_TX	0x10	32	可读可写	发送寄存器
I²C_CMD	0x14	32	可读可写	命令寄存器

注：1. 蜂鸟 E203 MCU 中包含 I²C0 和 I²C1 这两个模块，在系统中的基地址分别为 0x1002_5000 和 0x1003_5000，因此，对于 I²C0，表中的 I²C_PRE 寄存器的存储器映射地址为 0x1002_5000，I²C_CTR 寄存器的存储器映射地址为 0x1002_5004，其他依此类推。

2. 表中所有的寄存器需要以 32 位对齐的存储器访问方式进行读写。

3. 各寄存器将在本章后续小节中具体描述。

2.8.4 I²C 的接口数据线

蜂鸟 E203 MCU 中的 I²C0 和 I²C1 的接口数据线（SCL 和 SDA）均通过 GPIO 的 IOF 功能复用 GPIO 引脚，如表 1-3 所示。

2.8.5 I²C_PRE 寄存器

I²C_PRE 寄存器用于配置 I²C 的 SCL 时钟频率，该寄存器有效比特域的描述如表 2-33 所示。

表 2-33   I²C_PRE 寄存器有效比特域

域名	比特域	读写属性	复位默认值	描述
PRE	15：0	可读可写	0	配置 SCL 信号的分频系数

通过对 I²C 模块所处时钟域的时钟进行分频，得到 SCL 信号的时钟频率，分频系数即为 I²C_PRE 寄存器的 PRE 域的值。根据"I²C 模块所处时钟域的时钟频率"和"SCL 信号的时

钟频率"，PRE 域的值可以由如下公式计算得到：

PRE 域的值=I²C 模块所处时钟域的时钟频率/(5×SCL 信号的时钟频率–1)

注意：I²C_PRE 寄存器的值只有在 I²C 模块的功能没有被使能（由 I²C_CTR 寄存器的 EN 域控制）的情况下才能够更改。

2.8.6 I²C_CTR 寄存器

I²C_CTR 寄存器用于配置 I²C 模块的功能是否打开，以及中断产生功能是被使能还是被关闭，该寄存器有效比特域的描述如表 2-34 所示。

表 2-34   I²C_CTR 寄存器有效比特域

域名	比特域	读写属性	复位默认值	描述
EN	7	可读可写	0	• 如果该域的值为 1，则表示 I²C 的功能被打开，软件能够配置命令寄存器 I²C_CR 来发起操作命令请求； • 如果该域的值为 0，则表示 I²C 的功能被关闭，I²C 模块不会响应任何命令请求
IE	6	可读可写	0	• 如果该域的值为 1，则表示 I²C 的中断产生功能被使能； • 如果该域的值为 0，则表示 I²C 的中断产生功能被关闭

I²C_CTR 寄存器仅使用两位（第 6 位和第 7 位），其中第 7 位是非常关键的，因为其控制 I²C 的功能的打开与关闭。I²C 模块能够在特定条件下生成中断，最终产生一个中断信号，这个中断信号会作为 SoC 中的 PLIC 的外部中断源。

读者可通过 2.8.9 节中 I²C_STATUS 寄存器的 IRQ 域了解 I²C 模块产生中断的具体条件。

2.8.7 I²C_TX 寄存器和 I²C_RX 寄存器

I²C 模块通过 I²C_TX 寄存器发送数据，通过 I²C_RX 寄存器接收数据。

I²C_TX 寄存器有效比特域的描述如表 2-35 所示。

表 2-35   I²C_TX 寄存器有效比特域

域名	比特域	读写属性	复位默认值	描述
TX	7：0	可读可写	0	I²C 将发送的 1 字节数据

I²C_RX 寄存器有效比特域的描述如表 2-36 所示。

表 2-36   I²C_RX 寄存器有效比特域

域名	比特域	读写属性	复位默认值	描述
RX	7：0	只读	0	I²C 接收的 1 字节数据

2.8.8 I^{2}C_CMD 寄存器

I^{2}C 模块通过 I^{2}C_CMD 寄存器发起命令请求，I^{2}C_CMD 寄存器在每个命令完成后会被自动清除。因此，I^{2}C 在发起开始命令、写命令、读命令和停止命令等之前，需要向 I^{2}C_CMD 寄存器中写值。

I^{2}C_CMD 寄存器有效比特域的描述如表 2-37 所示。

表 2-37   I^{2}C_CMD 寄存器有效比特域

域名	比特域	读写属性	复位默认值	描述
STA	7	可读可写	0	产生开始（再开始）命令
STOP	6	可读可写	0	产生停止命令
RD	5	可读可写	0	向从设备发起读命令
WR	4	可读可写	0	向从设备发起写命令
ACK	3	可读可写	0	在读数据时，接收完 1 字节数据后： • 如果该域配置为 0，则发送"应答"标志； • 如果该域配置为 1，则发送"非应答"标志
IACK	0	可读可写	0	中断应答，置 1 时清除等待的中断(I^{2}C_STATUS 寄存器的 IRQ 域)

注意：I^{2}C_CMD 寄存器的值只有在 I^{2}C 模块的功能被使能（由 I^{2}C_CTR 寄存器的 EN 域控制）的情况下才能被有效写入。

2.8.9 I^{2}C_STATUS 寄存器

I^{2}C 模块会监视 I^{2}C 总线的操作，可以通过 I^{2}C_STATUS 寄存器查看状态。

I^{2}C_STATUS 寄存器有效比特域的描述如表 2-38 所示。

表 2-38   I^{2}C_STATUS 寄存器有效比特域

域名	比特域	读写属性	复位默认值	描述
RXA	7	只读	0	接收从设备应答的标志位，代表是否接收到从设备的应答。 • 1 表示未接收到应答； • 0 表示已接收到应答
BUSY	6	只读	0	代表总线的忙或闲状态。 • 1 表示已检测到开始位，总线忙； • 0 表示已检测到停止位，总线闲
AL	5	只读	0	仲裁丢失。 该域置 1 时表示 I^{2}C 仲裁丢失，仲裁丢失条件： • 未发送停止位命令时，检测到停止位； • 驱动 SDA 线为高，但 SDA 线的实际值为低

续表

域名	比特域	读写属性	复位默认值	描述
TIP	1	只读	0	传送数据进程标志位。 • 1 表示正在传送数据； • 0 表示已完成数据传送
IRQ	0	只读	0	中断标志位。 当中断等待时，该域置 1。若 I²C_CTR 寄存器的 IE 域为 1，那么 I²C 模块能够产生中断请求。中断标志位设置 1 的条件： • 已完成 1 字节的数据传送； • 仲裁丢失

2.8.10 I²C 的常用操作序列

1. 初始化 I²C 模块的序列

I²C 模块的初始化序列如下。

- 在使能 I²C 之前，首先需要通过配置 I²C_PRE 寄存器来设置所需的 SCL 时钟频率。
- 然后，向 I²C_CTR 寄存器中写入一个值（0x80）来使能 I²C 的功能。

2. 通过 I²C 模块向外部从设备写数据的常用序列

根据 I²C 协议，主设备通过 I²C 总线写从设备的典型时序如图 2-26 所示。

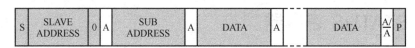

图 2-26 典型的 I²C 总线写时序

- 首先发送"开始标志""从设备地址"，以及"写"标志位。
- 在收到"应答"之后，发送"从设备子地址"。
- 在收到"应答"之后，发送"写数据"。
- 不断发送"写数据"，直到全部数据发送完成，最后发送"停止标志"。

依照上述的写时序，通过 I²C 模块向外部的从设备写数据，需要软件使用如下序列。

（1）按照上文所述的初始化序列来初始化 I²C 模块。

（2）向 I²C_TX 寄存器中写入值（高 7 位表示从设备地址+低位 0 表示写操作）。

（3）在向 I²C_CMD 寄存器中写入值（0x90）并设置 I²C_CMD 寄存器的 STA 域和 WR 域后，I²C 模块开始向 I²C 总线发送 "开始标志""从设备地址"，以及"写"标志位。

（4）通过读 I²C_STATUS 寄存器的 TIP 域来确定步骤（3）中的命令已经发出。

（5）向 I²C_TX 寄存器中写入值（从设备子地址）。

（6）在向 I²C_CMD 寄存器中写入值（0x10）并设置 I²C_CMD 寄存器的 WR 域后，I²C 模块开始向 I²C 总线发送"从设备子地址"。

（7）通过读 I²C_STATUS 寄存器的 TIP 域来确定步骤（6）中的命令已经发出。

（8）向 I²C_TX 寄存器中写入值（写数据字节）。

（9）在向 I²C_CMD 寄存器中写入值（0x10）并设置 I²C_CMD 寄存器的 WR 域后，I²C 模块开始向 I²C 总线发送"写数据"。

（10）通过读 I²C_STATUS 寄存器的 TIP 域来确定步骤（9）中的命令已经发出。

（11）重复步骤（8）～（10）可多次发送"写数据"。

（12）向 I²C_TX 寄存器中写入待发送的最后一个数据字节。

（13）在向 I²C_CMD 寄存器中写入值（0x50）并设置 I²C_CMD 寄存器的 WR 域和 STOP 域后，I²C 模块发送最后 1 字节数据，最后发送"停止标志"来结束写操作。

3．通过 I²C 模块从外部从设备读数据的常用序列

根据 I²C 协议，主设备通过 I²C 总线读从设备的典型时序如图 2-27 所示。

| S | SLAVE ADDRESS | 0 | A | SUB ADDRESS | A | Sr | SLAVE ADDRESS | 1 | A | DATA | A | | DATA | Ā | P |

图 2-27　典型的 I²C 总线读时序

- 首先发送"开始标志""从设备地址"，以及"写"标志位。
- 在收到"应答"之后，发送"从设备子地址"。
- 发送"再开始标志""从设备地址"，以及"读"标志位。
- 在收到"应答"之后，接收"读数据"，然后发送"应答"给从设备。
- 不断接收"读数据"，直到读取全部数据，最后发送"停止标志"。

依照上述读时序，通过 I²C 模块从外部的从设备读数据，需要软件使用如下序列。

（1）按照上文所述的初始化序列，初始化 I²C 模块。

（2）向 I²C_TX 寄存器中写入值（高 7 位表示从设备地址+低位 0 表示写操作）。

（3）在向 I²C_CMD 寄存器中写入值（0x90）并设置 I²C_CMD 寄存器的 STA 域和 WR 域后，I²C 模块开始向 I²C 总线发送"开始标志""从设备地址"，以及"写"标志位。

（4）通过读 I²C_STATUS 寄存器的 TIP 域来确定步骤（3）中的命令已经发出。

（5）向 I²C_TX 寄存器中写入值（需要写入的从设备子地址）。

（6）在向 I²C_CMD 寄存器中写入值（0x10）并设置 I²C_CR 寄存器的 WR 域后，I²C 模块开始向 I²C 总线发送"从设备子地址"。

（7）通过读 I²C_STATUS 寄存器的 TIP 域来确定步骤（6）中的命令已经发出。

（8）向 I²C_TX 寄存器中写入值（高 7 位表示从设备地址+低位 1 表示读操作）。

（9）在向 I²C_CMD 寄存器中写入值（0x90）并设置 I²C_CMD 寄存器的 STA 域和 WR 域后，I²C 模块开始向 I²C 总线发送 "再开始标志" "从设备地址"，以及 "读" 标志位。

（10）通过读 I²C_STATUS 寄存器的 TIP 域来确定步骤（9）中的命令已经发出。

（11）在向 I²C_CMD 寄存器中写入值（0x20）并设置 I²C_CMD 寄存器的 RD 域后，I²C 模块开始从 I²C 总线接收 1 字节的 "读数据"，然后发送 "应答" 标志。

（12）通过读 I²C_STATUS 寄存器的 TIP 域来确定步骤（11）中的命令已经发出。

（13）重复步骤（11）和步骤（12）可不断地接收多字节的 "读数据"。

（14）当主设备决定停止从从设备读回数据时，向 I²C_CMD 寄存器写入值（0x60），I²C 模块开始读回最后 1 字节数据，最后发送 "停止标志" 来结束读操作。

2.9 UART

2.9.1 UART 的背景知识

UART（Universal Asynchronous Receiver-Transmitter，通用异步接收-发射器）是 MCU 中常用的模块。在嵌入式系统中，我们提到的串口一般指 UART 接口，此说法虽然不是非常严谨，但已经成为大家的习惯。由于嵌入式系统往往没有配备显示屏，因此常用 UART 接口连接 PC 主机的 COM 接口（或者将 UART 转换为 USB 后连接 PC 主机的 USB 接口）进行调试，这样可以将嵌入式系统中的 printf() 函数重定向输出至 PC 主机的显示屏。关于如何移植 printf() 函数使其通过 UART 接口重定向输出至 PC 主机的显示屏，见 5.1.6 节。

在传输的过程中，UART 的发送端将字节形式的数据以串行的方式逐个比特地发送出去，UART 的接收端逐个比特地接收数据，然后将其重新组织为字节形式的数据。UART 中常见的数据传输格式如图 2-28 所示，说明如下。

图 2-28　UART 中常见的数据传输格式

- 在 UART 空闲时，UART 输出保持高电平。之所以为高电平，是历史原因造成的，早期的电信传输可以用高电平来表征线路并没有被破坏（如果是低电平，则无法判别）。
- 在发送 1 字节的数据之前，应该先发送一个低电平来表示起始位（start bit）。
- 在发送起始位后，通常以低位先发送的方式逐个比特地传输完整个字节的数据位（data bit）。当然，某些 UART 设备会以高位先发送的方式进行传输。
- 在传输完字节形式的数据后，可选地传输 1 个或者多个奇偶校验位（parity bit）。

- 最后传输的是以高电平表征的停止位（stop bit）。

衡量 UART 传输速度的主要标准是波特率（baud rate），我们需要将其与比特率（bit rate）进行区分，说明如下。

- 在信息传输通道中，携带数据信息的信号单元称为码元，每秒通过信息传输通道传输的码元数表示码元传输速率，简称波特率。波特率是信息传输通道频宽的指标。
- 每秒通过信息传输通道传输的信息量表示位传输速率，简称比特率。比特率表示有效的数据位的传输速率。
- 波特率与比特率的关系：比特率=波特率×单个调制状态对应的二进制位数。以图 2-28 为例，波特率是指在单位时间内包含起始位和停止位在内的所有码元的传输速率，而比特率仅为单位时间内有效的数据位的传输速率。

限于篇幅，本书仅对 UART 进行简单的背景知识介绍，若读者想了解更多内容，可自行查阅相关资料。

2.9.2 UART 的特性和功能

蜂鸟 E203 MCU 支持 3 个 UART 模块，分别为 UART0、UART1 和 UART2，如图 1-1 所示。这 3 个 UART 的特性和功能完全相同，简述如下。

（1）支持发送和接收数据。

（2）完全可编程的串口特性。

- 校验方式（无校验、奇校验、偶校验、校验位恒为 0 或恒为 1）
- 数据位（5 位、6 位、7 位或 8 位）
- 停止位（1 位或 2 位）

（3）支持深度为 16 的发送和接收 FIFO 缓存，同时支持软件可编程的接收阈值，以产生中断。

2.9.3 UART 的寄存器

UART 的可配置寄存器为存储器地址映射寄存器，如图 1-1 所示。UART 作为从模块挂载在 SoC 的私有设备总线上，蜂鸟 E203 MCU 中的 3 个 UART 模块的可配置寄存器在系统中的存储器映射地址区间如表 1-1 所示。UART 的可配置寄存器及其偏移地址如表 2-39 所示。

表 2-39 UART 的可配置寄存器列表

寄存器名称	偏移地址	描述
UART_RBR	0x00	接收数据寄存器
UART_DLL	0x00	波特率生成分频寄存器（低 8 位）
UART_THR	0x00	发送数据寄存器

续表

寄存器名称	偏移地址	描述
UART_DLM	0x04	波特率生成分频寄存器（高 8 位）
UART_IER	0x04	中断使能寄存器
UART_IIR	0x08	中断标识寄存器
UART_FCR	0x08	FIFO 控制寄存器
UART_LCR	0x0C	控制寄存器
UART_LSR	0x14	状态寄存器

注：1. 蜂鸟 E203 MCU 中有 UART0、UART1 和 UART2 这 3 个模块，在系统中的基地址分别为 0x1001_3000、0x1002_3000 和 0x1003_3000，因此，对于 UART0，UART_RBR 寄存器的存储器映射地址为 0x1001_3000，UART_IER 寄存器的存储器映射地址为 0x1001_3004，其他依此类推。

2. 表中所有的寄存器需要以 32 位对齐的存储器访问方式进行读写。

3. UART_RBR 为只读寄存器，UART_THR 为只写寄存器，UART_DLL 为可读可写寄存器，这 3 个寄存器共享同一个地址空间。若读/写 UART_DLL 寄存器，需要先将 UART_LCR 寄存器的 DLAB 域置 1。

4. UART_IER 为可读可写寄存器，UART_DLM 为可读可写寄存器，这两个寄存器共享同一个地址空间。若读/写 UART_DLM 寄存器，需要先将 UART_LCR 寄存器的 DLAB 域置 1。

5. UART_IIR 为只读寄存器，UART_FCR 为只写寄存器，这两个寄存器共享同一个地址空间。

2.9.4 UART 的接口数据线

UART 模块依照 UART 协议标准的异步方式发送和接收数据。每个 UART 模块有 TX 和 RX 两根数据线，TX 为输出，RX 为输入。UART 模块使用 TX 数据线串行发送数据，使用 RX 数据线串行接收数据。

蜂鸟 E203 MCU 中 UART0、UART1 和 UART2 的接口数据线（TX 和 RX）通过 GPIO 的 IOF 功能复用 GPIO 引脚，分配情况如表 1-3 所示。

2.9.5 UART_DLL 寄存器和 UART_DLM 寄存器

UART_DLL 寄存器和 UART_DLM 寄存器用于对 UART 的波特率进行设置，同时适用于发送和接收数据。UART_DLL 寄存器用于设置分频系数的低 8 位，UART_DLM 寄存器用于设置分频系数的高 8 位。

UART_DLL 寄存器有效比特域的描述如表 2-40 所示。

表 2-40　　　　　　　　　　UART_DLL 寄存器有效比特域

域名	比特域	读写属性	复位默认值	描述
DLL	7：0	可读可写	0	设置波特率生成分频系数（低 8 位）。注意，该寄存器仅在 UART_LCR 寄存器的 DLAB 域置 1 时有效

UART_DLM 寄存器有效比特域的描述如表 2-41 所示。

表 2-41 UART_DLM 寄存器有效比特域

域名	比特域	读写属性	复位默认值	描述
DLM	7:0	可读可写	0	设置波特率生成分频系数（高 8 位）。 注意，该寄存器仅在 UART_LCR 寄存器的 DLAB 域置 1 时有效

UART 的波特率的计算过程如下。

（1）假设通过 UART_DLL 寄存器和 UART_DLM 寄存器设置的分频系数为 div。

（2）假设 UART 模块在 SoC 中所处的时钟域的时钟频率为 Freq_UART。

注意： 在蜂鸟 E203 MCU 中，UART 处于主域的时钟域。

（3）那么 UART 模块发送和接收数据的波特率 Baud_Rate = Freq_UART / (div + 1)。

2.9.6 UART_RBR 寄存器

UART 接收数据是通过 UART_RBR 寄存器完成的，该寄存器有效比特域的描述如表 2-42 所示。

UART_RBR 寄存器只是 UART 接收 FIFO（RX-FIFO）的映像。RX-FIFO 的深度为 16 个表项，每个表项存储 9 位数据。FIFO 按照先入先出的方式组织，UART 接口通过 RX 数据线依照 UART 协议串行接收数据，每接收 1 字节数据，便附带 1 位大小的校验结果（在校验功能使能的情况下）组成 9 位数据并压入 FIFO。软件每读一次 UART_RBR 寄存器，便会按照先入先出的顺序将 1 个表项的数据弹出 FIFO。

表 2-42 UART_RBR 寄存器有效比特域

域名	比特域	读写属性	复位默认值	描述
RX	7:0	只读	0	从 RX-FIFO 中读取数据

2.9.7 UART_THR 寄存器

UART 发送数据是通过 UART_THR 寄存器完成的，该寄存器有效比特域的描述如表 2-43 所示。

UART_THR 寄存器只是 UART 发送 FIFO（TX-FIFO）的映像。TX-FIFO 的深度为 16 个表项，每个表项存储 1 字节数据。FIFO 按照先入先出的方式组织，软件可以通过写 UART_THR 寄存器将数据压入 FIFO，FIFO 会按照先入先出的顺序将数据依次弹出，每弹出 1 个表项（此处为 1 字节）的数据，则将此字节数据依照 UART 协议的格式串行发送出去（通过 TX 数据线）。

表 2-43   UART_THR 寄存器有效比特域

域名	比特域	读写属性	复位默认值	描述
TX	7:0	只写	N/A	写数据至 TX-FIFO

2.9.8   UART_FCR 寄存器

UART_FCR 寄存器用于 UART 的发送（TX-FIFO）和接收（RX-FIFO）缓存相关的配置，该寄存器有效比特域的描述如表 2-44 所示。

表 2-44   UART_FCR 寄存器有效比特域

域名	比特域	读写属性	复位默认值	描述
RX_TRG_LEVL	7:6	只写	N/A	设置 RX-FIFO 的触发阈值。 • 0：1 字节； • 1：2 字节； • 2：8 字节； • 3：14 字节
TXFIFO_CLR	2	只写	N/A	置 1 时复位 TX-FIFO
RXFIFO_CLR	1	只写	N/A	置 1 时复位 RX-FIFO

2.9.9   UART_LCR 寄存器

UART_LCR 寄存器用于对 UART 的发送和接收行为进行控制，该寄存器有效比特域的描述如表 2-45 所示。

表 2-45   UART_LCR 寄存器有效比特域

域名	比特域	读写属性	复位默认值	描述
DLAB	7	可读可写	0	在将该域设置为 1 时，访问 UART_DLL 和 UART_DLM 寄存器才有效
PS	5:4	可读可写	0	设置校验的方式如下。 • 0：奇校验（odd）； • 1：偶校验（even）； • 2：校验 0（space）； • 3：校验 1（mark）
PEN	3	可读可写	0	在将该域设置为 1 时，使能校验功能
STB	2	可读可写	0	设置停止位数目的方式如下。 • 0：1 个停止位； • 1：两个停止位

续表

域名	比特域	读写属性	复位默认值	描述
WLS	1：0	可读可写	0	设置传输数据的长度如下。 • 0：5 bits/character； • 1：6 bits/character； • 2：7 bits/character； • 3：8 bits/character

2.9.10　UART_LSR 寄存器

UART_LSR 寄存器用于指示 UART 的工作状态，该寄存器有效比特域的描述如表 2-46 所示。

表 2-46　　　　　　　　　　　UART_LSR 寄存器有效比特域

域名	比特域	读写属性	复位默认值	描述
TEMT	6	只读	1	该域的值为 1 时表明发送数据移位寄存器和发送缓存（TX-FIFO）均为空
THRE	5	只读	1	该域的值为1时表明发送缓存（TX-FIFO）为空
PE	2	只读	0	该域的值为1时表明接收数据发生校验错误
DR	0	只读	0	该域的值为1时表明接收数据就绪（RX-FIFO 不为空）

2.9.11　UART_IER 寄存器

UART_IER 寄存器用于设置 UART 模块相关中断的使能，该寄存器有效比特域的描述如表 2-47 所示。

表 2-47　　　　　　　　　　　UART_IER 寄存器有效比特域

域名	比特域	读写属性	复位默认值	描述
ERPI	2	可读可写	0	UART 接收数据发生校验错误中断。 • 0：中断禁止； • 1：中断使能
ETXEI	1	可读可写	0	发送缓存（TX-FIFO）空中断。 • 0：中断禁止； • 1：中断使能
ERXTHI	0	可读可写	0	接收缓存（RX-FIFO）达到阈值中断。 • 0：中断禁止； • 1：中断使能

2.9.12 UART_IIR 寄存器

UART_IIR 寄存器用于指示 UART 的工作状态，该寄存器有效比特域的描述如表 2-48 所示。通过读取 UART_IIR 寄存器可以清除"发送缓存（TX-FIFO）空中断"，通过读取 UART_RBR 寄存器可以清除"接收缓存（RX-FIFO）达到阈值中断"，通过读取 UART_LSR 寄存器可以清除"接收数据发生校验错误中断"。

表 2-48　　　　　　　　　　　　　　UART_IIR 寄存器有效比特域

域名	比特域	读写属性	复位默认值	描述
IIR	3：0	只读	1	指示 UART 的中断状态。 • 4：发送缓存（TX-FIFO）空中断； • 8：接收缓存（RX-FIFO）达到阈值中断； • 12：接收数据发生校验错误中断

2.10 PWM

2.10.1 PWM 的背景知识

PWM（Pulse-Width Modulation，脉冲宽度调制）是 MCU 中常用的模块。PWM 是一种利用 MCU 的数字输出来对模拟电路进行控制的技术，广泛应用于测量、通信，以及功率控制与变换等领域。

限于篇幅，本书仅对 PWM 进行简单的背景知识介绍。若读者想要了解其更多内容，可自行查阅相关资料。

2.10.2 PWM 的功能和特性

蜂鸟 E203 MCU 支持 1 个 PWM 模块，如图 1-1 所示，该 PWM 模块中包含 4 个 TIMER 单元，分别为 TIMER0、TIMER1、TIMER2 和 TIMER3，这 4 个 TIMER 单元的功能和特性完全相同，介绍如下。

- 每个 TIMER 单元均有 4 路输出通道。
- 可配置的计数时钟源。
- 可配置的计数模式。
- 可编程的预分频器。
- 4 路中断输出信号（中断源可配置）。

2.10.3 PWM 的寄存器

PWM 的可配置寄存器为存储器地址映射寄存器，如图 1-1 所示。PWM 作为从模块挂载在 SoC 的私有设备总线上。蜂鸟 E203 MCU 中的 PWM 模块的可配置寄存器在系统中的存储器映射地址区间如表 1-1 所示。PWM 的可配置寄存器及其偏移地址如表 2-49 所示。

表 2-49   PWM 的可配置寄存器列表

寄存器名称	偏移地址	描述
TIMx_CMD（x=0,1,2,3）	0x40*x+0x00	TIMERx 命令寄存器
TIMx_CFG（x=0,1,2,3）	0x40*x+0x04	TIMERx 配置寄存器
TIMx_TH（x=0,1,2,3）	0x40*x+0x08	TIMERx 阈值配置寄存器
TIMx_CH0_TH（x=0,1,2,3）	0x40*x+0x0C	TIMERx 通道 0 阈值配置寄存器
TIMx_CH1_TH（x=0,1,2,3）	0x40*x+0x10	TIMERx 通道 1 阈值配置寄存器
TIMx_CH2_TH（x=0,1,2,3）	0x40*x+0x14	TIMERx 通道 2 阈值配置寄存器
TIMx_CH3_TH（x=0,1,2,3）	0x40*x+0x18	TIMERx 通道 3 阈值配置寄存器
TIMx_CNT（x=0,1,2,3）	0x40*x+0x2C	TIMERx 计数器寄存器
PWM_ENT_CFG	0x100	PWM 的中断配置寄存器
PWM_CH_EN	0x104	PWM 的通道使能寄存器

注：1. PWM 模块中有 4 个 TIMER 单元，表中的 TIMx（x=0,1,2,3）表示 TIMER0、TIMER1、TIMER2 和 TIMER3 各自对应的寄存器。

    2. 蜂鸟 E203 MCU 中的 PWM 模块在系统中的基地址为 0x1001_5000，因此，对于 PWM，其 TIMER0 的 TIM0_CMD 寄存器的存储器映射地址为 0x1001_5000，TIMER1 的 TIM1_CFG 寄存器的存储器映射地址为 0x1001_5044，其他依此类推。PWM_ENT_CFG 寄存器和 PWM_CH_EN 寄存器为 PWM 中的 4 个 TIMER 单元公用的配置寄存器，存储器映射地址分别为 0x1001_5100 和 0x1001_5104。

    3. 表中所有的寄存器需要以 32 位对齐的存储器访问方式进行读写。

    4. 偏移地址中的*表示乘号。

2.10.4 PWM 模块的输出信号

蜂鸟 E203 MCU 中的 PWM 模块有 4 个 TIMER 单元，每个 TIMER 单元有 4 路输出信号，这些输出信号均通过 GPIO 的 IOF 功能复用 GPIO 引脚，分配情况如表 1-3 所示。

2.10.5 TIMx_CMD（x=0,1,2,3）寄存器

TIMx_CMD（x=0,1,2,3）寄存器用于对 TIMERx（x=0,1,2,3）进行工作命令设定，该寄存器有效比特域的描述如表 2-50 所示。

表 2-50   TIMx_CMD（x=0,1,2,3）寄存器有效比特域

域名	比特域	读写属性	复位默认值	描述
ARM	4	只写	0x0	配置 TIMERx（x=0,1,2,3）ARM 命令，配合计数器工作模式使用，详情见 TIMx_CFG（x=0,1,2,3）寄存器的 MODE 域
RESET	3	只写	0x0	配置 TIMERx（x=0,1,2,3）复位命令
UPDATE	2	只写	0x0	配置 TIMERx（x=0,1,2,3）更新命令
STOP	1	只写	0x0	配置 TIMERx（x=0,1,2,3）停止命令
START	0	只写	0x0	配置 TIMERx（x=0,1,2,3）开始命令

2.10.6 TIMx_CFG（x=0,1,2,3）寄存器

TIMx_CFG（x=0,1,2,3）寄存器用于对 TIMERx（x=0,1,2,3）进行功能设置，该寄存器有效比特域的描述如表 2-51 所示。

表 2-51   TIMx_CFG（x=0,1,2,3）寄存器有效比特域

域名	比特域	读写属性	复位默认值	描述
PRESC	23：16	可读可写	0	设置 TIMERx（x=0,1,2,3）的预分频系数。计时器时钟=计时器时钟源（通过 CLKSEL 域选定）/(PRESC＋1)
UPDOWNSEL	12	可读可写	0	设置 TIMERx（x=0,1,2,3）计数的方式。 • 0：向上计数，达到计数器终止值（TH_HI）后向下计数； • 1：向上计数，达到计数器终止值后从计数器起始值（TH_LO）开始
CLKSEL	11	可读可写	0	设置 TIMERx（x=0,1,2,3）的计数器时钟源。 • 0：主域高频时钟； • 1：常开域低频时钟
MODE	10：8	可读可写	0	设置 TIMERx（x=0,1,2,3）的计数器的工作模式。 • 0：每个时钟周期均计数； • 1：当检测到输入触发源为 0 时计数； • 2：当检测到输入触发源为 1 时计数； • 3：当检测到输入触发源为上升沿时计数； • 4：当检测到输入触发源为下降沿时计数； • 5：当检测到输入触发源为上升沿或下降沿时计数； • 6：在 TIMx_CMD（x=0,1,2,3）寄存器的 ARM 域置 1 的情况下，当检测到输入触发源为上升沿时计数； • 7：在 TIMx_CMD（x=0,1,2,3）寄存器的 ARM 域置 1 的情况下，当检测到输入触发源为下降沿时计数

续表

域名	比特域	读写属性	复位默认值	描述
INSEL	7 : 0	可读可写	0	设置 TIMERx（x=0,1,2,3）的输入触发源。 • 0~31：GPIOA[0]~GPIOA[31]； • 32~35：TIMER0 通道 0~3； • 36~39：TIMER1 通道 0~3； • 40~43：TIMER2 通道 0~3； • 44~47：TIMER3 通道 0~3

2.10.7　TIMx_TH（x=0,1,2,3）寄存器

TIMx_TH（x=0,1,2,3）寄存器用于对 TIMERx（x=0,1,2,3）的计数器进行阈值设定，该寄存器有效比特域的描述如表 2-52 所示。

表 2-52　　　　　　　　　　TIMx_TH（x=0,1,2,3）寄存器有效比特域

域名	比特域	读写属性	复位默认值	描述
TH_HI	31 : 16	可读可写	0	设置 TIMERx（x=0,1,2,3）的计数器的终止值
TH_LO	15 : 0	可读可写	0	设置 TIMERx（x=0,1,2,3）的计数器的起始值

2.10.8　TIMx_CH0_TH（x=0,1,2,3）寄存器

TIMx_CH0_TH（x=0,1,2,3）寄存器用于对 TIMERx（x=0,1,2,3）的输出通道 0 进行阈值和输出方式的设定，该寄存器有效比特域的描述如表 2-53 所示。

表 2-53　　　　　　　　　　TIMx_CH0_TH（x=0,1,2,3）寄存器有效比特域

域名	比特域	读写属性	复位默认值	描述
MODE	18 : 16	可读可写	0	设置 TIMERx（x=0,1,2,3）的输出通道 0 的输出方式。 • 0：当计数值达到输出通道 0 的阈值后，输出恒为 1； • 1：当计数值达到输出通道 0 的阈值后，输出翻转，当达到"下一次阈值"时，输出为 0； • 2：当计数值达到输出通道 0 的阈值后，输出为 1，当达到"下一次阈值"时，输出为 0； • 3：当计数值达到输出通道 0 的阈值后，输出翻转； • 4：当计数值达到输出通道 0 的阈值后，输出恒为 0； • 5：当计数值达到输出通道 0 的阈值后，输出翻转，当达到"下一次阈值"时，输出为 1；

续表

域名	比特域	读写属性	复位默认值	描述
MODE	18：16	可读可写	0	• 6：当计数值达到输出通道 0 的阈值后，输出为 0，当达到"下一次阈值"时，输出为 1。 注意，当 TIMx_CFG（x=0,1,2,3）寄存器的 UPDOWNSEL 域的值为 0 时，上述"下一次阈值"为输出通道 0 的阈值（TH）；当 TIMx_CFG（x=0,1,2,3）寄存器的 UPDOWNSEL 域的值为 1 时，上述"下一次阈值"为计数器的终止值（TH_HI）
TH	15：0	可读可写	0	设置 TIMERx（x=0,1,2,3）的输出通道 0 的阈值

2.10.9　TIMx_CH1_TH（x=0,1,2,3）寄存器

TIMx_CH1_TH（x=0,1,2,3）寄存器用于对 TIMERx（x=0,1,2,3）的输出通道 1 进行阈值和输出方式的设定，该寄存器有效比特域的描述如表 2-54 所示。

表 2-54　　　　　　　　TIMx_CH1_TH（x=0,1,2,3）寄存器有效比特域

域名	比特域	读写属性	复位默认值	描述
MODE	18：16	可读可写	0	设置 TIMERx（x=0,1,2,3）的输出通道 1 的输出方式。 • 0：当计数值达到输出通道 1 的阈值后，输出恒为 1； • 1：当计数值达到输出通道 1 的阈值后，输出翻转，当达到"下一次阈值"时，输出为 0； • 2：当计数值达到输出通道 1 的阈值后，输出为 1，当达到"下一次阈值"时，输出为 0； • 3：当计数值达到输出通道 1 的阈值后，输出翻转； • 4：当计数值达到输出通道 1 的阈值后，输出恒为 0； • 5：当计数值达到输出通道 1 的阈值后，输出翻转，当达到"下一次阈值"时，输出为 1； • 6：当计数值达到输出通道 1 的阈值后，输出为 0，当达到"下一次阈值"时，输出为 1。 注意，当 TIMx_CFG（x=0,1,2,3）寄存器的 UPDOWNSEL 域的值为 0 时，上述"下一次阈值"为输出通道 1 的阈值（TH）；当 TIMx_CFG（x=0,1,2,3）寄存器的 UPDOWNSEL 域的值为 1 时，上述"下一次阈值"为计数器的终止值（TH_HI）
TH	15：0	可读可写	0	设置 TIMERx（x=0,1,2,3）输出通道 1 的阈值

2.10.10　TIMx_CH2_TH（x=0,1,2,3）寄存器

TIMx_CH2_TH（x=0,1,2,3）寄存器用于对 TIMERx（x=0,1,2,3）的输出通道 2 进行阈值

和输出方式的设定，该寄存器有效比特域的描述如表 2-55 所示。

表 2-55   TIMx_CH2_TH（x=0,1,2,3）寄存器有效比特域

域名	比特域	读写属性	复位默认值	描述
MODE	18：16	可读可写	0	设置 TIMERx（x=0,1,2,3）的输出通道 2 的输出方式。 • 0：当计数值达到输出通道 2 的阈值后，输出恒为 1； • 1：当计数值达到输出通道 2 的阈值后，输出翻转，当达到"下一次阈值"时，输出为 0； • 2：当计数值达到输出通道 2 的阈值后，输出为 1，当达到"下一次阈值"时，输出为 0； • 3：当计数值达到输出通道 2 的阈值后，输出翻转； • 4：当计数值达到输出通道 2 的阈值后，输出恒为 0； • 5：当计数值达到输出通道 2 的阈值后，输出翻转，当达到"下一次阈值"时，输出为 1； • 6：当计数值达到输出通道 2 的阈值后，输出为 0，当达到"下一次阈值"时，输出为 1。 注意，当 TIMx_CFG（x=0,1,2,3）寄存器的 UPDOWNSEL 域的值为 0 时，上述"下一次阈值"为输出通道 2 的阈值（TH）；当 TIMx_CFG（x=0,1,2,3）寄存器的 UPDOWNSEL 域的值为 1 时，上述"下一次阈值"为计数器的终止值（TH_HI）
TH	15：0	可读可写	0	设置 TIMERx（x=0,1,2,3）的输出通道 2 的阈值

2.10.11 TIMx_CH3_TH（x=0,1,2,3）寄存器

TIMx_CH3_TH（x=0,1,2,3）寄存器用于对 TIMERx（x=0,1,2,3）的输出通道 3 进行阈值和输出方式的设定，该寄存器有效比特域的描述如表 2-56 所示。

表 2-56   TIMx_CH3_TH（x=0,1,2,3）寄存器有效比特域

域名	比特域	读写属性	复位默认值	描述
MODE	18：16	可读可写	0	设置 TIMERx（x=0,1,2,3）的输出通道 3 的输出方式。 • 0：当计数值达到输出通道 3 的阈值后，输出恒为 1； • 1：当计数值达到输出通道 3 的阈值后，输出翻转，当达到"下一次阈值"时，输出为 0； • 2：当计数值达到输出通道 3 的阈值后，输出为 1，当达到"下一次阈值"时，输出为 0； • 3：当计数值达到输出通道 3 的阈值后，输出翻转； • 4：当计数值达到输出通道 3 的阈值后，输出恒为 0；

续表

域名	比特域	读写属性	复位默认值	描述
MODE	18：16	可读可写	0	• 5：当计数值达到输出通道 3 的阈值后，输出翻转，当达到"下一次阈值"时，输出为 1； • 6：当计数值达到输出通道 3 的阈值后，输出为 0，当达到"下一次阈值"时，输出为 1。 注意，当 TIMx_CFG（x=0,1,2,3）寄存器的 UPDOWNSEL 域的值为 0 时，上述"下一次阈值"为输出通道 3 的阈值（TH）；当 TIMx_CFG（x=0,1,2,3）寄存器的 UPDOWNSEL 域的值为 1 时，上述"下一次阈值"为计数器的终止值（TH_HI）
TH	15：0	可读可写	0	设置 TIMERx（x=0,1,2,3）的输出通道 3 的阈值

2.10.12　TIMx_CNT（x=0,1,2,3）寄存器

TIMx_CNT（x=0,1,2,3）寄存器用于指示 TIMERx（x=0,1,2,3）的计数器的值，该寄存器有效比特域的描述如表 2-57 所示。

表 2-57　　　　　　　　　TIMx_CNT（x=0,1,2,3）寄存器有效比特域

域名	比特域	读写属性	复位默认值	描述
CNT	15：0	只读	0	TIMERx（x=0,1,2,3）的计数器的值

2.10.13　PWM_ENT_CFG 寄存器

PWM_ENT_CFG 寄存器用于配置 PWM 模块相关的中断，当中断控制器检测到相应中断源的上升沿信号时，可产生中断，该寄存器有效比特域的描述如表 2-58 所示。

表 2-58　　　　　　　　　PWM_ENT_CFG 寄存器有效比特域

域名	比特域	读写属性	复位默认值	描述
ENA	19：16	可读可写	0	PWM 中断使能，ENA[i]对应 PWM 的 i 个中断（i=0,1,2,3）。每个位（bit）置 1 可使能中断
SEL3	15：12	可读可写	0	PWM 中断 3 的中断源选择。 • 0：TIMER0 的输出通道 0； • 1：TIMER0 的输出通道 1； … • 3：TIMER0 的输出通道 3； • 4：TIMER1 的输出通道 0； … • 15：TIMER3 的输出通道 3

续表

域名	比特域	读写属性	复位默认值	描述
SEL2	11：8	可读可写	0	PWM 中断 2 的中断源选择。 • 0：TIMER0 的输出通道 0; • 1：TIMER0 的输出通道 1; … • 3：TIMER0 的输出通道 3; • 4：TIMER1 的输出通道 0; … • 15：TIMER3 的输出通道 3
SEL1	7：4	可读可写	0	PWM 中断 1 的中断源选择。 • 0：TIMER0 的输出通道 0; • 1：TIMER0 的输出通道 1; … • 3：TIMER0 的输出通道 3; • 4：TIMER1 的输出通道 0; … • 15：TIMER3 的输出通道 3
SEL0	3：0	可读可写	0	PWM 中断 0 的中断源选择。 • 0：TIMER0 的输出通道 0; • 1：TIMER0 的输出通道 1; … • 3：TIMER0 的输出通道 3; • 4：TIMER1 的输出通道 0; … • 15：TIMER3 的输出通道 3

2.10.14　PWM_TIMER_EN 寄存器

PWM_TIMER_EN 寄存器用于设置 TIMER 单元的使能，该寄存器有效比特域的描述如表 2-59 所示。

表 2-59　　　　　　　　　　　PWM_TIMER_EN 寄存器有效比特域

域名	比特域	读写属性	复位默认值	描述
TIMER_EN	3：0	可读可写	0	TIMER 单元使能。 TIMER_EN[i]对应 PWM 的 i 个 TIMER 单元（i=0,1,2,3）。 每个位（bit）置 1 为使能

注意：在蜂鸟 E203 MCU 的 FPGA 原型平台中，该寄存器无效，默认 4 个 TIMER 单元均使能。

2.11 WDT

2.11.1 WDT 的背景知识

WDT（WatchDog Timer）是 MCU 中常用的模块，俗称"看门狗"。WDT 是一个定时器电路，一般有一个俗称"喂狗"的操作，同时会有一个输出连接到 MCU 的全局复位端。MCU 在正常工作时，每隔一段时间便会对 WDT 进行"喂狗"操作，如果超过规定的时间不"喂狗"（一般在程序"跑飞"时），WDT 便会超时，从而产生复位信号造成 MCU 全局复位，以防止 MCU"死"机。简而言之，"看门狗"的常见用途是防止程序发生"死"循环或者"跑飞"等。

限于篇幅，本书仅对 WDT 进行简单的背景知识介绍。若读者想了解更多内容，可自行查阅相关资料。

2.11.2 WDT 的特性、功能和结构

蜂鸟 E203 MCU 中的 WDT 的结构如图 2-29 所示。

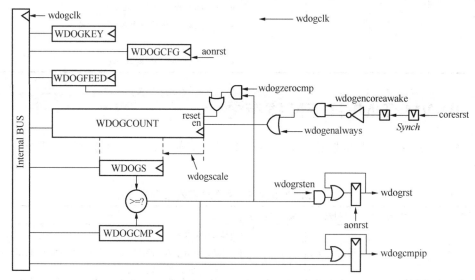

图 2-29　蜂鸟 E203 MCU 中的 WDT 的结构

蜂鸟 E203 MCU 支持 1 个 WDT 模块，该模块位于电源常开域，如图 1-1 所示。WDT 的特性和功能简述如下。

- WDT 本质上是一个 31 位计数器，在计数器被使能后，每个周期都会自加 1。
- 支持可编程寄存器设定计数器的比较阈值，一旦 WDT 的计数器的比较值达到比较阈值，就可以产生复位信号，从而复位整个 MCU，或者产生中断。
- 如果无须"看门狗"功能，那么 WDT 可以作为精确的周期性中断发生器。
- 只有在对一个特殊的密码（key）寄存器进行写入密码操作后，才能对"看门狗"的普通可编程寄存器进行写操作。此特性可以防止错误的代码意外写入 WDT 的寄存器。

2.11.3　WDT 的寄存器

WDT 的可配置寄存器为存储器地址映射寄存器，如图 1-1 所示。Always-On 模块作为一个从模块挂载在 SoC 的私有设备总线上，其可配置的寄存器在系统中的存储器映射地址区间如表 1-1 所示。WDT 作为 Always-On 模块的子模块，其可配置的寄存器如表 2-60 所示。

表 2-60　　　　　　　　　　　　WDT 的可配置寄存器列表

寄存器名称	地址	复位默认值	描述
WDOGCFG	0x1000_0000	0x0	WDT 的配置寄存器
WDOGCOUNT	0x1000_0008	0x0	WDT 的计数器计数值寄存器
WDOGS	0x1000_0010	0x0	WDT 的计数器比较值寄存器
WDOGFEED	0x1000_0018	0x0	WDT 的"喂狗"寄存器
WDOGKEY	0x1000_001C	0x0	WDT 的密码寄存器
WDOGCMP	0x1000_0020	0xFFFF	WDT 的比较器寄存器

注：表中所有的寄存器需要以 32 位对齐的存储器访问方式进行读写。

2.11.4　通过 WDOGCFG 寄存器对 WDT 进行配置

WDOGCFG 寄存器可以对 WDT 进行配置。WDOGCFG 寄存器的格式如图 2-30 所示。

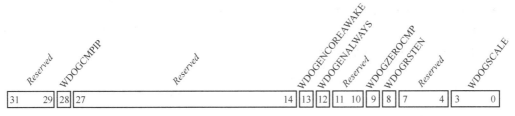

图 2-30　WDOGCFG 寄存器的格式

WDOGCFG 寄存器各比特域的描述如表 2-61 所示。

表 2-61　　　　　　　　　　　　　　　　WDOGCFG 寄存器各比特域

域名	比特域	读写属性	复位默认值	描述
WDOGCMPIP	28	可读可写	0x0	此域用于反映 WDT 产生的中断等待状态。 注意，由于此域是可读可写的域，因此软件可以改变此域的值，也能够通过写入 0 达到清除中断的效果。 读者可通过 2.11.11 节了解 WDT 产生中断的更多信息
WDOGENCOREAWAKE	13	可读可写	0x0	如果该域的值被配置为 1，则计数器仅在主域没有被 PMU 关电的时候进行计数
WDOGENALWAYS	12	可读可写	0x0	如果该域的值被配置为 1，则计数器永远进行计数
WDOGZEROCMP	9	可读可写	0x0	• 如果该域的值被配置为 1，则表示在 WDT 的计数器的值达到比较阈值后，将会被清零。通过此特性，可以产生精确的周期性中断； • 如果该域的值被配置为 0，则表示在 WDT 的计数器的值达到比较阈值后，不会被清零
WDOGRSTEN	8	可读可写	0x0	• 如果该域的值被配置为 1，则表示 WDT 能够产生全局复位； • 如果该域的值被配置为 0，则表示 WDT 不能够产生全局复位。 读者可通过 2.11.10 节了解 WDT 产生全局复位的更多信息
WDOGSCALE	3：0	可读可写	0x0	该域用于指定从 WDOGCOUNT 寄存器中取出 16 位（作为 WDOGS 寄存器的值）的低位起始位置。 读者可通过 2.11.8 节了解 WDOGS 寄存器的更多信息

2.11.5　WDT 的计数器计数值寄存器——WDOGCOUNT

WDOGCOUNT 寄存器是一个 31 位的可读可写寄存器，该寄存器反映的是 WDT 的计数器（31 位）的值，在计数器被使能后，会在每个时钟周期自加 1。

注意：

- 在蜂鸟 E203 MCU 中，WDT 处于常开域的时钟域。
- 由于常开域的低速时钟频率为 32.768kHz，因此，在理论上，31 位的计数器可以计时超过 18 小时（约 65536 秒）。

WDT 的计数器在下列条件下会被使能。

- 条件 1：如果 WDOGCFG 寄存器的 WDOGENALWAYS 域的值被配置为 1，则计数器永远进行计数。

- 条件 2：如果 WDOGCFG 寄存器的 WDOGENCOREAWAKE 域的值被配置为 1，则
  计数器仅在主域没有被 PMU 关电时进行计数。

读者可通过 2.11.4 节了解 WDOGCFG 寄存器的 WDOGENALWAYS 域和 WDOGENCO-
REAWAKE 域的更多信息。

如果上述两个条件均没有被满足，则 WDT 的计数器处于未被使能状态，计数器的值不
会自增。注意，在系统上电复位后，WDT 处于未被使能状态。

WDT 的计数器在下列情况下会被清零。

- WDT 的计数器在系统复位后会被清零。
- 在软件通过写入特殊值至 WDOGFEED 寄存器进行"喂狗"操作时，WDT 的计数器
  将会被清零。读者可通过 2.11.7 节了解"喂狗"操作的更多信息。
- 如果 WDOGCFG 寄存器的 WDOGZEROCMP 域的值被配置为 1，计数器的比较值不
  断自增并达到了设定的比较阈值，那么 WDT 的计数器将会被清零。

由于 WDOGCOUNT 寄存器是可读可写的寄存器，因此软件可以直接写此寄存器，以改
变 WDT 的计数器的值。

2.11.6　通过 WDOGKEY 寄存器解锁

为了防止由于软件误操作写 WDT 相关的寄存器而出现严重的问题，WDT 在正常的情
况下处于被锁定状态，任何写 WDT 的寄存器的操作都将被忽略。

如果我们真的需要写 WDT 相关的寄存器，则需要先对 WDT 进行解锁，其要点如下。

- WDOGKEY 寄存器是一个 1 位的寄存器，其值为 0 表示 WDT 处于上锁状态，值为
  1 表示 WDT 处于解锁状态。
- WDT 在上电复位后处于上锁状态，即 WDOGKEY 寄存器的值为 0。
- 软件将特定值 0x51F15E 写入 WDOGKEY 寄存器，则将 WDT 解锁，即 WDOGKEY
  寄存器的值变为 1。
- 在软件对任何 WDT 相关的寄存器进行写操作（除上述对 WDOGKEY 寄存器写入特
  定值进行解锁以外）后，WDT 将会被重新上锁。

综上所述，在每次写一个 WDT 的寄存器之前，需要先将特定值 0x51F15E 写入
WDOGKEY 寄存器进行解锁。

注意：对 WDT 相关的寄存器进行读操作并不需要提前进行解锁。

2.11.7　通过 WDOGFEED 寄存器"喂狗"

WDT 通过将特定值 0xD09F00D 写入 WDOGFEED 寄存器，从而达到"喂狗"的效果。

在"喂狗"之后，WDT 的计数器将会被清零。

注意事项如下。

- 在写入 WDOGFEED 寄存器之前，必须先通过上述的 WDOGKEY 寄存器进行解锁。典型的"喂狗"程序如图 2-31 所示。
- WDOGFEED 寄存器专门用于"喂狗"的写操作。如果软件读 WDOGFEED 寄存器的值，则永远返回 0。

```
li t0, 0x51F15E  # Obtain key.
sw t0, wdogkey   # Unlock kennel.
li t0, 0xD09F00D # Get some food.
sw t0, wdogfeed  # Feed the watchdog.
```

图 2-31 WDT 的"喂狗"程序

2.11.8 WDT 的计数器比较值寄存器——WDOGS

WDOGS 寄存器的值来自从 WDOGCOUNT 寄存器中取出的 16 位，如图 2-29 所示。WDOGCFG 寄存器的 WDOGSCALE 域的值指定了从 WDOGCOUNT 寄存器中取出 16 位的低位起始位置。因此，WDOGS 寄存器只是一个只读的影子寄存器，软件对它的写操作将会被忽略。

如果 WDOGCFG 寄存器的 WDOGSCALE 域的值为 0，则意味着直接取出 WDOGCOUNT 寄存器的低 16 位作为 WDOGS 寄存器的值；如果 WDOGCFG 寄存器的 WDOGSCALE 域的值为最大值 15，则意味着将 WDOGCOUNT 寄存器的值除以 2^{15} 的结果作为 WDOGS 寄存器的值，在这种情况下：

- 在蜂鸟 E203 MCU 中，由于 WDT 处于常开域的时钟域，而常开域的低速时钟频率为 32.768kHz，因此 WDOGS 寄存器的值每秒自加 1；
- 计算过程：$(1/32768) \times 2^{15} = 1$。

2.11.9 通过 WDOGCMP 寄存器配置阈值

WDOGCMP 是一个 16 位的寄存器，该寄存器的值将作为比较阈值与 WDT 的计数器的比较值（WDOGS 寄存器的值）进行比较。一旦 WDOGS 寄存器的值大于或等于 WDOGCMP 寄存器中的值，便会产生全局复位或者中断（分别见 2.11.10 节和 2.11.11 节）。

注意：WDOGCMP 寄存器的上电复位值为 0xFFFF。

2.11.10 WDT 产生全局复位

如果 WDOGCFG 寄存器的 WDOGRSTEN 域的值被配置为 1，且 WDT 被使能之后在相当长的时间内没有被"喂狗",使得其计数器的比较值（WDOGS 寄存器的值）大于或等于 WDOGCMP 寄存器设定的比较阈值，则会产生复位信号，从而造成整个 MCU 的复位。读者可通过 1.8 节了解 MCU 复位电路的更多信息。一旦 MCU 被复位，WDT 模块本身也将被复位。

2.11.11 WDT 产生中断

如图 2-29 所示，一旦 WDT 的计数器的比较值（WDOGS 寄存器的值）大于或等于 WDOGCMP 寄存器设定的比较阈值，则会产生中断。中断会被反映在 WDOGCFG 寄存器的 WDOGCMPIP 域中。

注意：如图 2-29 所示，一旦产生中断，WDOGCMPIP 域的值会一直保持（用于反映中断的等待状态），因此，有如下情况。

- 软件需要通过改写 WDOGCMP 寄存器或者 WDOGCOUNT 寄存器的值，使得 WDOGS 寄存器的值小于 WDOGCMP 寄存器的值，从而实现清除中断的效果。
- 除此之外，软件还需要通过写 WDOGCMPIP 域将其清除（或者被系统复位清零）。

利用此特性，如果 WDOGCFG 寄存器的 WDOGRSTEN 域的值被配置为 0，且 WDOGZEROCMP 域的值被配置为 1，则 WDT 模块可以用于产生周期性的中断。

2.12 RTC

2.12.1 RTC 的背景知识

RTC（Real-Time Clock，实时时钟）是 MCU 中常用的模块。由于 RTC 在 MCU 系统中通常处于电源常开域，以固定不变的低速时钟运行，因此可以提供精准的时间参考。

限于篇幅，本书仅对 RTC 进行简单的背景知识介绍。若读者想了解其更多内容，可自行查阅相关资料。

2.12.2 RTC 的特性、功能和结构

蜂鸟 E203 MCU 中的 RTC 的结构如图 2-32 所示。

蜂鸟 E203 MCU 支持 1 个 RTC 模块，该模块位于电源常开域，如图 1-1 所示。RTC 的特性和功能简述如下。

- RTC 本质上是一个 48 位的计数器，计数器在被使

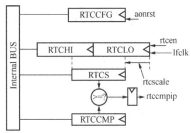

图 2-32 RTC 的结构

能后每个周期都会自加 1。

- 支持可编程寄存器设定计数器的比较阈值,一旦 RTC 的计数器的比较值达到比较阈值,则可以产生中断。

2.12.3 RTC 的寄存器

RTC 的可配置寄存器为存储器地址映射寄存器,如图 1-1 所示。Always-On 模块作为一个从模块挂载在 SoC 的私有设备总线上,其可配置的寄存器在系统中的存储器映射地址区间如表 1-1 所示。RTC 作为 Always-On 模块的子模块,其可配置的寄存器如表 2-62 所示。

表 2-62　　　　　　　　　　RTC 的可配置寄存器列表

寄存器名称	地址	复位默认值	描述
RTCCFG	0x1000_0040	0x0	RTC 的配置寄存器
RTCLO	0x1000_0048	0x0	RTC 的计数器计数值寄存器
RTCHI	0x1000_004C	0x0	RTC 的计数器计数值寄存器
RTCS	0x1000_0050	0x0	RTC 的计数器比较值寄存器
RTCCMP	0x1000_0060	0xFFFF_FFFF	RTC 的比较器寄存器

注:表中所有的寄存器需要以 32 位对齐的存储器访问方式进行读写。

2.12.4　通过 RTCCFG 寄存器进行配置

RTCCFG 寄存器用于对 RTC 进行配置。RTCCFG 寄存器的格式如图 2-33 所示。

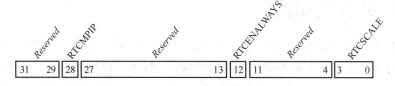

图 2-33　RTCCFG 寄存器的格式

RTCCFG 寄存器各比特域的描述如表 2-63 所示。

表 2-63　　　　　　　　　　RTCCFG 寄存器各比特域

域名	比特域	读写属性	复位默认值	描述
RTCCMPIP	28	只读	0x0	此域用于反映 RTC 产生的中断等待状态。 注意,此域是只读域,软件不可以改变此域的值,因此不能够通过写入 0 实现清除中断的效果。 读者可通过 2.12.8 节了解 RTC 产生中断的更多信息

域名	比特域	读写属性	复位默认值	描述
RTCENALWAYS	12	可读可写	0x0	如果该域的值被配置为1，则计数器永远进行计数
RTCSCALE	3∶0	可读可写	0x0	该域用于指定从 RTC 的计数器的计数值中取出 32 位（作为 RTCS 寄存器的值）的低位起始位置 读者可通过 2.12.6 节了解 RTCS 寄存器的更多信息

2.12.5　RTC 的计数器计数值寄存器——RTCHI/RTCLO

如图 2-34 所示，RTCLO 寄存器是一个 32 位的可读可写寄存器，该寄存器反映的是 RTC 的计数器（共 48 位）的低 32 位的值；RTCHI 是一个 16 位的可读可写寄存器，该寄存器反映的是 RTC 的计数器（共 48 位）的高 16 位的值。

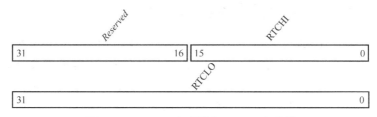

图 2-34　RTCLO 寄存器和 RTCHI 寄存器

RTC 的计数器在被使能后会将每个时钟周期自加 1。

注意：

- 在蜂鸟 E203 MCU 中，RTC 处于常开域的时钟域；
- 由于常开域的低速时钟频率为 32.768kHz，因此 48 位的计数器理论上可以计时超过 270 年。

RTC 的计数器在以下条件下会被使能：如果 RTCCFG 寄存器的 RTCENALWAYS 域的值被配置为 1，则计数器永远进行计数。

读者可通过 2.12.4 节了解 RTCCFG 寄存器的 RTCENALWAYS 域的更多信息。

如果 RTC 的计数器没有满足上述条件，则处于未被使能状态，计数器的值不会自增。注意，在系统上电复位后，RTC 处于未被使能状态。

RTC 的计数器在系统复位后被清零。

由于 RTCLO 寄存器和 RTCHI 寄存器均是可读可写的寄存器，因此软件可以直接写这两个寄存器，以改变 RTC 的计数器的值。

2.12.6　RTC 的计数器比较值寄存器——RTCS

RTCS 寄存器的值来自从 RTC 的计数器的计数值（RTCHI/RTCLO 寄存器）中取出的 32 位，如图 2-32 所示，RTCCFG 寄存器的 RTCSCALE 域的值指定了从 RTC 的计数器的计数值中取出 32 位的低位起始位置。因此，RTCS 寄存器只是一个只读的影子寄存器，软件对它的写操作将会被忽略。

如果 RTCCFG 寄存器的 RTCSCALE 域的值为 0，则意味着直接取出 RTC 的计数器的计数值的低 32 位作为 RTCS 寄存器的值；如果 RTCCFG 寄存器的 RTCSCALE 域的值为最大值 15，则意味着将 RTC 的计数器的计数值除以 2^{15} 的结果作为 RTCS 寄存器的值，在这种情况下：

- 在蜂鸟 E203 MCU 中，由于 RTC 处于常开域的时钟域，而常开域的低速时钟频率为 32.768kHz，因此 RTCS 寄存器的值每秒自加 1；
- 计算过程：$(1/32768) \times 2^{15} = 1$。

2.12.7　通过 RTCCMP 寄存器配置阈值

如图 2-32 所示，RTCCMP 是一个 32 位的寄存器，该寄存器的值将作为比较阈值与 RTC 的计数器的比较值（RTCS 寄存器的值）进行比较。一旦 RTCS 寄存器的值大于或等于 RTCCMP 寄存器中的值，便会产生中断。读者可通过 2.12.8 节了解 RTC 产生中断的更多信息。

注意：RTCCMP 寄存器的上电复位值为 0xFFFF_FFFF。

2.12.8　RTC 产生中断

如图 2-32 所示，一旦 RTC 的计数器的比较值（RTCS 寄存器的值）大于或等于 RTCCMP 寄存器设定的比较阈值，则会产生中断，中断会被反映在 RTCCFG 寄存器的 RTCCMPIP 域中。

注意：

- RTCCMPIP 域的值不会一直保持，其仅实时反映"RTCS 寄存器的值大于或等于 RTCCMP 寄存器设定的比较阈值"；
- 软件只有通过改写 RTCCMP 寄存器或 RTCHI/RTCLO 寄存器的值，使得 RTCS 寄存器的值小于 RTCCMP 寄存器的值，才能实现清除中断的效果。

2.13　PMU

2.13.1　PMU 的背景知识

PMU（Power Management Unit，电源控制单元）是 MCU 中常用的模块。PMU 在 MCU

系统中通常处于电源常开域，控制 MCU 其他部分的电源的打开或者关闭，从而支持低功耗模式，以减少整个 SoC 的动态功耗。

限于篇幅，本书仅对 PMU 进行简单的背景知识介绍。若读者想了解其更多内容，可自行查阅相关资料。

2.13.2　PMU 的特性、功能和结构

蜂鸟 E203 MCU 中的 PMU 的结构如图 2-35 所示。

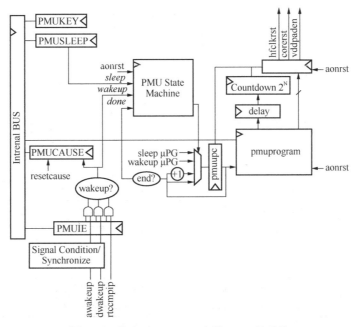

图 2-35　蜂鸟 E203 MCU 中的 PMU 的结构

蜂鸟 E203 MCU 支持 1 个 PMU 模块，该模块位于电源常开域，如图 1-1 所示。PMU 的特性和功能简述如下。

- 软件可以编程 PMU 的特定寄存器，从而将蜂鸟 E203 MCU 的 MOFF 域（包括主域和调试域）的电源关闭。在 MOFF 域的电源被关闭之后，整个 MCU 进入休眠模式。读者可通过 1.6 节和 1.7 节分别了解蜂鸟 E203 MCU 的电源域划分和低功耗模式的更多信息。
- PMU 包含 16 个备份（backup）寄存器，每个备份寄存器为 32 位。由于 PMU 处于电源常开域，因此其备份寄存器用于在 MOFF 域电源关闭后的低功耗模式下保存某些关键信息。
- PMU 支持若干不同的唤醒条件，可以将 MCU 从休眠模式唤醒，恢复对 MOFF 电源

域的供电。读者可通过 2.13.5 节了解 PMU 如何控制 MCU 进入休眠模式；读者可通过 2.13.8 节了解 PMU 如何控制 MCU 退出休眠模式。

2.13.3 PMU 的寄存器

PMU 的可配置寄存器为存储器地址映射寄存器，如图 1-1 所示。Always-On 模块作为一个从模块挂载在 SoC 的私有设备总线上，其可配置的寄存器在系统中的存储器映射地址区间如表 1-1 所示。PMU 作为 Always-On 模块的子模块，其可配置寄存器如表 2-64 所示。

表 2-64   PMU 的可配置寄存器列表

寄存器名称	地址	复位默认值	描述
PMUBACKUP0	0x1000_0080	随机值	PMU 的备份寄存器 0
PMUBACKUP1	0x1000_0084		PMU 的备份寄存器 1
…	…		…
PMUBACKUP15	0x1000_00BC		PMU 的备份寄存器 15
PMUWAKEUPI0	0x1000_0100	见 2.13.9 节中的表 2-67	PMU 的唤醒程序存储器寄存器 0
PMUWAKEUPI1	0x1000_0104		PMU 的唤醒程序存储器寄存器 1
…	…		…
PMUWAKEUPI7	0x1000_011C		PMU 的唤醒程序存储器寄存器 7
PMUSLEEPI0	0x1000_0120	见 2.13.6 节中的表 2-65	PMU 的休眠程序存储器寄存器 0
PMUSLEEPI1	0x1000_0124		PMU 的休眠程序存储器寄存器 1
…	…		…
PMUSLEEPI7	0x1000_013C		PMU 的休眠程序存储器寄存器 7
PMUIE	0x1000_0140	0x0	PMU 的中断使能寄存器
PMUCAUSE	0x1000_0144	0x0	PMU 的唤醒原因寄存器
PMUSLEEP	0x1000_0148	0x0	PMU 的休眠控制寄存器
PMUKEY	0x1000_014C	0x0	PMU 的解锁寄存器

注：表中所有的寄存器需要以 32 位对齐的存储器访问方式进行读写。

2.13.4 通过 PMUKEY 寄存器解锁

为了防止由于软件误操作写 PMU 相关的寄存器而造成严重的问题，PMU 在正常的情况下处于被锁定的状态，任何写 PMU 的寄存器的操作都将被忽略。

如果我们真的需要写 PMU 相关的寄存器，则需要对 PMU 提前进行解锁，其要点如下。

- PMUKEY 寄存器是一个 1 位的寄存器，当其值为 0 时，表示 PMU 处于上锁状态；当其值为 1 时，表示 PMU 处于解锁状态。

- PMU 在上电复位后处于上锁状态，即 PMUKEY 寄存器的值为 0。
- 如果软件将特定值 0x51F15E 写入 PMUKEY 寄存器，则将 PMU 解锁，即 PMUKEY 寄存器的值变为 1。
- 在软件对任何 PMU 相关的寄存器进行写操作（除上述对 PMUKEY 寄存器写入特定值进行解锁以外）后，PMU 将被重新上锁。

综上所述，在每次写一个 PMU 的寄存器之前，都需要先将特定值 0x51F15E 写入 PMUKEY 寄存器进行解锁。

注意：对 PMU 相关的寄存器进行读操作并不需要先解锁。

2.13.5 通过 PMUSLEEP 寄存器进入休眠模式

如果 MCU 要进入休眠模式（关闭 MOFF 域的电源），则软件可以通过写入任何值至 PMUSLEEP 寄存器而触发 PMU 执行休眠指令序列，从而让 SoC 进入休眠模式。读者可通过 1.7 节了解蜂鸟 E203 MCU 的休眠模式的更多信息。

下面将介绍休眠指令序列的更多内容。

2.13.6 通过 PMUSLEEPI0～PMUSLEEPI7 寄存器配置休眠指令序列

PMU 实现了一个可编程的休眠程序存储器（sleep program memory），用于通过软件配置 PMU 的休眠指令序列。虽然这个休眠程序存储器被命名为"存储器"，但事实上它是由 8 个 32 位的寄存器组成的。这 8 个寄存器依次被命名为 PMUSLEEPI0～PMUSLEEPI7，每个寄存器都可以被单独寻址，详细地址分配如表 2-64 所示。

PMUSLEEPI0～PMUSLEEPI7 寄存器用于存储 PMU 的休眠指令序列，每个寄存器可以存储一个具体的 PMU 指令，因此，PMU 的休眠指令序列由 8 条 PMU 指令组成。PMU 指令的格式如图 2-36 所示。

图 2-36　PMU 指令的格式

当软件将任何值写入 PMUSLEEP 寄存器时，便会触发 PMU 开始依次执行 PMUSLEEPI0～PMUSLEEPI7 中的 8 条 PMU 指令。PMU 指令的执行要点如下。

（1）PMU 指令的低 4 位为 DELAY 域，表示执行此指令前的等待时钟周期数为 2^{delay}。

（2）PMU 指令的第 4～8 位为输出控制域，每一位对应一个输出控制信号，每位的值表示此指令执行后对应输出控制信号的新值。

- PMU 指令的第 5 位对应输出控制信号 VDDPADEN。蜂鸟 E203 MCU 的输出信号 AON_PMU_VDDPADEN 受 VDDPADEN 控制，用于连接芯片外的供电开关，控制 MOFF 域电源的打开和关闭。如果此信号为 1，则表示 MOFF 域电源打开；如果此信号为 0，则表示 MOFF 域电源关闭。

- PMU 指令的第 6 位对应输出控制信号 PADRST。蜂鸟 E203 MCU 的输出信号 AON_PMU_ PADRST 受 PADRST 控制，用于在休眠模式下复位芯片外的其他相关芯片。此信号默认低电平有效，因此，如果此信号为 1，则表示不复位，如果此信号为 0，则表示复位。

- PMU 指令的第 7 位对应输出控制信号 CORERST。该信号用于在休眠模式下复位 SoC 的 MOFF 域的所有电路逻辑。如果此信号为 1，则表示复位；如果此信号为 0，则表示不复位。注意，由于 MOFF 域在休眠模式下会掉电丢失并变成未知态，因此，在退出休眠模式后，MOFF 域必须通过复位恢复为其默认值。注意，CORERST 仅仅复位 SoC 的 MOFF 域，而对于 PMU 所在的常开域，则不会进行复位。

- PMU 指令的第 8 位对应输出控制信号 HFCLKRST。该信号用于在休眠模式下关闭 SoC 的高速时钟生成模块（即 HCLKGEN）的电源。如果此信号为 1，则表示关闭电源；如果此信号为 0，则表示不关闭电源。

注意： 上述 4 个输出控制信号的值在上电复位后默认为 1，之后只有在每次执行一条"PMU 指令"之后才会变化，其他时间保持不变。

举例如下。假设某条"PMU 指令"的值为 0x108，则表示首先等待 2^8（即 256）个时钟周期，然后将 HFCLKRST 信号置为 1，将 CORERST、PADRST 和 VDDPADEN 信号置为 0。

在整个 MCU 初始上电后，PMUSLEEPI0～PMUSLEEPI7 寄存器中的值被复位成默认休眠指令序列，如表 2-65 所示。因此，如果软件不修改其中的值，那么每次 SoC 进入休眠模式（通过写 PMUSLEEP 寄存器触发）便会执行此默认休眠指令序列，从而关闭 SoC 的 MOFF 域的电源并进入休眠模式。软件也可以通过修改 PMUSLEEPI0～PMUSLEEPI7 寄存器中的值来定制其所需的休眠指令序列。

表 2-65　　　　　　　　　　　　　　　PMU 默认休眠指令序列

序列号	复位默认值	操作
0	0x0F0	将 CORERST 信号拉高（assert corerst）
1	0x1F0	将 HFCLKRST 信号拉高（assert hfclkrst）
2	0x1D0	将 VDDPADEN 信号拉低（deassert vddpaden）
3	0x1C0	将 Reserved 信号拉低（deassert Reserved）
4～7	0x1C0	重复上一条指令

2.13.7 通过 PMUBACKUP 系列寄存器保存关键信息

由于进入休眠模式后整个 MOFF 域会被关闭电源，因此所有的寄存器状态都会丢失。如果我们希望某些关键信息能够被保存到电源的常开域中，那么可以利用 PMU 的 PMUBACKUP（备份）寄存器。

PMU 包含 16 个备份寄存器，每个备份寄存器为 32 位，每个寄存器都可以被单独寻址，详细地址分配如表 2-64 所示。

PMU 的备份寄存器用于在 MOFF 域被关闭电源后的低功耗模式下保存某些关键信息。在 MOFF 域被重新唤醒之后，软件可以读取备份寄存器，从而快速地恢复关键信息。

2.13.8 通过 PMUIE 寄存器设置唤醒条件

MCU 进入休眠模式（关闭 MOFF 域的电源）后，可以在以下情形被唤醒。

1）被输入控制信号 DWAKEUP 唤醒

- 蜂鸟 E203 MCU 的输入信号 AON_PMU_DWAKEUP_N（低电平有效）取反后的值为 DWAKEUP 信号。读者可通过 1.10 节了解蜂鸟 E203 MCU 的输入信号 AON_PMU_DWAKEUP_N 的更多信息。
- 如果此唤醒条件被使能（受 PMUIE 寄存器控制），则当 DWAKEUP 信号为高时，会触发唤醒条件，PMU 将执行其唤醒指令将 MOFF 域重新上电并且复位。读者可通过 2.13.9 节了解 PMU 唤醒指令序列的更多信息。

注意：PMU 仅仅将 MOFF 域复位，而包含 PMU 的 Always-On（常开）部分则不会被复位。

2）被 RTC 的中断唤醒

- RTC 的中断信号反映在 RTCCFG 寄存器的 RTCCMPIP 域中。读者可通过 2.12.8 节了解 RTC 中断的更多信息。
- 如果此唤醒条件被使能（受 PMUIE 寄存器控制），则当 RTC 中断信号为高时，会触发唤醒条件，PMU 将执行其唤醒指令将 MOFF 域重新上电并且复位。

注意：PMU 仅仅将 MOFF 域复位，而包含 PMU 的 Always-On 部分则不会被复位。

3）整个 MCU 被全局复位

当 SoC 被全局复位之后，包含 PMU 的 Always-On 部分也被复位，那么 PMU 被复位为默认值，开始执行默认的上电指令序列，从而将整个 SoC 复位唤醒。读者可通过 1.8 节了解全局复位的更多信息。

PMUIE 寄存器用于对 DWAKEUP 和 RTC 中断的唤醒条件进行使能配置。PMUIE 寄存器的格式如图 2-37 所示。

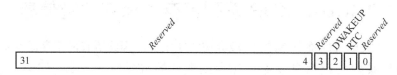

图 2-37　PMUIE 寄存器的格式

PMUIE 寄存器各比特域的描述如表 2-66 所示。

表 2-66　PMUIE 寄存器各比特域

域名	比特域	读写属性	复位默认值	描述
DWAKEUP	2	可读可写	0x0	如果该域的值被配置为 1，则能够被 DWAKEUP 信号唤醒；反之，则不能
RTC	1	可读可写	0x0	如果该域的值被配置为 1，则能够被 RTC 中断唤醒；反之，则不能

2.13.9　通过 PMUWAKEUPI0～PMUWAKEUPI7 寄存器配置唤醒指令序列

在 PMU 中，实现了一个可编程的唤醒程序存储器（wakeup program memory），它用于软件配置 PMU 的唤醒指令序列。虽然它被命名为"存储器"，但是它是由 8 个 32 位寄存器组成的，这 8 个寄存器依次被命名为 PMUWAKEUPI0～PMUWAKEUPI7，每个寄存器可以被单独寻址，其详细地址分配如表 2-64 所示。

PMUWAKEUPI0～PMUWAKEUPI7 寄存器用于存储 PMU 的唤醒指令序列，每个寄存器可以存储一个具体的 PMU 指令，因此 PMU 的唤醒指令序列由 8 条 PMU 指令组成。PMU 指令的格式如图 2-36 所示，本节不再赘述。

注意事项如下。

（1）如果 SoC 是由全局复位唤醒的，那么 Always-On 部分（包含 PMU 模块本身）也被复位，因此 PMU 寄存器 PMUWAKEUPI0～PMUWAKEUPI7 中的值被复位为默认唤醒指令序列，如表 2-67 所示。因此，在每次 SoC 被全局复位唤醒后，PMU 便会执行此默认唤醒指令序列，从而将 SoC 的 MOFF 域上电唤醒。

（2）如果 SoC 由输入控制信号 DWAKEUP 或 RTC 唤醒，则为常规唤醒，Always-On 部分（包含 PMU 模块本身）不会被复位。PMU 开始依次执行 PMUWAKEUPI0～PMUWAKEUPI7 寄存器中存储的 PMU 指令。

- 软件可以通过修改 PMUWAKEUPI0～PMUWAKEUPI7 寄存器中的值来定制其所需的唤醒指令序列。通常来说，需要将 MOFF 域重新上电和复位。
- 如果软件不做任何修改，则运行表 2-67 中的默认唤醒指令序列。

表 2-67　　　　　　　　　　　　　　　　PMU 默认唤醒指令序列

序列号	复位默认值	操作
0	0x1F0	将所有复位信号和电源使能信号拉高
1	0x0F8	空闲 2^8 个周期，然后将 HFCLKRST 信号拉低
2	0x030	将 CORERST 和 PADRST 信号拉低
3～7	0x030	重复上一条指令

2.13.10　通过 PMUCAUSE 寄存器查看唤醒原因

在 MCU 被唤醒后，软件可以通过 PMUCAUSE 寄存器查看唤醒原因。PMUCAUSE 寄存器的格式如图 2-38 所示。

PMUCAUSE 寄存器各比特域的详细描述如表 2-68 所示。

图 2-38　PMUCAUSE 寄存器的格式

表 2-68　　　　　　　　　　　　　　　PMUCAUSE 寄存器各比特域

域名	比特域	读写属性	描述
RESETCAUSE	9：8	只读	• 如果该域的值为 0，则表示这是由 POR 电路复位造成的全局复位； • 如果该域的值为 1，则表示这是由外部复位信号造成的全局复位； • 如果该域的值为 2，则表示这是由 WDT 生成复位信号造成的唤醒
WAKEUPCAUSE	1：0	只读	• 如果该域的值为 0，则表示这是由整个 MCU 被全局复位造成的唤醒； • 如果该域的值为 1，则表示这是由 RTC 中断造成的唤醒； • 如果该域的值为 2，则表示这是由输入控制信号 DWAKEUP 造成的唤醒

注意：对于支持休眠模式的系统，在它进入休眠模式之前，应该先将某些关键信息保存在系统休眠后不会掉电的 PMU 备份寄存器（读者可通过 2.13.7 节了解 PMU 的备份寄存器的更多信息）中；在系统被唤醒后，软件应该在上电初始化函数中通过读取 PMUCAUSE 寄存器的 RESETCAUSE 域对唤醒原因进行判断。

- 如果这是由整个 MCU 被全局复位造成的唤醒，则可以通过读取 PMUCAUSE 寄存器的 WAKEUPCAUSE 域进一步判断是由哪种复位造成的，从而采取相应措施，进一步跳转到不同的函数入口进行处理，或者进行常规的上电初始化操作。
- 如果这是 PMU 被输入控制信号 DWAKEUP 或 RTC 中断唤醒，则可以进入唤醒程序入口，先将关键信息从 PMU 的备份寄存器中恢复，再进行唤醒后的其他操作。

第 3 章　开源蜂鸟 E203 MCU 硬件开发平台

为了便于初学者快速学习 RISC-V 嵌入式开发，芯来科技为蜂鸟 E203 MCU 定制了专用的硬件开发平台，包括硬件开发板（Nuclei FPGA 开发板）和配套调试器（蜂鸟 JTAG 调试器），本章将对它们分别进行介绍。

3.1　Nuclei FPGA 开发板

芯来科技为其自研处理器内核 IP 定制了 SoC 原型验证硬件平台，如图 3-1 所示，包括 Nuclei DDR200T 开发板和 Nuclei MCU200T 开发板。

Nuclei DDR200T 开发板

一款集成了 FPGA 和通用 MCU 的 RISC-V 评估开发板

Nuclei MCU200T 开发板

一款基于 Xilinx FPGA 的 RISC-V 评估开发板

图 3-1　Nuclei 硬件开发平台

在本书中，对蜂鸟 E203 MCU 进行嵌入式开发是基于 Nuclei DDR200T 开发板的，因此，下面我们主要对 Nuclei DDR200T 开发板进行介绍。若读者对 Nuclei MCU200T 开发板感兴趣，那么可以访问芯来科技官方网站的开发板页面以获取更多信息。

3.1.1 Nuclei DDR200T 开发板简介

Nuclei DDR200T 开发板的实物图和系统结构框图分别如图 3-2 和图 3-3 所示，具体的接

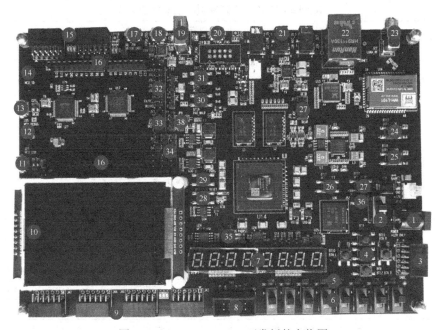

图 3-2 Nuclei DDR200T 开发板的实物图

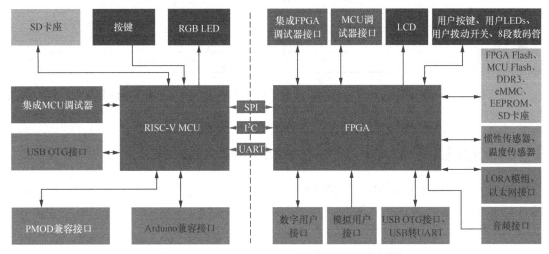

图 3-3 Nuclei DDR200T 开发板的系统结构框图

口说明如表 3-1 所示。从其系统结构框图可以看出，该开发板主要包括 FPGA 子系统、RISC-V MCU 子系统，以及各自配套的外设和扩展接口。本书主要使用了其中的 FPGA 子系统及其配套外设部分。我们将前面章节介绍的蜂鸟 E203 MCU 实现至该开发板的 FPGA 系统，便可以如同使用实际的 MCU 芯片一般便捷地进行嵌入式开发。

表 3-1　　　　　　　　　　　　Nuclei DDR200T 开发板的功能接口列表

接口标号	功能说明	接口标号	功能说明
1	直流（DC）12V 电源输入	20	集成 FPGA 调试器接口（USB）
2	电源开关	21	数字音频编解码界面接口
3	模拟用户接口（XADC）	22	自适应 10/100/1000 以太网
4	用户按键	23	LORA RF 天线（SMA）
5	用户 LEDs	24	LORA 模组复位按键
6	用户拨动开关	25	LORA RELOAD 按键
7	8 段数码管	26	MCU_RESET 按键（蜂鸟 E203 MCU）
8	蜂鸟 E203 MCU 调试器接口	27	MCU_WKUP 按键（蜂鸟 E203 MCU）
9	数字用户接口（FPGA）	28	FPGA_RESET 按键
10	2.8 英寸 LCD	29	FPGA_PROG 按键
11	GD32VF103 MCU USB OTG 接口	30	PA0_WKUP 按键（GD32VF103 MCU）
12	SD 卡座（FPGA）	31	MCU_NRST 按键（GD32VF103 MCU）
13	GD32VF103 MCU 调试器接口（USB）	32	板载调试器接口跳线（GD32VF103 MCU）
14	SD 卡座（GD32VF103 MCU）	33	BOOT 模式设置跳线（GD32VF103 MCU）
15	PMOD 兼容接口（GD32VF103 MCU）	34	FPGA 与 GD32VF103 MCU 连接选择跳线
16	Arduino 兼容接口（GD32VF103 MCU）	35	PADRST 接口（蜂鸟 E203 MCU）
17	USB-UART 接口	36	PADWKUP 接口（蜂鸟 E203 MCU）
18	USB-OTG（FPGA）	37	XADC 接口
19	USB-HOST（FPGA）	38	板载 5V 和 3.3V 输出

由于本书主要基于蜂鸟 E203 MCU 展开，因此后续的介绍主要围绕 FPGA 子系统及其配套外设接口部分。

3.1.2　Nuclei DDR200T 开发板的硬件功能模块

在 3.1.1 节中，我们对 Nuclei DDR200T 开发板进行了系统层面的整体介绍，本节将对 FPGA 子系统的各个部分进行简单介绍。

1．电源输入

使用直流（DC）12V 电源，配套墙插式电源供电。

2. FPGA

在该开发板中，使用的 FPGA 型号为 XC7A200T-2FGG484I，是 Xilinx 公司的 Artix-7 系列产品，它的速度等级为 2，温度等级为工业级。此型号为 FBG484 封装，484 个引脚。

- 33650 个逻辑片，每个单元有 4 个 6-input LUT 和 8 个触发器。
- 10 个时钟管理，每个有锁相回路（PLL）。
- 740 个 DSP 片。
- 内部时钟速度超过 450MHz。
- 片上模拟-数字转换器（XADC）。
- 速度高达 3.75Gbit/s 的 GTP 收发器。

该硬件平台已经集成了 Xilinx FPGA 下载器（USB 接口）。用户只需要使用一根 Mirco USB 线缆，就可实现对该 FPGA 芯片的下载和调试操作。

3. 时钟

（1）单端 100MHz 时钟，为 FPGA 子系统的主时钟输入，其电路如图 3-4 所示。

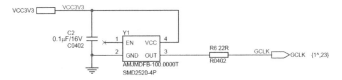

图 3-4　FPGA 子系统主时钟电路

（2）单端 32.768kHz 时钟，为蜂鸟 E203 MCU 的低速时钟输入，其电路如图 3-5 所示。

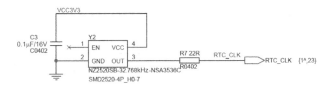

图 3-5　蜂鸟 E203 MCU 低速时钟电路

4. 存储

（1）该开发板板载两颗容量为 2Gbit（256MB）的 Micron（美光）DDR3 芯片，具体型号为 MT41K128M16JT-125K，最高运行时钟速度可达 800MHz。该存储系统直接连接 FPGA 的 BANK 34 和 BANK 35 的存储器接口，总线位宽为 32 位，电路如图 3-6 所示。

（2）该开发板板载一颗 32Mbit 的 SPI Flash 芯片（MCU_Flash），具体型号为 GD25Q32，用于存储蜂鸟 E203 MCU 运行的程序文件，电路如图 3-7 所示。

（3）该开发板板载一颗 128Mbit 的 SPI Flash 芯片（FPGA_Flash），具体型号为 N25Q128，用于存储 FPGA 烧录的 MCS 格式的比特流文件，电路如图 3-8 所示。

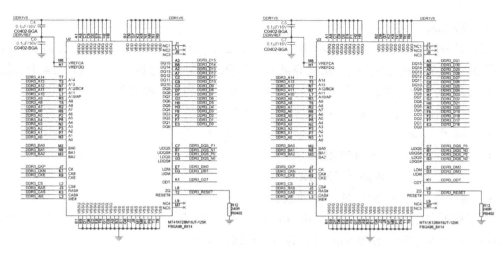

图 3-6 板载 DDR3 存储电路

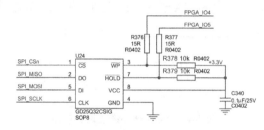

图 3-7 板载 MCU_Flash 存储电路

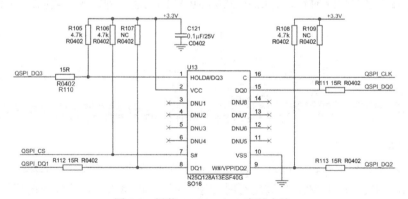

图 3-8 板载 FPGA_Flash 存储电路

（4）该开发板板载一颗 4kbit 的 I^2C EEPROM 芯片，具体型号为 24LC04，电路如图 3-9 所示。

（5）该开发板板载一颗 8GB 的 eMMC 芯片，具体型号为 KLM8G1GETF，电路如图 3-10 所示。

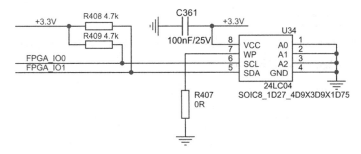

图 3-9　板载 EEPROM 存储电路

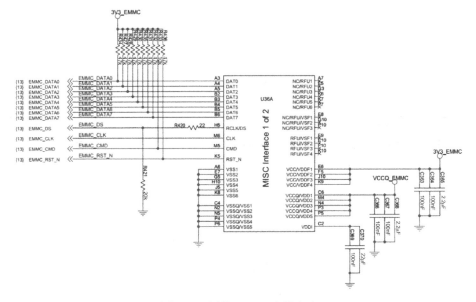

图 3-10　板载 eMMC 存储电路

（6）该开发板板载一个 SD 卡座，可插入 SD 卡作为扩展存储，电路如图 3-11 所示。

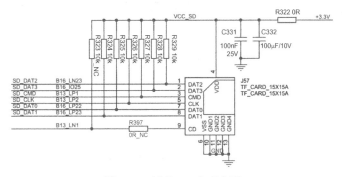

图 3-11　板载 SD 卡座电路

5．配套外设及接口

（1）该开发板板载一个高精度数字温度传感器，具体型号为 ADT7420，通过 I^2C 串行总线接口进行通信，电路如图 3-12 所示。

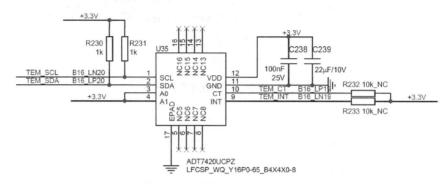

图 3-12　板载数字温度传感器电路

（2）该开发板板载一个六轴惯性传感器（三轴陀螺仪传感器和三轴加速度传感器），具体型号为 MPU-6050，通过 I^2C 串行总线接口进行通信，电路如图 3-13 所示。

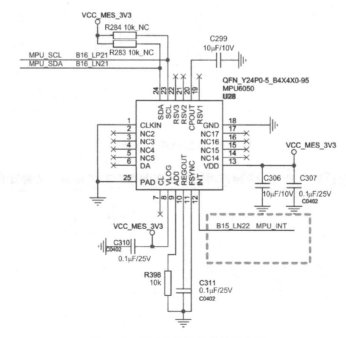

图 3-13　板载六轴惯性传感器电路

（3）该开发板板载 2.8 英寸（1 英寸约等于 2.54 厘米）LCD，其采用的驱动控制器为 ILI9341，通过 SPI 进行通信。

（4）该开发板板载的交互设备：用户按键、用户 LEDs、用户拨动开关和 8 段数码管。它们的电路分别如图 3-14～图 3-17 所示。

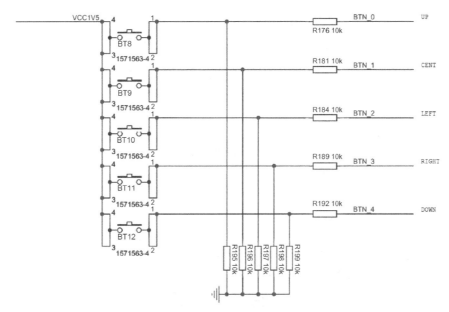

图 3-14　板载用户按键电路

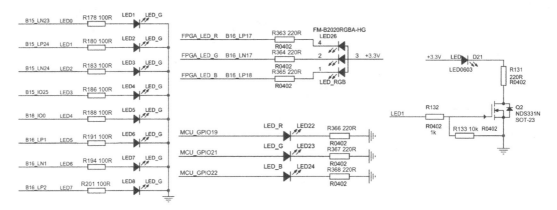

图 3-15　板载用户 LEDs 电路

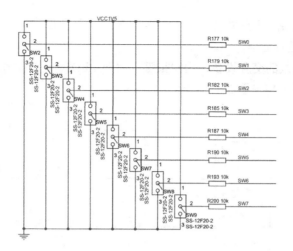

图 3-16 板载用户拨动开关电路

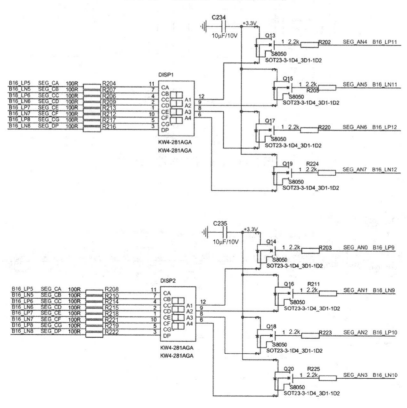

图 3-17 板载 8 段数码管电路

（5）外扩接口：数字用户接口、模拟用户接口、USB OTG 和 USB 转 UART，分别如

图 3-18～图 3-21 所示。

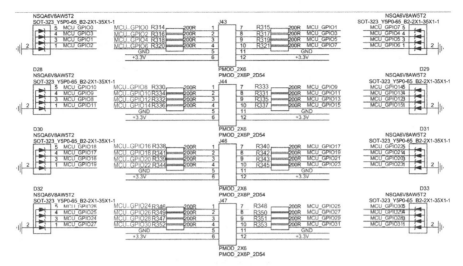

图 3-18　数字用户接口

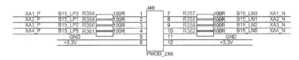

图 3-19　模拟用户接口

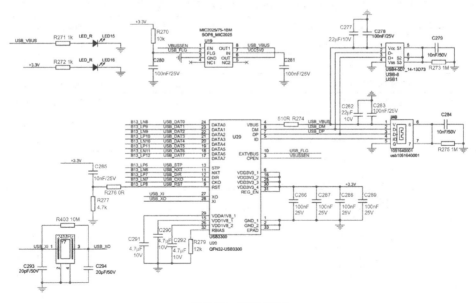

图 3-20　USB OTG

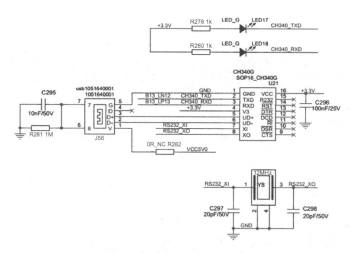

图 3-21   USB 转 UART

3.1.3   蜂鸟 E203 MCU 的功能引脚分配

蜂鸟 E203 MCU 与外界的交互主要是通过其 GPIO 完成的。在我们将蜂鸟 E203 MCU 实现至 Nuclei DDR200T 开发板的 FPGA 系统后，其 GPIO 与 Nuclei DDR200T 开发板的外设（或接口）的连接关系如表 3-2 所示。

表 3-2   蜂鸟 E203 MCU 的 GPIO 与 Nuclei DDR200T 开发板的外设（或接口）的连接关系

GPIOA 引脚编号	板载外设（或接口）	GPIOB 引脚编号	板载外设（或接口）
0	RGB LED26 R 通道	0	数字用户接口 J43 引脚 1
1	RGB LED26 G 通道	1	数字用户接口 J43 引脚 7
2	RGB LED26 B 通道	2	数字用户接口 J43 引脚 2
3	用户按键 BTN_U	3	数字用户接口 J43 引脚 8
4	用户按键 BTN_D	4	数字用户接口 J43 引脚 3
5	用户按键 BTN_L	5	数字用户接口 J43 引脚 9
6	用户按键 BTN_R	6	数字用户接口 J43 引脚 4
7	用户按键 BTN_C	7	数字用户接口 J43 引脚 10
8	LCD SPI 接口 SCL	8	数字用户接口 J44 引脚 1
9	LCD SPI 接口 CS	9	数字用户接口 J44 引脚 7
10	LCD SPI 接口 SDI	10	数字用户接口 J44 引脚 2
11	LCD SPI 接口 SDO	11	数字用户接口 J44 引脚 8
12	LCD 控制接口 RS	12	数字用户接口 J44 引脚 3
13	LED（D21）	13	数字用户接口 J44 引脚 9

续表

GPIOA 引脚编号	板载外设（或接口）	GPIOB 引脚编号	板载外设（或接口）
14	EEPROM（U34）I^2C 接口 SCL	14	数字用户接口 J44 引脚 4
15	EEPROM（U34）I^2C 接口 SDA	15	数字用户接口 J44 引脚 10
16	MCU 调试接口 J50 引脚 8	16	数字用户接口 J46 引脚 1
17	MCU 调试接口 J50 引脚 2	17	数字用户接口 J46 引脚 7
18	LORA 模组（U16）UART 接口 TX	18	数字用户接口 J46 引脚 2
19	LORA 模组（U16）UART 接口 RX	19	数字用户接口 J46 引脚 8
20	用户 LED0	20	数字用户接口 J46 引脚 3
21	用户 LED1	21	数字用户接口 J46 引脚 9
22	用户 LED2	22	数字用户接口 J46 引脚 4
23	用户 LED3	23	数字用户接口 J46 引脚 10
24	用户 LED4	24	数字用户接口 J47 引脚 1
25	用户 LED5	25	数字用户接口 J47 引脚 7
26	用户拨动开关 SW0	26	数字用户接口 J47 引脚 2
27	用户拨动开关 SW1	27	数字用户接口 J47 引脚 8
28	用户拨动开关 SW2	28	数字用户接口 J47 引脚 3
29	用户拨动开关 SW3	29	数字用户接口 J47 引脚 9
30	用户拨动开关 SW4	30	数字用户接口 J47 引脚 4
31	用户拨动开关 SW5	31	数字用户接口 J47 引脚 10

3.2 蜂鸟 JTAG 调试器

在蜂鸟 E203 MCU 中，包含定制的专用 JTAG 调试器，如图 3-22 所示。

图 3-22 蜂鸟 JTAG 调试器

该调试器具有如下特性和功能。

（1）调试器的一端为普通的 U 盘接口，便于直接将其插入 PC 主机的 USB 接口，另一端为标准的 4 线 JTAG 接口和 2 线 UART 接口。

（2）调试器具备 USB 转 JTAG 功能，通过标准的 4 线 JTAG 接口与 Nuclei DDR200T 开

发板连接。如 1.10 节所述，蜂鸟 E203 MCU 支持标准的 JTAG 接口，通过此接口可以下载程序和进行远程调试。

（3）调试器具备 USB 转 UART 功能，通过标准的 2 线 UART 接口与 Nuclei DDR200T 开发板连接。由于嵌入式系统往往没有配备显示屏，因此常用 UART 接口连接 PC 主机的 COM 接口（或者将 UART 转换为 USB 后连接 PC 主机的 USB 接口），然后进行调试，这样可以将嵌入式系统中的 printf() 函数重定向输出至 PC 主机的显示屏。读者可通过 5.1.6 节了解 printf() 函数的更多内容。

3.3 总结

本章结合本书主题对蜂鸟 E203 MCU 的硬件开发平台进行了介绍。若读者想了解其更多细节，以及想要获取相关资源，那么可以访问芯来科技官方网站的开发板页面。

关于蜂鸟 E203 MCU 硬件开发平台的具体使用，我们将通过第 9～17 章中的动手实践部分进行详细讲解。

第 4 章　软件编译过程

本章介绍如何将在高层由 C/C++语言编写的程序转换为处理器能够执行的二进制代码，该过程即编译原理相关书中介绍的过程，包括如下 4 个步骤。

- 预处理（preprocessing）。
- 编译（compilation）。
- 汇编（assembly）。
- 链接（linking）。

限于篇幅，本书将不会对各个步骤的原理进行详解，仅结合 Linux 自带的 GCC 工具链对其过程进行简述。感兴趣的读者可以自行查阅相关资料，深入学习编译原理的相关知识。

注意：为了简化描述且便于初学者理解，本章将在 Linux 操作系统上编译一个 HelloWorld 程序，并在此操作系统平台上运行。本书针对的是嵌入式开发，使用的交叉编译的方法与本章所述的编译过程有所差异。读者可通过 5.1 节了解嵌入式系统的程序编译的更多内容。本章使用 Linux 自带的 GCC 工具链进行演示，而未涉及如何使用 RISC-V GCC 工具链。读者可通过 5.2 节了解如何使用 RISC-V GCC 工具链。

4.1　GCC 工具链

4.1.1　GCC 工具链简介

GCC（GNU Compiler Collection）是 Linux 操作系统中常用的编译工具。GCC 实质上不是一个单独的程序，而是多个程序的集合，因此，它通常被称为 GCC 工具链。GCC 工具链包括 GCC、C 运行库、binutils 和 GDB 等。

1）GCC

（1）GCC（GNU C Compiler）是编译工具。本章所要介绍的将 C/C++语言编写的程序转换成处理器能够执行的二进制代码的过程由编译器完成。有关编译过程的更多介绍见 4.3 节。

（2）GCC 既支持本地编译（在一个平台上编译该平台运行的程序），又支持交叉编译（在一个平台上编译供另一个平台运行的程序）。

- 为了简化描述，便于初学者理解，本章将在 Linux 操作系统上编译一个 HelloWorld 程序，并在此 Linux 平台上运行。这是一种本地编译的开发方式。
- 交叉编译多用于嵌入式系统的开发。有关交叉编译的更多介绍见 5.1.1 节。

2）C 运行库

C 运行库的相关知识较多，详见 4.1.3 节。

3）binutils

关于 binutils 的详细介绍，见 4.1.2 节。

4）GDB

GDB（GNU Project Debugger）是调试工具，用于对程序进行调试。GDB 的使用示例见 9.3.3 节。

4.1.2 binutils

binutils 是一组二进制程序处理工具，包括 addr2line、as、ld、ar、ldd、objcopy、objdump、readelf 和 size 等。这一组工具是开发和调试过程中不可缺少的工具，分别介绍如下。

（1）addr2line：用来将程序地址转换成其所对应的程序源文件及代码行，也可以得到所对应的函数。该工具将帮助调试器在调试的过程中定位对应的源代码。

（2）as：主要用于汇编。有关汇编的详细介绍见 4.3.3 节。

（3）ld：主要用于链接。有关链接的详细介绍见 4.3.4 节。

（4）ar：主要用于创建静态库。为了便于初学者理解，我们在此介绍动态库与静态库的概念。

- 如果将多个.o 目标文件生成一个库文件，则存在两种类型的库，一种是静态库，另一种是动态库。
- 在 Windows 操作系统中，静态库是以 .lib 为扩展名的文件，动态库是以 .dll 为扩展名的文件。在 Linux 操作系统中，静态库是以.a 为扩展名的文件，动态库是以.so 为扩展名的文件。
- 静态库和动态库的不同点在于代码被载入的时刻不同。静态库的代码在编译过程中已经被载入可执行程序，因此代码的文件较大。动态库的代码是在可执行程序运行时才载入内存的，在编译过程中仅简单地对其引用，因此代码的文件较小。在 Linux 操作系统中，我们可以用 ldd 命令查看一个可执行程序依赖的动态库。
- 如果一个系统中存在多个需要同时运行的程序且这些程序之间存在动态库，那么采用动态库的形式将更节省内存。但是，对于嵌入式系统，在大多数情况下，整个软件就是一个可执行程序，而且不支持动态加载的方式，即以静态库为主。

（5）ldd：用于查看一个可执行程序依赖的动态库。

（6）objcopy：用于将一种对象文件格式翻译成另一种格式，如将.bin 格式转换成.elf 格式，或者将.elf 格式转换成.bin 格式等。

（7）objdump：它的主要的作用是反汇编。有关反汇编的详细介绍，见 4.4.4 节。

（8）readelf：显示有关 ELF 文件的信息，详见 4.4 节。

（9）size：列出可执行文件每个部分的大小和总大小。size 的实例见 4.3.4 节。

binutils 中还有其他工具，它们的功能也很强大，限于篇幅，本节无法详细介绍它们，读者可以自行查阅相关资料了解它们的详情。

4.1.3　C 运行库

为了介绍 C 运行库，我们需要先了解一下 C 语言标准。C 语言标准主要由两部分组成：一部分描述 C 语言的语法，另一部分描述 C 标准库。C 标准库定义了一组标准头文件，每个头文件包含一些相关的函数、变量、类型声明和宏定义，如常见的 printf() 函数是一个 C 标准库函数，其原型定义在 stdio 头文件中。

C 语言标准仅仅定义了 C 标准库函数的原型，并没有提供函数的实现。因此，C 语言编译器通常需要 C 运行时库（C Run Time Library，CRT）的支持。C 运行时库经常被简称为 C 运行库。与 C 语言类似，在 C++ 中，也定义了自己的标准，同时提供相关支持库，称为 C++ 运行时库。

如上所述，想要在一个平台上支持 C 语言，不但要实现 C 编译器，而且要实现 C 标准库，这样的实现才能完全支持 C 语言标准。glibc（GNU C Library）是 Linux 的 C 标准库的实现，其要点如下。

（1）glibc 是 GNU 发布的 C 标准库，后来逐渐成为 Linux 的 C 标准库。glibc 的主体分布在 Linux 操作系统的/lib 与/usr/lib 目录中，包括 libc（标准 C 函数库）、libm（数学函数库）等，它们都以.so 作为扩展名。

注意：Linux 操作系统下的 C 标准库不但包含 glibc，而且包含 μClibc、klibc 和 Linux libc，其中 glibc 使用最为广泛。而在嵌入式系统中，使用较多的 C 运行库为 newlib。关于 newlib 的详细介绍，见 5.1.2 节。

（2）在 Linux 操作系统中，通常将 libc 库作为操作系统的一部分，它被视为操作系统与用户程序的接口。例如，glibc 不但实现了标准 C 语言中的函数，而且封装了操作系统提供的系统服务，即系统调用的封装。

- 在通常情况下，每个特定的系统调用对应至少一个 glibc 封装的库函数，如系统提供的打开文件系统调用 sys_open 对应的是 glibc 中的 open() 函数。glibc 中一个单独的 API 可能实现多个系统调用，如 glibc 提供的 printf() 函数就会实现如 sys_open、 sys_mmap、sys_write 和 sys_close 等系统调用。另外，多个 glibc API 也可能对应同一个系统调用，如在 glibc 下实现的 malloc()、free() 等函数分别用来分配和释放内存，它们都利用了内核的 sys_brk 这个系统调用。

（3）对于 C++，常用的 C++标准库为 libstdc++。注意，libstdc++通常与 GCC 捆绑在一起，即安装 GCC 时会同时安装 libstdc++。而 glibc 并没有和 GCC 捆绑在一起，这是由于 glibc 需要与操作系统内核"打交道"，因此与具体的操作系统平台紧密耦合。虽然 libstdc++提供了 C++程序的标准库，但其并不与内核"打交道"。对于系统级别的事件，libstdc++会与 glibc 交互，从而与内核通信。

4.1.4　GCC 命令行选项

GCC 有丰富的命令行选项，支持不同的功能。限于篇幅，本书不一一赘述，读者可自行查阅相关资料进行学习。

RISC-V 的 GCC 工具链还有它特有的编译选项。读者可通过 5.2 节了解 RISC-V GCC 工具链的更多内容。

4.2　准备工作

4.2.1　安装 Linux

由于 GCC 工具链主要在 Linux 环境中使用，因此本章将以 Linux 操作系统作为工作环境。

在安装 Linux 操作系统前，我们要准备好自己的计算机环境。如果读者使用的是个人计算机，那么推荐如下配置。

- 使用 VMware 虚拟机在个人计算机上安装虚拟的 Linux 操作系统。
- Linux 操作系统的版本众多，作者推荐使用 Ubuntu 18.04 版本。

关于如何安装 VMware 和 Ubuntu，以及 Linux 的基本使用，本书不做介绍，请读者自行查阅相关资料。

4.2.2　准备 HelloWorld 程序

为了演示整个编译过程，本节给出一个利用 C 语言编写的简单程序示例，源代码如下所示。

```
//利用 C 语言编写的 HelloWorld 程序，对应的文件名为 hello.c

#include <stdio.h>    //由于 printf()函数是一个标准的 C 语言库函数,其函数原型定义在标准的
                      //C 语言的 stdio 头文件中。stdio 是 "standard input & output"
                      //(标准输入/输出) 的缩写。因此,在源代码中,如果用到标准输入/输出函数,
                      //就要包含此头文件

//此程序很简单,仅仅输出一个"Hello World!"字符串
int main(void)
{
  printf("Hello World! \n");
  return 0;
}
```

4.3 编译过程

4.3.1 预处理

预处理主要包括以下步骤。

- 将所有的#define 删除,并展开所有的宏定义,处理所有的条件预编译指令,如#if、#ifdef、#elif、#else 和#endif 等。
- 处理#include 预编译指令,将被包含的文件插入该预编译指令的位置。
- 删除所有注释("//" 和 "/* */")
- 添加行号和文件标识,以便编译时产生调试用的行号和编译错误警告行号。
- 保留所有的#pragma 编译器指令,因为后续编译过程需要使用它们。

使用 gcc 命令进行预处理。

```
$ gcc -E hello.c -o hello.i //将源文件 hello.c 进行预处理以生成 hello.i
//gcc 命令的选项-E 使得 GCC 在进行预处理后即停止
```

hello.i 文件可以作为普通文本文件被打开并查看,其中的代码片段如下所示。

```
//hello.i 中的代码片段

extern void funlockfile (FILE *_stream) _attribute_ ((_nothrow_ ,
_leaf_));
# 942 "/usr/include/stdio.h" 3 4

# 2 "hello.c" 2



# 3 "hello.c"
```

```
int main(void)
{
  printf("Hello World!" "\n");
  return 0;
}
```

4.3.2 编译

编译过程是指对预处理完的文件进行一系列的词法分析、语法分析、语义分析，以及优化后生成相应的汇编代码。

使用 gcc 命令进行编译的代码如下。

```
$ gcc -S hello.i -o hello.s //将利用预处理生成的 hello.i 文件进行编译，
                            //以生成汇编程序 hello.s
//gcc 命令的选项-S 使得 GCC 在进行编译后停止，生成汇编程序
```

通过上述命令生成的汇编程序 hello.s 的代码片段如下所示，全部为汇编代码。

```
//hello.s 中的代码片段

main:
.LFB0:
    .cfi_startproc
    pushq    %rbp
    .cfi_def_cfa_offset 16
    .cfi_offset 6, -16
    movq %rsp, %rbp
    .cfi_def_cfa_register 6
    movl $.LC0, %edi
    call puts
    movl $0, %eax
    popq %rbp
    .cfi_def_cfa 7, 8
    ret
    .cfi_endproc
```

4.3.3 汇编

在汇编过程中，对汇编代码进行处理，生成处理器能够识别的指令，保存在扩展名为.o 的目标文件中。由于每一个汇编语句几乎对应一条处理器指令，因此汇编过程比编译过程简单。通过调用 binutils 中的汇编器 as，根据汇编指令和处理器指令的对照表一一翻译即可。

当程序由多个源代码文件构成时，每个文件都要先完成汇编工作，生成扩展名为.o 的目

标文件，然后才能进入下面的链接工作。注意，目标文件已经是最终程序的某一部分了，但在链接之前还不能执行。

使用 gcc 命令进行汇编的代码如下。

```
$ gcc -c hello.s -o hello.o  //将利用编译生成的 hello.s 文件进行汇编，
                             //以生成目标文件 hello.o
//gcc 命令的选项-c 使得 GCC 在执行汇编后停止，生成目标文件
//或者直接调用 as 进行汇编
$ as -c hello.s -o hello.o    //使用 binutils 中的 as 对 hello.s 文件进行汇编，以生成
                             //目标文件
```

注意：hello.o 目标文件为 ELF（Executable and Linkable Format，可执行与可链接格式）的可重定向文件，不能以普通文本的形式查看（利用 Vim 文本编辑器打开后，显示的是乱码）。关于 ELF 文件的更多介绍，见 4.4 节。

4.3.4 链接

经过汇编后的目标文件还不能直接运行，为了将其变成能够被加载的可执行文件，文件中必须包含固定格式的信息头，还必须与系统提供的启动代码链接，这样才能正常运行。这些工作是由链接器完成的。

GCC 通过调用 binutils 中的链接器 ld 来链接程序运行需要的所有目标文件，以及所依赖的其他库文件，最后生成一个 ELF 的可执行文件。

如果直接调用 binutils 中的 ld 进行链接，命令如下，则会报出错误。

```
//直接调用 ld 试图将 hello.o 文件链接成最终的可执行文件 hello
$ ld hello.o -o hello
ld: warning: cannot find entry symbol _start; defaulting to 00000000004000b0
hello.o: In function 'main':
hello.c:(.text+0xa): undefined reference to 'puts'
```

之所以直接用 ld 进行链接会报错，是因为仅仅依靠一个 hello.o 目标文件还无法链接成一个完整的可执行文件，我们需要明确地指出其需要的各种依赖库、引导程序和链接脚本，此过程在嵌入式软件开发中是必不可少的。读者可通过 5.1.4 节了解嵌入式系统链接的示例。在 Linux 操作系统中，我们可以直接使用 gcc 命令实现从编译直至链接的过程，gcc 命令会自动将所需的依赖库和引导程序链接在一起，成为 Linux 操作系统可以加载的 ELF 的可执行文件。使用 gcc 命令实现从编译直至链接的过程的代码如下。

```
$ gcc hello.c -o hello  //对 hello.c 文件进行编译、汇编和链接，生成可执行文件 hello
                        //gcc 命令中没有添加选项，这使得 GCC 执行完链接后停
                        //止，生成最终的可执行文件
```

```
$ ./hello                    //成功执行该文件，在终端输出"Hello World！"字符串
Hello World!
```

注意：hello 可执行文件为 ELF 的可执行文件，不能以普通文本的形式查看。

在 4.1.2 节中，我们介绍了动态库与静态库的差别，与之对应的，链接也分为静态链接和动态链接，要点如下。

（1）静态链接是指在编译阶段直接把静态库加入可执行文件中，这样可执行文件会比较大。链接器将函数的代码从其所在位置（不同的目标文件或静态链接库中）复制到最终的可执行程序中。为了创建可执行文件，链接器必须完成的任务是符号解析（把目标文件中符号的定义和引用联系起来）和重定位（把符号定义和内存地址对应起来，然后修改所有对符号的引用）。

（2）动态链接是指在链接阶段只加入一些描述信息，在程序执行时，再从系统中把相应的动态库加载到内存中。

- 在 Linux 操作系统中，利用 gcc 命令进行编译、链接时的动态库搜索路径的顺序通常为：首先按照 gcc 命令的参数-L 指定的路径寻找；然后按照环境变量 LIBRARY_PATH 指定的路径寻找；最后从默认路径/lib、/usr/lib 和/usr/local/lib 中寻找。

- 在 Linux 操作系统中，执行二进制文件时的动态库搜索路径的顺序通常为：首先搜索编译目标代码时指定的动态库搜索路径；然后按照环境变量 LD_LIBRARY_PATH 指定的路径寻找；接着按照配置文件/etc/ld.so.conf 指定的动态库搜索路径；最后从默认路径/lib 和/usr/lib 中寻找。

- 在 Linux 操作系统中，我们可以用 ldd 命令查看一个可执行程序依赖的动态库。

（3）由于链接动态库和静态库的路径可能有重合，因此，如果在路径中有同名的静态库文件和动态库文件，如 libtest.a 和 libtest.so，利用 gcc 命令链接时，默认优先选择动态库，也就是会链接 libtest.so。如果我们让 gcc 命令选择链接 libtest.a，则可以指定 gcc 命令的选项-static，该选项会强制使用静态库进行链接。以 HelloWorld 程序为例，讲解如下。

- 如果使用命令"gcc hello.c -o hello"，则会使用动态库进行链接，生成的 ELF 的可执行文件的大小（使用 binutils 的 size 命令查看）和链接的动态库（使用 binutils 的 ldd 命令查看）如下所示。

```
$ gcc hello.c -o hello
$ size hello   //使用 size 命令查看大小
   text    data     bss     dec     hex filename
   1183     552       8    1743     6cf    hello
$ ldd hello //可以看出该可执行文件链接了很多其他动态库，主要是 Linux 的 glibc 动态库
        linux-vdso.so.1 =>  (0x00007fffefd7c000)
        libc.so.6 => /lib/x86_64-linux-gnu/libc.so.6 (0x00007fadcdd82000)
        /lib64/ld-linux-x86-64.so.2 (0x00007fadce14c000)
```

- 如果使用命令"gcc -static hello.c -o hello",则会使用静态库进行链接,生成的 ELF 的可执行文件的大小和链接的动态库如下所示。

```
$ gcc -static hello.c -o hello
$ size hello //使用 size 命令查看大小
 text    data    bss     dec      hex filename
 823726  7284    6360   837370   cc6fa      hello //可以看出 text 的代码规模变得极大
$ ldd hello
       not a dynamic executable //说明没有链接动态库
```

利用链接器链接后生成的最终文件为 ELF 的可执行文件。一个 ELF 的可执行文件通常被链接为不同的段,常见的段有.text、.data、.rodata 和.bss 等。关于 ELF 文件和常见段的更多介绍,见 4.4.2 节。

4.3.5 一步到位的编译

从功能上来说,预处理、编译、汇编和链接是 4 个不同的阶段,但在 GCC 的实际操作中,它可以把这 4 个步骤合并为 1 个步骤来执行,如下所示。

```
$ gcc -o test first.c second.c third.c
//该命令将同时编译 3 个源文件,即 first.c、second.c 和 third.c,然后将它们链接成
//1 个可执行文件,名为 test
```

注意事项如下。

- 一个程序无论包含一个源文件还是多个源文件,所有被编译和链接的源文件中必须有且仅有一个 main 函数。
- 如果仅仅是把源文件编译成目标文件,那么,因为不会进行链接,所以 main 函数不是必需的。

4.4 ELF 文件

4.4.1 ELF 文件的种类

在介绍 ELF 文件之前,我们先将 ELF 与常见的二进制文件格式 BIN 进行对比。

- BIN 格式的文件中只有机器码。
- 在 ELF 文件中,除含有机器码以外,还有其他信息,如段加载地址、运行入口地址和数据段等。

ELF 文件主要有如下 3 种。

- 可重定向（relocatable）文件：该类文件保存代码和适当的数据，用来与其他的目标文件一起创建一个可执行文件或一个共享目标文件。
- 可执行（executable）文件：该类文件保存一个用来执行的程序（如 bash、gcc 等）。
- 共享（shared）目标文件（Linux 中扩展名为.so 的文件）：即动态库。

4.4.2　ELF 文件的段

ELF 文件的格式如图 4-1 所示，位于 ELF header 和 Section header table 之间的都是段（section）。一个典型的 ELF 文件包含下面几个段。

（1）.text：已编译程序的指令代码段。

（2）.rodata：ro 表示 read only，即只读数据，如常数（const）。

（3）.data：已初始化的 C 语言程序的全局变量和静态局部变量。

注意：C 语言程序的普通局部变量在运行时被保存在堆栈中，既不出现在.data 段中，又不出现在.bss 段中。不过，如果变量被初始化为 0，那么可能会放到.bss 段中。

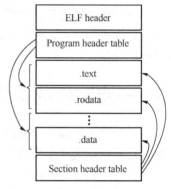

图 4-1　ELF 文件的格式

（4）.bss：未初始化的 C 语言程序的全局变量和静态局部变量。

注意：目标文件格式区分初始化和未初始化变量是为了提高空间效率，在 ELF 文件中，.bss 段不占实际的存储器空间，它仅仅是一个占位符。

（5）.debug：调试符号表，调试器用此段的信息帮助调试。

上面仅讲解了常见的段，ELF 文件中还包含很多其他类型的段，本书在此不做赘述，感兴趣的读者可自行查阅相关资料。

4.4.3　查看 ELF 文件

我们可以使用 binutils 中 readelf 命令查看 ELF 文件的信息。我们可以通过 readelf --help 查看 readelf 命令的选项。

```
$ readelf --help
Usage: readelf <option(s)> elf-file(s)
 Display information about the contents of ELF format files
 Options are:
  -a --all               Equivalent to: -h -l -S -s -r -d -V -A -I
  -h --file-header       Display the ELF file header
  -l --program-headers   Display the program headers
     --segments          An alias for --program-headers
  -S --section-headers   Display the sections' header
```

以 HelloWorld 程序为例，我们使用 readelf -S 查看各个段的信息。

```
$ readelf -S hello
There are 31 section headers, starting at offset 0x19d8:

Section Headers:
  [Nr] Name             Type             Address           Offset
       Size             EntSize          Flags  Link  Info  Align
  [ 0]                  NULL             0000000000000000  00000000
       0000000000000000 0000000000000000         0     0     0
…
  [11] .init            PROGBITS         00000000004003c8  000003c8
       000000000000001a 0000000000000000  AX     0     0     4
…
  [14] .text            PROGBITS         0000000000400430  00000430
       0000000000000182 0000000000000000  AX     0     0     16
  [15] .fini            PROGBITS         00000000004005b4  000005b4
…
```

4.4.4　反汇编

由于 ELF 文件无法被当成普通文本文件打开，因此，如果我们希望直接查看一个 ELF 文件包含的指令和数据，就需要使用反汇编方法。反汇编是调试和定位处理器问题时常用的手段。

我们使用 binutils 中的 objdump 对 ELF 文件进行反汇编。我们可以通过 objdump --help 查看 objdump 的选项。

```
$ objdump --help
Usage: objdump <option(s)> <file(s)>
 Display information from object <file(s)>.
 At least one of the following switches must be given:
…
  -D, --disassemble-all    Display assembler contents of all sections
  -S, --source             Intermix source code with disassembly
…
```

以 HelloWorld 程序为例，我们使用 objdump -D 对 hello 文件进行反汇编。

```
$ objdump -D hello
…
0000000000400526 <main>:   //main 标签的 PC 地址
//PC 地址：指令编码            指令的汇编格式
  400526:   55                push   %rbp
  400527:   48 89 e5          mov    %rsp,%rbp
  40052a:   bf c4 05 40 00    mov    $0x4005c4,%edi
  40052f:   e8 cc fe ff ff    callq  400400 <puts@plt>
  400534:   b8 00 00 00 00    mov    $0x0,%eax
  400539:   5d                pop    %rbp
  40053a:   c3                retq
```

```
40053b:     0f 1f 44 00 00          nopl    0x0(%rax,%rax,1)
…
```

我们使用 objdump -S 对 hello 文件进行反汇编，并将其 C 语言源代码混合显示。

```
$ gcc -o hello -g hello.c //加上-g 选项
$ objdump -S hello
…
0000000000400526 <main>:
#include <stdio.h>

int
main(void)
{
  400526:     55                      push    %rbp
  400527:     48 89 e5                mov     %rsp,%rbp
  printf("Hello World!" "\n");
  40052a:     bf c4 05 40 00          mov     $0x4005c4,%edi
  40052f:     e8 cc fe ff ff          callq   400400 <puts@plt>
  return 0;
  400534:     b8 00 00 00 00          mov     $0x0,%eax
}
  400539:     5d                      pop     %rbp
  40053a:     c3                      retq
  40053b:     0f 1f 44 00 00          nopl    0x0(%rax,%rax,1)
…
```

4.5 嵌入式系统编译的特殊性

为了帮助初学者入门，易于读者理解，本章以 HelloWorld 程序为例讲解了在 Linux 环境中的编译过程。但对于嵌入式开发，仅了解这些基础的背景知识还远远不够。嵌入式系统的编译有其特殊性，总结如下。

- 嵌入式系统需要使用交叉编译与远程调试的方法进行开发。
- 需要自定义引导程序。
- 需要注意减小代码规模。
- 需要移植 printf () 函数，从而使得嵌入式系统能够输出相应的输入。
- 使用 newlib 作为 C 运行库。
- 每个特定的嵌入式系统都需要配套的板级支持包。

为了便于读者理解，本章使用的是 Linux 自带的 GCC 工具链，其并不能反映嵌入式开发的特点。读者可通过阅读第 5 章了解嵌入式系统软件开发的特点和 RISC-V GCC 工具链的更多信息。

4.6 总结

　　虽然大多数用户只是将编译器作为一个工具使用，无须关注其内部原理，但是适当地了解编译的过程对于开发大有裨益，尤其对于嵌入式软件开发，更需要我们了解编译与链接的基本过程。

　　本书针对的是 RISC-V 嵌入式开发，其使用的 RISC-V GCC 工具链交叉编译过程与本章所述的编译过程有所差异，但原理和使用方法大致相同，因此，也适合初学者学习时参考。

第 5 章　嵌入式开发的特点与 RISC-V GCC 工具链

本章将介绍嵌入式开发的特点和 RISC-V GCC 工具链的使用。

5.1　嵌入式系统开发的特点

嵌入式系统的程序编译和开发过程有其特殊性，总结如下。

- 嵌入式系统需要使用交叉编译与远程调试的方法进行开发。
- 需要自定义引导程序。
- 需要注意减小代码规模（code size）。
- 需要移植 printf() 函数，从而使得嵌入式系统能够输出相应的输入。
- 使用 newlib 作为 C 运行库。
- 每个特定的嵌入式系统都需要配套的板级支持包。

下文将分别予以介绍。

5.1.1　交叉编译和远程调试

在 4.3 节中，我们介绍了如何在 Linux 操作系统上开发一个 HelloWorld 程序，并对其进行编译，最后运行。我们使用计算机上的编译器编译得到该计算机本身可执行的程序，这种编译方式称为本地编译。

在嵌入式平台，资源往往有限，嵌入式系统（如常见 ARM MCU 或 8051 单片机）的存储器容量通常为几 KB～几 MB，且只有闪存，没有硬盘这种大容量的存储设备。在这种资源有限的环境中，我们不可能将编译器等开发工具安装在嵌入式设备中，因此，无法直接在嵌入式设备中进行软件开发。因此，嵌入式平台的软件一般在 PC 主机上进行开发和编译，然后将编译好的二进制代码下载至目标嵌入式系统平台上运行，这种编译方式属于交叉编译。

交叉编译可以简单理解为：在当前编译平台下，编译得到的程序能运行在体系结构不同的另一种目标平台上，但是编译平台本身却不能运行该程序。例如，在 x86 平台的计算机上编写程序，并编译成能运行在 ARM 平台的程序，编译得到的程序在 x86 平台上不能运行，必须放到 ARM 平台上才能运行。

与交叉编译同理，在嵌入式平台上往往也无法运行完整的调试器。当运行于嵌入式平台上的程序出现问题时，需要借助 PC 主机上的调试器对嵌入式平台进行调试，这种调试方式属于远程调试。

常见的交叉编译和远程调试工具有 GCC 和 GDB。GCC 不但能作为本地编译器，而且能作为交叉编译器；同理，GDB 不但可以作为本地调试器，而且可以作为远程调试器。

读者可通过 5.2 节了解 RISC-V GCC 工具链的更多信息。

5.1.2 移植 newlib 或 newlib-nano 作为 C 运行库

newlib 是一个面向嵌入式系统的 C 运行库。与 glibc 相比，newlib 实现了大部分的功能函数，但体积小很多。newlib 通过其独特的体系结构将功能实现与具体的操作系统分层，使之能够很好地进行配置，以满足嵌入式系统的要求。由于 newlib 是专门为嵌入式系统设计的，因此它具有可移植性强、轻量级、速度快和功能完备等特点，已应用于多种嵌入式系统中。

嵌入式操作系统和底层硬件具有多样性，为了将 C/C++语言所需要的库函数实现与具体的操作系统和底层硬件进行分层，newlib 的所有库函数都建立在 20 个桩函数的基础上，这20 个桩函数实现具体操作系统和底层硬件相关的如下功能。

- I/O 和文件系统访问（open、close、read、write、lseek、stat、fstat、fcntl、link、unlink和 rename）。
- 扩大内存堆的需求（sbrk）。
- 获得当前系统的日期和时间（gettimeofday、times）。
- 各种类型的任务管理函数（execve、fork、getpid、kill、wait 和 exit）。

这 20 个桩函数在语义和语法上与 POSIX（Portable Operating System Interface of UNIX）标准下对应的 20 个同名系统调用完全兼容。

如果需要移植 newlib 至某个目标嵌入式平台，成功移植的关键是在目标平台下找到能够与 newlib 的桩函数衔接的功能函数或者实现这些桩函数。读者可通过 7.3.1 节了解在蜂鸟E203 的 HBird SDK 平台中如何移植 newlib 的桩函数。

注意：newlib 的一个特殊版本——newlib-nano 为嵌入式平台进一步减小了代码规模，因为 newlib-nano 提供了精简的 malloc()和 printf()函数的实现，并且对库函数使用 GCC 的-Os（侧重对代码规模的优化）选项进行了编译优化。

5.1.3 引导程序以及中断和异常处理

在 4.3 节的基础上，程序员只需要关注 HelloWorld 程序本身。程序的主体由 main() 函数组织而成，程序员无须关注 Linux 操作系统在运行该程序的 main() 函数之前和之后需要做什么。事实上，在 Linux 操作系统中运行应用程序（如简单的 HelloWorld 程序）时，操作系统需要动态地创建一个进程，为其分配内存空间，创建并运行该进程的引导程序，然后才会开始执行该程序的 main() 函数。在它运行结束之后，操作系统还要清除并释放其内存空间、注销该进程等。

从上述过程可以看出，程序的引导和清除这些工作是由 Linux 操作系统负责的。但是，在嵌入式系统中，程序员除开发以 main() 函数为主体的功能程序以外，还需要关注下面两个方面。

1）引导程序

- 在嵌入式系统上电后，需要对系统硬件和软件运行环境进行初始化，这些工作往往由利用汇编语言编写的引导程序完成。
- 引导程序是嵌入式系统上电后运行的第一段软件代码。对于嵌入式系统，引导程序非常关键。引导程序执行的操作依赖所开发的嵌入式系统的软硬件特性，一般流程：初始化硬件，设置中断和异常向量表，把程序复制到片上 SRAM 中，完成代码的重映射，最后跳转到 main() 函数的入口。
- 读者可通过在 HBird SDK 平台上的引导程序实例了解引导程序的更多细节，见 7.3.4 节。

2）中断和异常处理

中断和异常处理是嵌入式系统中非常重要的一个环节，因此嵌入式系统软件必须正确地配置中断和异常处理函数。

读者可通过 7.3.5 节了解如何配置中断和异常处理函数。

5.1.4 嵌入式系统的链接脚本

在 4.3 节的基础上，程序员无须关心编译过程中的"链接"步骤所使用的链接脚本，也无须为程序分配具体的内存空间。但是，在嵌入式系统中，程序员除开发以 main() 函数为主体的功能程序以外，还需要关注链接脚本，并为程序分配合适的存储器空间，如程序段放在什么区间、数据段放在什么区间等。读者可结合链接脚本的实例了解链接脚本的更多细节，见 7.3.3 节。

5.1.5 减小代码规模

对于嵌入式平台，存储器资源往往有限，程序的代码规模显得尤为重要，有效降低代码规模是嵌入式软件开发人员必须考虑的问题，常见的方法如下。

- 使用 newlib-nano 作为 C 运行库，以取得较小代码规模的 C 库函数。

- 尽量少使用 C 语言的大型库函数，如在正式发行版本的程序中避免使用 printf()和 scanf()等函数。
- 如果在开发的过程中一定要使用 printf()函数，那么可以使用自己实现的简化版的 printf()函数（而不是 C 运行库中提供的 printf()函数），以生成较小规模的代码。
- 在 C/C++语言的语法和程序开发中，存在多种得到更小规模的代码的技巧。

关于"减小代码规模"的更多实现细节，见 7.3.6 节。

5.1.6 支持 printf()函数

在 4.3 节中，当 HelloWorld 程序在 Linux 操作系统运行时，字符串被成功地输出到 Linux 的终端界面上。在这个过程中，程序员无须关心 Linux 操作系统是如何将 printf()函数的字符串输出到 Linux 的终端界面上的。事实上，在 Linux 本地编译的程序会链接使用 Linux 操作系统的 C 运行库 glibc，而 glibc 充当了应用程序和 Linux 操作系统之间的接口。glibc 提供的 printf()函数会调用如 sys_write 等操作系统的底层系统调用函数，从而能够将字符串输出到 Linux 的终端界面。

从上述过程可以看出，由于 glibc 的支持，因此 printf()函数能够在 Linux 操作系统中正确地进行输出。但是，在嵌入式系统中，printf()函数的输出却不是那么容易，主要原因如下。

- 嵌入式系统使用 newlib 作为 C 运行库，而 newlib 所提供的 printf()函数最终依赖于桩函数 write()，因此必须实现 write()函数，这样才能够正确地执行 printf()函数。
- 嵌入式系统往往没有"显示终端"，如常见的单片机作为一个黑盒子般的芯片，根本没有显示终端。为了支持显示输出，通常需要借助单片机芯片的 UART 接口将 printf()函数的输出重定向到 PC 主机的 COM 接口，然后借助 PC 主机的串口调试助手显示输出信息。对于 scanf()函数，也需要通过 PC 主机的串口调试助手获取输入，然后通过 PC 主机的 COM 接口发送给单片机芯片的 UART 接口。

从以上两点可以看出，嵌入式平台的 UART 接口非常重要，通常扮演着输出管道的角色。为了将 printf()函数的输出重定向到 UART 接口，需要实现 newlib 的桩函数 write()，使其通过编程 UART 的相关寄存器将字符通过 UART 接口输出。

读者可通过 7.3.2 节中的在 HBird SDK 平台上移植 printf()函数的实例了解该函数的更多细节。

5.1.7 提供板级支持包

为了方便用户在硬件平台上开发嵌入式程序，特定的嵌入式硬件平台一般会提供板级支持包（Board Support Package，BSP）。对于板级支持包包含什么内容，没有绝对的标准。通常来说，板级支持包必须包含如下内容。

- 底层硬件设备的地址分配信息。

- 底层硬件设备的驱动函数。
- 系统的引导程序。
- 中断和异常处理服务程序。
- 系统的链接脚本。
- 如果将 newlib 作为 C 运行库，那么一般提供 newlib 的桩函数的实现。

由于板级支持包往往已将很多底层的基础设施搭建好，并完成了移植工作，因此应用程序开发人员无须关心 5.1.2 节～5.1.6 节中提到的内容，能够从底层细节工作中解放出来，避免因重复建设而出错。关于 HBird SDK 平台的底层实现，见 7.3 节。

5.2 RISC-V GNU 工具链

5.2.1 RISC-V GNU 工具链的获取

RISC-V GNU 工具链与普通的 GNU 工具链类似，用户可以按照开源的 riscv-gnu-toolchain 项目（在 GitHub 中搜索 riscv-gnu-toolchain）中的说明自行生成全套的 GNU 工具链。关于 riscv-gnu-toolchain 项目的具体介绍，参见《手把手教你 RISC-V CPU（上）——处理器设计》的 2.3 节。

为了让用户直接使用预编译好的工具链进行开发，芯来科技在其官方网站的文档与工具页面中提供了预编译好的 RISC-V GNU 工具链，包括 Windows 版本和 Linux 版本，如图 5-1 所示，芯来科技会持续地对它们进行更新与维护。

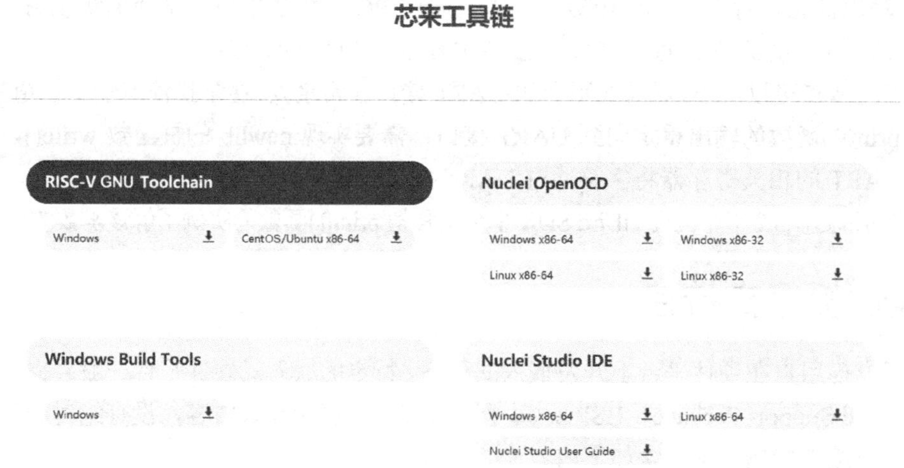

图 5-1 芯来科技提供的预编译好的 RISC-V GNU 工具链

5.2.2 RISC-V GCC 工具链的 "-march" 和 "-mabi" 选项

1. -march 选项

由于 RISC-V 的指令集是模块化的指令集，因此，在为目标 RISC-V 平台进行交叉编译时，需要通过选项指定目标 RISC-V 平台支持的模块化指令集组合，该选项为-march，有效的选项值如下。

- rv32i[m][a][f[d]][c]
- rv32g[c]
- rv64i[m][a][f[d]][c]
- rv64g[c]

注意： 在上述选项值中，rv32 表示目标平台是 32 位架构，rv64 表示目标平台是 64 位架构，i、m、a、f、d、c 和 g 分别是 RISC-V 模块化指令子集的字母简称。关于各指令子集的详细介绍，可参见《手把手教你 RISC-V CPU（上）——处理器设计》的 2.2.1 节。

下文会介绍 "-march" 选项具体的使用实例。

2. -mabi 选项

由于 RISC-V 的指令集是模块化的指令集，因此，在对目标 RISC-V 平台进行交叉编译时，需要通过选项指定嵌入式 RISC-V 目标平台支持的 ABI 函数调用规则（关于 ABI 函数调用规则的相关知识，见《手把手教你 RISC-V CPU（上）——处理器设计》的附录 A 中的图 A-1）。在 RISC-V 中，定义了两种对于整数的 ABI 调用规则和 3 种对于浮点数的 ABI 调用规则。-mabi 选项有效的选项值如下。

- ilp32
- ilp32f
- ilp32d
- lp64
- lp64f
- lp64d

（1）在上述选项值中，ilp32 和 lp64 表示的含义如下。

- 前缀 ilp32 表示目标平台是 32 位架构，在此架构下，C 语言中的 int 和 long 类型的变量的宽度为 32bit，long long 类型的变量的宽度为 64bit。
- 前缀 lp64 表示目标平台是 64 位架构，C 语言中的 int 类型的变量的宽度为 32bit，long 类型的变量的宽度为 64bit。

RISC-V 的 32 位和 64 位架构下的变量的宽度如表 5-1 所示。

表 5-1　　　　　　　　RISC-V 的 32 位和 64 位架构下的变量的宽度

C 语言中的变量类型	RISC-V 的 32 位架构中的字节数	RISC-V 的 64 位架构中的字节数
char	1	1
short	2	2
int	4	4
long	4	8
long long	8	8
void *	4	8
float	4	4
double	8	8
long double	16	16

（2）在上述选项值中，3 种后缀类型（无后缀、后缀 f 和后缀 d）的含义如下。

- 无后缀：在此架构下，如果使用了浮点数类型的操作，那么直接使用 RISC-V 的浮点数指令进行支持。但是，当浮点数作为函数的参数进行传递时，无论是单精度浮点数还是双精度浮点数，均需要通过存储器中的堆栈进行传递。
- f：表示目标平台支持硬件单精度浮点数指令。在此架构下，如果使用了浮点数类型的操作，那么直接使用 RISC-V 的浮点数指令进行支持。但是，当浮点数作为函数的参数进行传递时，单精度浮点数可以直接通过寄存器进行传递，而双精度浮点数需要通过存储器中的堆栈进行传递。
- d：表示目标平台支持硬件双精度浮点数指令。在此架构下，如果使用了浮点数类型的操作，那么直接使用 RISC-V 的浮点数指令进行支持。当浮点数作为函数的参数进行传递时，无论是单精度浮点数还是双精度浮点数，均可以直接通过寄存器进行传递。

下文会介绍-mabi 选项具体的使用实例。

3．-march 和-mabi 的不同选项值的编译实例

为了加深读者对-march 和-mabi 的选项值的理解，下面给出具体的实例。

假设我们有一段 C 语言代码，如下所示。

```
//这是一个名为 dmul 的函数，它有两个参数，均为 double 类型（双精度浮点数）
    double dmul(double a, double b) {
        return b * a;
    }
```

（1）如果我们使用-march=rv64imafdc 和-mabi=lp64d 的组合进行编译，则会生成如下汇编代码。

```
$ riscv-nuclei-elf-gcc test.c -march=rv64imafdc -mabi=lp64d -o- -S -O3
```

//生成的汇编代码如下，从中可以看出，对于浮点数的乘法操作，直接使用 RISC-V 的 fmul.d 指令进
//行支持，且函数的两个 double 类型的参数直接使用浮点数通用寄存器（fa0 和 fa1）进行传递。这
//是因为：-march 选项指明了目标平台支持的模块化指令子集为 imafdc，其中包含了 F 和 D 指令子
//集，即支持单精度浮点数指令和双精度浮点数指令，因此，可以直接使用 RISC-V 的浮点数指令来支
//持对浮点数的操作；
//-mabi 选项指明了后缀"d"，表示当浮点数作为函数的参数进行传递时，无论单精度浮点数还是双精
//度浮点数，均可直接通过寄存器进行传递

```
dmul:
    fmul.d  fa0,fa0,fa1
    ret
```

（2）如果我们使用-march=rv32imac 和-mabi=ilp32 的组合进行编译，则会生成如下汇编
代码。

```
$ riscv-nuclei-elf-gcc test.c -march=rv32imac -mabi=ilp32 -o- -S -O3
```

//生成的汇编代码如下，从中可以看出，对于浮点数的乘法操作，由 C 库函数（__muldf3）进行支持，
//这是因为-march 选项指明了目标平台支持的模块化指令子集为 I、M、A 和 C，其中未包含 F 和 D
//指令子集，即不支持单精度浮点数指令和双精度浮点数指令，因此无法直接使用 RISC-V 的浮点数指
//令支持对浮点数的操作

```
dmul:
    mv      a4,a0
    mv      a5,a1
    add     sp,sp,-16
    mv      a0,a2
    mv      a1,a3
    mv      a2,a4
    mv      a3,a5
    sw      ra,12(sp)
    call    __muldf3
    lw      ra,12(sp)
    add     sp,sp,16
    jr      ra
```

（3）如果我们使用-march=rv32imafdc 和-mabi=ilp32 的组合进行编译，则会生成如下汇
编代码。

```
$ riscv-nuclei-elf-gcc test.c -march=rv32imafdc -mabi=ilp32 -o- -S -O3
```

//生成的汇编代码如下，从中可以看出，对于浮点数的乘法操作，直接使用 RISC-V 的 fmul.d 指令进
//行支持，但是函数的两个浮点数类型的参数均通过堆栈进行传递，这是因为：
//-march 选项指明了目标平台支持的模块化指令子集为 I、M、A、F、D 和 C，其中包含了 F 和 D 指令

//子集，即支持单精度浮点数指令和双精度浮点数指令，因此可以直接使用 RISC-V 的浮点数指令支持
//对浮点数的操作；
//-mabi 选项指明了"无后缀"，表示当浮点数作为函数的参数进行传递时，无论单精度浮点数还是双
//精度浮点数，均需要通过堆栈进行传递

```
dmul:
    add      sp,sp,-16        //对堆栈指针寄存器（sp）进行调整，分配堆栈空间
    sw       a0,8(sp)         //将函数参数寄存器 a0 中的值存入堆栈
    sw       a1,12(sp)        //将函数参数寄存器 a1 中的值存入堆栈
    fld      fa5,8(sp)        //从堆栈中取回双精度浮点数
    sw       a2,8(sp)         //将函数参数寄存器 a2 中的值存入堆栈
    sw       a3,12(sp)        //将函数参数寄存器 a3 中的值存入堆栈
    fld      fa4,8(sp)        //从堆栈中取回双精度浮点数
    fmul.d   fa5,fa5,fa4      //调用 RISC-V 的浮点数指令进行运算
    fsd      fa5,8(sp)        //将计算结果存回堆栈
    lw       a0,8(sp)         //通过堆栈将结果赋值给函数结果返回寄存器 a0
    lw       a1,12(sp)        //通过堆栈将结果赋值给函数结果返回寄存器 a1
    add      sp,sp,16         //对堆栈指针寄存器进行调整，回收堆栈空间
    jr       ra
```

（4）如果我们使用-march=rv32imac 和-mabi=ilp32d 的组合进行编译，则会报出非法错误。

```
$ riscv-nuclei-elf-gcc test.c -march=rv32imac -mabi=ilp32d -o- -S -O3
```

//报出的非法错误如下，这是因为：
//-march 选项指明了目标平台支持的模块化指令子集为 I、M、A 和 C，其中未包含 F 和 D 指令子集，
//即不支持单精度浮点数指令和双精度浮点数指令，因此无法直接使用 RISC-V 的浮点数指令支持对浮点
//数的操作；
//-mabi 选项指明了后缀"d"，表示目标平台支持硬件浮点数指令。这一点与在-march 选项中指明的
//指令子集产生了冲突

```
cc1: error: requested ABI requires -march to subsume the 'D' extension
```

4．-march 和-mabi 的选项值的合法组合

虽然-march 和-mabi 的选项值在理论上可以有多种组合，但是目前并不是所有的-march
和-mabi 的选项值组合都是合法的。目前，芯来科技发布的 RISC-V GCC 工具链支持的选项
值的组合如下。

- -march=rv32i 和-mabi=ilp32
- -march=rv32ic 和-mabi=ilp32
- -march=rv32im 和-mabi=ilp32
- -march=rv32imc 和-mabi=ilp32
- -march=rv32iac 和-mabi=ilp32
- -march=rv32imac 和-mabi=ilp32
- -march=rv32imaf 和-mabi=ilp32f

- -march=rv32imafc 和-mabi=ilp32f
- -march=rv32imafdc 和-mabi=ilp32f
- -march=rv32gc 和-mabi=ilp32f
- -march=rv64imac 和-mabi=lp64
- -march=rv64imafdc 和-mabi=lp64d
- -march=rv64gc 和-mabi=lp64d

注意：随着时间的推移，新发布的 RISC-V GCC 工具链可能会支持更多的组合，请读者以最新的发布说明（release note）为准。

5.2.3 RISC-V GCC 工具链的"-mcmodel"选项

目前，对于 RISC-V GCC 工具链，在实际的情形中，一个程序的人小一般不超过 4GB，因此，程序内部的寻址空间不能超过 4GB。而在 64 位的架构中，地址空间的大小远远大于 4GB。因此，对于 RISC-V 的 64 位架构，在 RISC-V GCC 工具链中，定义了"-mcmodel"选项，用于指定寻址的范围，使得编译器在编译阶段能够按照相应的策略编译生成代码。该选项的有效选项值如下。

- medlow
- medany

注意：

- RISC-V 的 32 位架构中，整个地址空间的大小是 4GB，因此-mcmodel 选项的任何选项值对于编译的结果均无影响；
- RISC-V GCC 工具链在未来可能支持大于 4GB 的寻址空间。

medlow 和 medany 这两个选项值的含义如下。

1. -mcmodel=medlow

-mcmodel=medlow 用于指定该程序的寻址范围为–2GB～2GB。注意，对于地址区间，没有负数可言，–2GB 是指整个 64 位地址空间最高为 2GB 地址区间。

此模式下的寻址空间固定在–2GB～2GB，编译器能够生成比较高效的代码。但是，如果寻址空间固定，那么无法访问整个 64 位的大多数地址空间，用户需要小心使用。

2. -mcmodel=medany

-mcmodel=medany 用于指定该程序的寻址范围为任意一个 4GB 大小的空间。此模式下的寻址空间不是固定的，使用起来比较灵活。

关于 RISC-V GCC 工具链的其他选项，感兴趣的读者可以通过搜索关键词"gcc/RISC-V-Options"，并进入相关网页查询，如图 5-2 所示。

```
-mfdiv
-mno-fdiv

    Do or don't use hardware floating-point divide and square root instructions. This requires the F or D e

-mdiv
-mno-div

    Do or don't use hardware instructions for integer division. This requires the M extension. The default i

-march=ISA-string

    Generate code for given RISC-V ISA (e.g. 'rv64im'). ISA strings must be lower-case. Examples include

-mtune=processor-string

    Optimize the output for the given processor, specified by microarchitecture name.

-mpreferred-stack-boundary=num

    Attempt to keep the stack boundary aligned to a 2 raised to num byte boundary. If -mpreferred-stack-boundary

    Warning: If you use this switch, then you must build all modules with the same value, including any libr

-msmall-data-limit=n

    Put global and static data smaller than n bytes into a special section (on some targets).
```

图 5-2   RISC-V GCC 工具链的选项和说明

5.2.4   RISC-V GCC 工具链的预定义的宏

RISC-V GCC 会通过编译生成若干预定义的宏。在 Linux 操作系统中，可以使用如下方法查看与 RISC-V 相关的宏。

```
//首先创建一个空文件
touch empty.h

//使用 RISC-V GCC 的-E 选项对 empty.h 进行预处理，关于"预处理"的知识，见 4.3.1 节
//通过 grep 命令在处理后的文件中搜索关键字 riscv

//如果使用-march=rv32imac 和-mabi=ilp32 组合，那么可以看到生成了如下预定义的宏
riscv-nuclei-elf-gcc -march=rv32imac -mabi=ilp32 -E -dM empty.h | grep riscv

#define __riscv 1
#define __riscv_atomic 1
#define __riscv_cmodel_medlow 1
#define __riscv_float_abi_soft 1
#define __riscv_compressed 1
#define __riscv_mul 1
#define __riscv_muldiv 1
#define __riscv_xlen 32
#define __riscv_div 1

//如果使用-march=rv32imafdc 和-mabi=ilp32f 组合，那么可以看到生成了如下预定义的宏
riscv-none-embed-gcc -march=rv32imafdc -mabi=ilp32f -E -dM empty.h | grep riscv
```

```
#define __riscv 1
#define __riscv_atomic 1
#define __riscv_cmodel_medlow 1
#define __riscv_float_abi_single 1
#define __riscv_fdiv 1
#define __riscv_flen 64
#define __riscv_compressed 1
#define __riscv_mul 1
#define __riscv_muldiv 1
#define __riscv_xlen 32
#define __riscv_fsqrt 1
#define __riscv_div 1
```

5.2.5　RISC-V GNU 工具链的使用实例

读者可通过第 7 章中结合 HBird SDK 平台的实例，了解如何使用 RISC-V GNU 工具链进行嵌入式程序的开发与编译。

第6章 RISC-V 汇编语言程序设计

在 4.3 节中，我们介绍了 C/C++语言是如何被编译为汇编语言的，本章将介绍如何直接使用 RISC-V 架构的汇编语言进行程序设计。

6.1 汇编语言概述

汇编语言（assembly language）是一种"低级"语言，但此"低级"非彼"低级"。之所以说汇编语言是一种低级语言，是因为其面向的是底层硬件，直接使用处理器的基本指令。因此，相对于抽象层次更高的 C/C++语言，汇编语言确实是一种"低级"语言（"低级"是指其抽象层次比较低）。

汇编语言的"低级"属性导致它有下列不足。

- 由于汇编语言直接"接触"底层硬件，要求使用者对底层硬件非常熟悉，这样才能编写出高效的汇编程序，因此，汇编语言是一种比较难以使用的语言。
- 由于汇编语言的抽象层次很低，因此使用者在使用汇编语言设计程序时，无法像高级语言那样写出灵活多样的程序，并且代码很难阅读和维护。
- 由于汇编语言使用的是处理器的基本指令，而处理器的指令与其处理器架构一一对应，导致不同架构的处理器的汇编程序无法直接移植，因此汇编程序的可移植性和通用性比较差。

汇编语言的优势如下。

- 由于汇编是汇编器将汇编指令直接翻译成二进制的机器码（处理器指令）的过程，因此使用者可以完全掌控生成的二进制代码，不会受到编译器的影响。
- 由于汇编语言直接面向底层硬件，因此它可以对处理器直接进行控制，可以在最大程度上挖掘硬件的潜能，开发出性能较佳的代码。

虽然现在大多数的程序设计不再使用汇编语言，但是在一些特殊的地方，如底层驱动、引导程序和高性能算法库等，汇编语言还经常扮演着重要的角色。尤其对于嵌入式软件开发人员，即便无法娴熟地编写复杂的汇编语言代码，但是能够理解和编写简单的汇编程序也是非常重要的。

6.2 RISC-V 汇编程序概述

汇编程序的基本元素是指令，指令集是处理器架构的基本要素，因此 RISC-V 汇编语言的基本元素是 RISC-V 指令。

由于本书介绍的 RISC-V 工具链是 GCC 工具链，因此一般的 GNU 汇编语法也能被 GCC 的汇编器识别，在 GNU 汇编语法中定义的伪操作、操作符和标签等语法规则均可在 RISC-V 汇编语言中使用。一个完整的 RISC-V 汇编程序由 RISC-V 指令和 GNU 汇编语法定义的伪操作、操作符和标签等组成。

一条典型的 RISC-V 汇编语句由如下 4 个字段组成。

```
[label:] opcode [operands] [;comment]
[标签:]   操作码    [操作数]      [;注释]
```

（1）标签：表示当前指令的位置的标记。读者可通过 6.5.1 节了解其具体的使用实例。

（2）操作码可以是下列任意一种。

- RISC-V 指令的名称，如 addi、lw 等。关于 RISC-V 指令的完整列表，见《手把手教你 RISC-V CPU（上）——处理器设计》的附录 A。
- 汇编语言的伪操作，详见 6.4 节。
- 用户自定义的宏，详见 6.5.2 节。

（3）操作数：操作码所需的参数，与操作码之间以空格分隔。操作数可以是符号、常量，以及由符号和常量组成的表达式。

（4）注释：为了让代码便于用户理解而添加的信息。注释并不发挥实际作用，仅对代码进行注解。注释是可选的。如果添加注释，那么需要遵守以下规则。

- 以";"或者"#"作为注释符，以注释符开始的部分（仅限本行）会被当成注释。
- 我们也可以使用类似 C 语言中的注释符//和/* */分别进行单行注释和多行注释。

一段典型的 RISC-V 汇编程序如下所示。

```
.section .text              #使用.section 伪操作指定.text 段
.globl _start               #使用.globl 伪操作指定汇编程序入口
_start:                     #定义标签_start
    lui a1,      %hi(msg)        #RISC-V 的 lui 指令
    addi a1, a1,  %lo(msg)       #RISC-V 的 addi 指令
    jalr ra, puts               #RISC-V 的 jalr 指令
2:   j 2b                   #RISC-V 的跳转指令，并在此指令处定义标签 2

.section .rodata            #使用.section 指定.rodata 段
msg:                        #定义标签 msg
    .string "Hello World\n"  #使用.string 伪操作分配空间以存放"Hello World"
                             #字符串
```

上述汇编程序中使用的汇编语法将在后续章节分别予以介绍。

6.3 RISC-V 汇编伪指令

除普通的指令以外，RISC-V 还定义了伪指令，以便用户编写汇编程序。在 6.5.4 节和 6.5.5 节中，我们给出了使用伪指令的汇编程序实例。读者可通过《手把手教你 RISC-V CPU（上）——处理器设计》的附录 A.15 节了解 RISC-V 伪指令的详细信息。

6.4 RISC-V 汇编程序伪操作

在汇编语言中，有一些特殊的操作，它们通常被称为伪操作（pseudo Ops）。伪操作在汇编程序中的作用是指导汇编器处理汇编程序的行为，且仅在汇编过程中起作用，一旦汇编结束，伪操作的使命就此结束。

本书介绍的 RISC-V 工具链是 GCC 工具链，一般的 GNU 汇编语法中定义的伪操作均可在 RISC-V 汇编语言中使用。目前，在 GNU 汇编语法中，定义的伪操作的数目众多，感兴趣的读者可以自行查阅 GNU 汇编语法手册。本节仅介绍一些常见的伪操作。

1．.file   filename

.file 伪操作用来指示汇编器该汇编程序的逻辑文件名。

2．.global   symbol_name 或者.globl   symbol_name

.global 和.globl 伪操作用于定义一个全局符号，使得链接器能够全局识别它，即在一个程序文件中定义的符号在其他程序文件中可见。

3．.local   symbol_name

.local 伪操作用于定义局部符号，使得此符号在其他程序文件中不可见。

4．.weak   symbol_name

在汇编程序中，符号的默认属性为强（strong），.weak 伪操作则用于设置符号的属性为弱（weak）。如果此符号之前没有被定义过，那么创建此符号并定义其属性为 weak。

如果符号的属性为弱，那么它无须定义具体的内容。在链接过程中，另外一个属性为强的同名符号可以将属性为弱的符号的内容强制覆盖。利用此特性，.weak 伪操作常用于预留一个空符号，使得这个空符号能够通过汇编器的语法检查，但是会在后续的程序中定义符号的真正实体，并且在链接阶段将空符号覆盖并链接。

5．.type   name , type description

.type 伪操作用于定义符号的类型。例如，".type symbol,@function"表示将名为 symbol

的符号定义为一个函数（function）。

6．.align integer

.align 伪操作用于将当前 PC 地址推进到"2 的 integer 次方字节"对齐的位置。例如，".align 3"表示将当前 PC 地址推进到 8 字节对齐的位置。

7．.balign integer

.balign 伪操作用于将当前 PC 地址推进到"integer 字节"对齐的位置。

8．.zero integer

.zero 伪操作是指从当前 PC 地址处开始分配"integer 字节"的空间并且用 0 值填充。例如，".zero 3"表示分配 3 字节的 0 值。

9．.byte expression [, expression]*

.byte 伪操作是指从当前 PC 地址处开始分配若干字节的空间，每一个字节填充的值由分号分隔的 expression 指定。

10．.2byte expression [, expression]*

.2byte 伪操作是指从当前 PC 地址处开始分配若干双字节（2B）的空间，每个双字节填充的值由分号分隔的 expression 指定。空间分配的地址可以与双字节非对齐。

11．.4byte expression [, expression]*

.4byte 伪操作是指从当前 PC 地址处开始分配若干 4 字节（4B）的空间，每个 4 字节填充的值由分号分隔的 expression 指定。空间分配的地址可以与 4 字节非对齐。

12．.8byte expression [, expression]*

.8byte 伪操作是指从当前 PC 地址处开始分配若干 8 字节（8B）的空间，每个 8 字节填充的值由分号分隔的 expression 指定。空间分配的地址可以与 8 字节非对齐。

13．.half expression [, expression]*

.half 伪操作是指从当前 PC 地址处开始分配若干个半字（half-word）的空间，每个半字填充的值由分号分隔的 expression 指定。空间分配的地址一定与半字对齐。

14．.word expression [, expression]*

.word 伪操作是指从当前 PC 地址处开始分配若干个字（word）的空间，每个字填充的值由分号分隔的 expression 指定。空间分配的地址一定与字对齐。

15．.dword expression [, expression]*

.dword 伪操作是指从当前 PC 地址处开始分配若干个双字（double-word）的空间，每个双字填充的值由分号分隔的 expression 指定。空间分配的地址一定与双字对齐。

16．.string "string"

.string 伪操作是指从当前 PC 地址处开始分配若干字节的空间，用于存放"string"部分的字符串。字节的个数取决于字符串的长度。

17．.float 或.double expression [, expression]*

.float 伪操作是指从当前 PC 地址处开始分配若干个单精度浮点数（32 位）的空间，每个单精度浮点数填充的值由分号分隔的 expression 指定。空间分配的地址一定与 32 位对齐。

.double 伪操作是指从当前 PC 地址处开始分配若干个双精度浮点数（64 位）的空间，每个双精度浮点数填充的值由分号分隔的 expression 指定。空间分配的地址一定与 64 位对齐。

.float 伪操作和.double 伪操作的示例如下。

```
minf:    .double -Inf
three:   .double 3.0
big:     .float 1221
small:   .float 2.9133121e-37
tiny:    .double 2.3860049081905093e-40
```

18．.comm 或.common   name, length

.comm 和.common 伪操作用于声明一个名为 name 的未初始化的存储区间，区间大小为 length 字节。由于是未初始化的存储区间，因此，在链接阶段，会将它链接到.bss 段中。关于编译和汇编的原理，见 4.3 节，关于 ELF 文件的段，见 4.4.2 节。

19．.option   {rvc,norvc,push,pop}

（1）.option 伪操作用于设定某些架构特定的选项，使得汇编器能够识别此选项并按照选项的定义采取相应的行为。

（2）rvc 和 norvc 是 RISC-V 架构特定的选项，用于控制是否生成 16 位的压缩指令。

- ".option rvc"伪操作表示接下来的汇编程序可以被汇编生成 16 位的压缩指令。
- ".option norvc"伪操作表示接下来的汇编程序不可以被汇编生成 16 位的压缩指令。

（3）push 和 pop 分别用于临时保存和恢复.option 伪操作指定的选项。

- ".option push"伪操作暂时将当前的选项设置保存，从而允许之后使用.option 伪操作指定新的选项，而".option pop"伪操作将最近保存的选项设置恢复，重新生效。
- 通过".option push"和".option pop"的组合，在不影响全局选项设置的情况下，可以为汇编程序中嵌入的某一段代码特别地设置不同的选项。

20．.section   name [, subsection]

.section 伪操作用来将接下来的代码汇编并链接到名为.name 的段中，还可以指定可选的子段。常见的段有.text、.data、.rodata 和.bss。

- ".section .text"伪操作用来将接下来的代码汇编并链接到.text 段。
- ".section .data"伪操作用来将接下来的代码汇编并链接到.data 段。
- ".section .rodata"伪操作用来将接下来的代码汇编并链接到.rodata 段。
- ".section .bss"伪操作用来将接下来的代码汇编并链接到.bss 段。

21. .text

.text 伪操作基本等效于 ".section .text"。

22. .data

.data 伪操作基本等效于 ".section .data"。

23. .rodata

.rodata 伪操作基本等效于 ".section .rodata"。

24. .bss

.bss 伪操作基本等效于 ".section .bss"。

25. .pushsection name 和 .popsection

- .pushsection 伪操作用来将之前的段设置保存，并且将当前的段设置改成名为 name 的段，也就是将接下来的代码汇编并链接到名为 .name 的段中。

- .popsection 伪操作将最近保存的段设置恢复。

- 通过 ".pushsection" 和 ".popsection" 的组合，在汇编程序的编写过程中，可以在某一个段的汇编代码中特别地插入另一个段的代码。在某些情况下，这种编写方式会给代码编写带来极大的便利。示例代码如下。

```
    .section .text.init;    定义当前的段名为 .text.init
    .align  6;              将当前 PC 地址推进到"2 的 6 次方"字节对齐的位置
    .weak stvec_handler;    将 stvec_handler 符号定义为弱属性
    .weak mtvec_handler;    将 mtvec_handler 符号定义为弱属性
    .globl _start;          将 _start 标签定义为全局可见
_start:                     定义此处的标签为 _start
    csrw mscratch, a0;
    la  a0, test_trap_data ;
    sw t5, 0(a0);
    sw t6, 4(a0);
    .pushsection .data;     使用 .pushsection 从此处开始插入一些数据至 .data 段中
.align 2;
test_trap_data:
.word 0;
.word 0;
    .popsection             使用 .popsection 结束插入
```

26. .macro 和 .endm

- .macro 和 .endm 伪操作用于将一段汇编代码定义为一个宏。

- ".macro name arg1 [, argn]" 用于定义名为 name 的宏，并且可以传入若干由分号分隔的参数。

- ".endm" 用于结束宏定义。

27. .equ name, value

.equ 伪操作用于将 value 的值赋予名为 name 的符号。

6.5 RISC-V 汇编程序示例

6.5.1 标签

标签分为文本标签和数字标签。标签名称出现在一个冒号（:）之前。

文本标签在一个程序文件中是全局可见的，因此必须使用独一无二的名称。文本标签通常作为分支或跳转指令的目标地址，示例如下。

```
loop:   //定义一个名为 loop 的标签，该标签代表了此处的 PC 地址

    ...

        j loop   //利用跳转指令跳转到标签 loop 所在的位置
```

数字标签是指用数字 0～9 表示的标签。数字标签属于局部标签，需要时可以被重新定义。在被引用时，数字标签通常需要有一个"f"后缀或"b"后缀，"f"表示向前，"b"表示向后，示例如下。

```
        j 1f   //跳转到"向前寻找第一个数字为1的标签"所在的位置，即标签为1（下一行）所在
               //的位置
1:
        j 1b   //跳转到"向后寻找第一个数字为1的标签"所在的位置，即标签为1（上一行）所在
               //的位置
```

6.5.2 宏

宏（macro）是指在汇编语言中具有独立功能的一组汇编语句。我们可以对宏进行定义和调用，示例如下。

```
.macro mac, a, b, c    //定义一个名为 mac 的宏，参数为a、b 和 c
mul t0, b, c           //mul 指令用来将 b 和 c 的乘积写入 t0 寄存器
add a, t0, a           //add 指令用来将 a 与 t0 进行相加，并将结果写入 a
.endm

//调用 mac 宏
mac x1, x2, x3
```

6.5.3 定义常数及其别名

在汇编语言中，可以使用.equ 伪操作定义常数，并为其赋一个别名，然后可以在汇编程序中直接使用别名，示例如下。

```
.equ UART_BASE, 0x40003000            //定义一个常数，别名为 UART_BASE

      lui a0,      %hi(UART_BASE)     //直接使用别名替代常数
      addi a0, a0, %lo(UART_BASE)     //直接使用别名替代常数
```

6.5.4 立即数赋值

在汇编语言中，可以使用 RISC-V 的伪指令 li 进行立即数的赋值。li 不是真正的指令，而是 RISC-V 的一种伪指令，等效若干条指令（计算得到立即数）。示例如下。

```
.section .text
.globl _start
_start:

.equ CONSTANT, 0xcafebabe

      li a0, CONSTANT    //将常数赋值给 a0 寄存器
```

上述指令经过汇编之后产生的指令如下，可以看出伪指令 li 等效若干条指令。

```
0000000000000000 <_start>:
   0: 00032537       lui    a0,0x32
   4: bfb50513       addi a0,a0,-1029
   8: 00e51513       slli a0,a0,0xe
   c: abe50513       addi a0,a0,-1346
```

6.5.5 标签地址赋值

在汇编语言中，可以使用 RISC-V 的伪指令 la 进行标签地址的赋值。la 不是真正的指令，而是 RISC-V 的一种伪指令，等效若干条指令（计算得到标签地址）。示例如下。

```
.section .text
.globl _start
_start:

      la a0, msg    //将 msg 标签对应的地址赋值给 a0 寄存器

.section .rodata
msg:                                      //msg 标签
      .string "Hello World\n"
```

上述指令经过汇编后产生的指令如下，可以看出伪指令 la 等效 auipc 和 addi 这两条指令。

```
000000000000000 <_start>:
  0: 00000517         auipc    a0,0x0
       0: R_RISCV_PCREL_HI20    msg
  4: 00850513         addi     a0,a0,8 # 8 <_start+0x8>
       4: R_RISCV_PCREL_LO12_I    .L11
```

6.5.6 设置浮点数舍入模式

对于 RISC-V 的浮点数指令，可以通过一个额外的操作数来设定舍入模式（rounding mode）。例如，fcvt.w.s 指令需要舍入零（round-to-zero），可以写为 fcvt.w.s a0, fa0, rtz。如果没有指定舍入模式，则默认使用动态舍入模式。关于 RISC-V 的浮点数指令的舍入模式，见《手把手教你 RISC-V CPU（上）——处理器设计》的附录 A.14.4 节。

不同的舍入模式介绍如下。

- rne：最近舍入，朝向偶数方向。
- rtz：向 0 舍入。
- rdn：向下舍入。
- rup：向上舍入。
- rmm：最近舍入，朝向最大幅度方向。
- dyn：动态舍入模式。

6.5.7 完整实例

为了便于读者理解汇编程序，下面给出一个完整的汇编程序实例。

```
.equ RTC_BASE,      0x40000000     //定义常数，并命名为 RTC_BASE
.equ TIMER_BASE,    0x40004000     //定义常数，并命名为 TIMER_BASE

# setup machine trap vector
1:    la   t0, mtvec              //将标签 mtvec 的 PC 地址赋值为 t0
      csrrw   zero, mtvec, t0     //使用 csrrw 指令将 t0 寄存器的值赋给 CSR 的 mtvec
                                  //关于 csrrw 指令的详情，见《手把手教你 RISC-V CPU
                                  //（上）——处理器设计》的附录 A.14.2 节

# set mstatus.MIE=1 (enable M mode interrupt)
      li   t0, 8                  //将常数 8 赋给 t0 寄存器
      csrrs   zero, mstatus, t0   //使用 csrrs 指令进行如下操作：
                  //以操作数寄存器 t0 中的值逐位作为参考，如果 t0 中的值的某个比特位
                  //为 1，则将 MSTATUS 寄存器中对应的比特位设置为 1，其他位不受影响

# set mie.MTIE=1 (enable M mode timer interrupts)
      li   t0, 128               //将常数 128 赋给 t0 寄存器
      csrrs   zero, mie, t0      //使用 csrrs 指令，进行如下操作：
                  //以操作数寄存器 t0 中的值逐位作为参考，如果 t0 中的值的某个比特位
                  //为 1，则将 MIE 寄存器中对应的比特位设置为 1，其他位不受影响

# read from mtime
      li   a0, RTC_BASE    //将立即数 RTC_BASE 赋给 t0 寄存器
      lw   a1, 0(a0)       //使用 lw 指令将 a0 寄存器索引的存储器地址中的值读出并赋给
                           //a1 寄存器
```

```
# write to mtimecmp
      li    a0, TIMER_BASE
      li    t0, 1000000000
      add   a1, a1, t0
      sw    a1, 0(a0)

# loop
loop:                           //设置 loop 标签
      wfi
      j loop                    //跳转到 loop 标签的位置

# break on interrupt
mtvec:
      csrrc  t0, mcause, zero      //读取 MCAUSE 寄存器的值并赋给 t0 寄存器
      bgez t0, fail      # interrupt causes are less than zero
      slli t0, t0, 1     # shift off high bit
      srli t0, t0, 1
      li t1, 7           # check this is an m_timer interrupt
      bne t0, t1, fail
      j pass

pass:
      la a0, pass_msg
      jal puts
      j shutdown

fail:
      la a0, fail_msg
      jal puts
      j shutdown

.section .rodata

pass_msg:
      .string "PASS\n"

fail_msg:
      .string "FAIL\n"
```

6.6 在 C/C++程序中嵌入汇编程序

在上文中，我们介绍了如何编写 RISC-V 汇编程序，但在实际工程中，目前主要使用 C/C++这样的高级语言进行编程，因此，对于汇编语言的使用，大多是将汇编程序嵌入利用 C/C++语言编写的程序中。

以 RISC-V 为例，对于在 RISC-V 架构中定义的 CSR，需要使用特殊的 CSR 指令进行访

问。也就是说，如果在 C/C++ 程序中需要使用 CSR，那么只能采用内联汇编指令（CSR 指令）的方式，这样才能对 CSR 进行操作。

6.6.1 GCC 内联汇编简介

本书介绍的是 RISC-V 的 GCC 工具链，在 C/C++ 程序中嵌入汇编程序需要遵循 GCC 内联汇编（inline asm）的语法规则，格式如下。

```
asm volatile (
汇编指令列表
  : 输出操作数                      //非必需
  : 输入操作数                      //非必需
  : 可能影响的寄存器或存储器          //非必需
);
```

下面对格式进行说明。

（1）asm 为 GCC 的关键字，表示进行内联汇编操作。

注意：我们也可以使用 __asm__。__asm__ 是 GCC 的关键字 asm 的宏定义。

（2）关键字 volatile 是可选的。如果我们添加了该关键字，则编译器不会对后续圆括号内添加的汇编程序进行任何优化，保持其原状；如果没有添加此关键字，则编译器可能对某些汇编指令进行优化。

注意：我们也可以使用 __volatile__。__volatile__ 是 GCC 的关键字 volatile 的宏定义。

（3）汇编指令列表中是需要嵌入的汇编指令。每条指令必须使用双引号形式（作为字符串），每条指令的结尾必须有 "\n" 或者 ";"，没有添加上述后缀的两个字符串将会被合并成一个字符串。

注意："汇编指令列表"的编写语法与普通的汇编程序一样，可以在其中定义标签、对齐（.align n）和段（.section name）等。

（4）"输出操作数"部分用来指定当前内联汇编程序的输出操作符列表，详见 6.6.2 节。

（5）"输入操作数"部分用来指定当前内联汇编程序的输入操作符列表，详见 6.6.2 节。

（6）"可能影响的寄存器或存储器"部分用于告知编译器当前内联汇编程序可能会对某些寄存器或内存进行修改，使得编译器在优化时会"考虑"这个因素，详见 6.6.3 节。

一个典型的内联汇编程序如下。

```
__asm__ __volatile__(
  "Instruction_1\n"
  "Instruction_2\n"
  ...
  "Instruction_n\n"
  :[out1]"=r"(value1), [out2]"=r"(value2), ... [outn]"=r"(valuen)
```

```
    :[in1]"r"(value1), [in2]"r"(value2), ... [inn]"r"(valuen)
    :"r0", "r1", ... "rn"
);
```

6.6.2 GCC 内联汇编的"输出操作数"和"输入操作数"部分

在 C/C++语言中，使用的是抽象层次较高的变量或表达式，如下所示。

```
sum = add1 + add2; //将变量 add1 和 add2 相加，得到的结果赋给 sum
```

而在汇编语言中，直接操作的是寄存器。以 RISC-V 指令集为例，一个使用加法指令的汇编语句如下。

```
add  x2, x3, x4; //将 x3 寄存器和 x4 寄存器相加得到的结果赋给 x2 寄存器
```

如果在 C/C++程序中添加了汇编程序，那么程序员如何将其所需要操作的 C/C++变量与汇编指令中的操作数对应起来呢？此时就需要通过 GCC 内联汇编的"输出操作数"和"输入操作数"部分来指定。

GCC 内联汇编的"输入操作数"和"输出操作数"部分分别用来指定当前内联汇编程序的输入操作符列表和输出操作符列表，遵循的语法规则如下。

1）每一个输入操作符和输出操作符都由以下 3 部分组成

（1）方括号"[]"中的字符名用于将内联汇编程序中使用的操作数（由%[字符]指定）和此操作符（由[字符]指定）通过同名"字符"绑定。

除在"%[字符]"中明确地进行字符命名指定以外，还可以使用"%数字"的方式进行隐含指定。"数字"从 0 开始，依次表示输出操作数和输入操作数。假设包含"输出操作数"的列表中有两个操作数，包含"输入操作数"的列表中有两个操作数，则汇编程序中的%0 表示第一个输出操作数，%1 表示第二个输出操作数，%2 表示第一个输入操作数，%3 表示第二个输入操作数。

（2）双引号中的限制字符串用于约束此操作数变量的属性，常用的约束如下。

- "r"表示使用编译器自动分配的寄存器来存储该操作数变量；"m"表示使用内存地址来存储该操作数变量。如果同时使用"rm"，则编译器自动选择最优方案。
- 对于"输出操作数"，等号"="表示输出变量用作输出，原来的值会被新值替换；"+"表示输出变量不但作为输出，而且作为输入。

注意："="约束不适用于"输入操作数"。

（3）圆括号"()"中的是 C/C++变量或表达式。

2）输出操作符之间需要使用逗号分隔

读者可通过 6.6.4 节和 6.6.5 节中的实例进一步理解上述语法规则。

6.6.3 GCC 内联汇编的"可能影响的寄存器或存储器"部分

如果内联汇编中的某个指令会更新某些寄存器的值,则必须在 asm 中第 3 个冒号后的"可能影响的寄存器或存储器"中指定这些寄存器,通知 GCC 编译器不再假定之前存入这些寄存器中的值依然合法。指定的这些寄存器由逗号分隔,每个寄存器由双引号包裹,如下所示。

```
: "x1", "x2"
```

注意: 对于那些已经由"输入操作数"和"输出操作数"部分约束指定的变量,由于编译器自动分配寄存器,因此编译器知道哪些寄存器会被更新,读者无须担心这部分寄存器,不用在"可能影响的寄存器或存储器"部分显式地进行指定。

如果内联汇编中的某个指令以无法预料的形式修改了存储器中的值,则必须在 asm 中第 3 个冒号后的"可能影响的寄存器或存储器"中显式地加上"memory",从而通知 GCC 编译器不要将存储器中的值暂存在处理器的通用寄存器中。

读者可通过 6.6.4 节和 6.6.5 节中的实例进一步理解上述语法规则。

6.6.4 GCC 内联汇编实例 1

下面结合 6.6.2 节中提供的示例给出一个完整的 GCC 内联汇编实例。

```c
#include <stdio.h>

int main(void)
{
    printf("\n##############################################################\n");
    printf("############################################################\n");
    printf("############################################################\n");
    printf("############################################################\n");
    printf("\nThis is a Demo which using the inline ASM to execute ADD
operations\n");
    printf("We will use the inline assembly 'add' instruction to add two
operands 100 and 200\n");
    printf("The expected result is 300\n");
    printf("\n\nIf the result is 300, then we print PASS, otherwise FAIL\n");

    //声明 3 个变量
    int sum;
    int add1 = 100;
    int add2 = 200;

    //插入汇编代码以调用 add 指令进行加法操作
    __asm__ __volatile__(
    "add %[dest],%[src1],%[src2]"        //使用 add 指令,一个目标操作数(命名为 dest),
                                         //两个源操作数(分别命名为 src1 和 src2)
    :[dest]"=r"(sum)                     //将 add 指令的目标操作数 dest 与 C 语言程序中的
```

```
                                            //sum 变量进行绑定
      :[src1]"r"(add1), [src2]"r"(add2) //将 add 指令的源操作数 src1 与 C 语言程序中的 add1
                                            //变量进行绑定，将源操作数 src2 与 add2 变量进行
                                            //绑定
   //由于此内联汇编没有指定可能影响的寄存器或存储器，因此省略第 3 个冒号及其后面的部分
   );

   //上述代码使用 "%[字符]" 方式明确地指定了变量关系。如果使用 "%数字" 的方式进行隐含指定，
   //则方式如下：
   //      "add %0,%1,%2"
   //使用 add 指令，一个目标操作数（用%0 指定第一个输出操作数 sum,
   //两个源操作数用%1 和%2 分别指定第一个输入操作数 add1 和第二个输入操作数 add2
   //      :"=r"(sum)
   //只有一个输出操作数，由%0 隐含指定
   //      :"r"(add1), "r"(add2)
   //有两个输出操作数，分别由%1 和%2 隐含指定
   //判断内联汇编是否得到正确结果。如果汇编指令 add 正确执行并且将结果返回，那么 sum 应该
   //等于 300
   if(sum == 300) {
      printf("!!! PASS !!!\n");
   }else{
      printf("!!! FAIL !!!\n");
   }
   return 0;
}
```

从上述实例可以看出，通过在"输出操作数"和"输入操作数"部分的指定操作，可以将C/C++中的变量或表达式映射到汇编指令中，以充当操作数。在此过程中，程序员无须关心真正执行的汇编指令具体使用的寄存器索引（如是 x1 还是 x2），编译器会根据在双引号中指定的操作数约束，按照编译优化的原则来分配合理的寄存器索引。程序员仅需要关心操作数和变量的映射，无须关心操作数会映射到处理器具体的哪个通用寄存器，这样能使程序员从底层硬件的细节中解放出来。

我们会在 HBird SDK 环境中运行该实例，见第 11 章。

6.6.5 GCC 内联汇编实例 2

下面是在 C 语言中调用 RISC-V 的 CSR 的读或写汇编指令访问 CSR 的实例，代码如下。

```
//定义以下宏。在 C 语言中直接调用此宏就相当于读取 CSR 的值，如在 C 语言中，"value = read_csr
//(mstatus)" 相当于读取 MSTATUS 寄存器的值，并赋给变量 value

#define read_csr(reg) ({ unsigned long __tmp; \
asm volatile ("csrr %0, " #reg : "=r"(__tmp)); \
```

```
    __tmp; })
```

//上述宏由 3 个独立的 C 语言语句组成，其中中间的是一个 asm 内联汇编语句，#reg 是 C 语言中
//一个特殊的宏定义语法，相当于对 #reg 进行替换并用双引号包裹。例如，read_csr(mstatus)
//对应 asm 语句宏展开 "asm volatile ("csrr %0," "mstatus": "=r"(__tmp))"。根据
//6.6.2 节中描述的语法可知，此内联汇编表达的含义为：此汇编程序输出变量为 __tmp，编译器可
//以分配任意通用寄存器用于承载它的值，并且用于 csrr 指令 %0 对应操作数，因此相当于使用 csrr
//指令将 CSR 的 MSTATUS 的值读出，并赋给变量 __tmp

6.6.6 小结

GCC 内联汇编的语法规则比较复杂，信息量很大。限于篇幅，本书仅对基本的语法规则进行介绍，以帮助读者编写简单的 C/C++ 内联汇编程序。读者可通过查阅 GNU C/C++ 内联汇编语法手册，了解更多内容。

6.7 在汇编程序中调用 C/C++ 语言中的函数

除可以在 C/C++ 程序中内联汇编程序以外，还可以在汇编程序中调用 C/C++ 语言中的函数，这种情形在实际工程中也很常见。通过 C/C++ 语言构造的函数非常普遍，在某些以汇编程序为主体的程序中会调用 C/C++ 语言中的函数。

在介绍对 C/C++ 语言中的函数的调用之前，我们先介绍应用程序二进制接口（Application Binary Interface，ABI）。ABI 是指应用程序和操作系统之间，应用和它的库之间，以及应用的组成部分之间的接口。ABI 涵盖了如下细节。

- 数据类型的大小、布局和对齐。
- 函数调用的约定（控制函数的参数如何传送，以及如何接收返回值）。例如，控制函数的所有参数通过栈传递，或者部分参数通过寄存器传递；哪个寄存器用于哪个函数的参数；通过栈传递的第一个函数的参数是最先还是最后推入栈。
- 系统调用的编码和一个应用如何向操作系统进行系统调用。
- 在一个完整的操作系统 ABI 中，目标文件的二进制格式、程序库等。

其中，函数调用的约定决定了函数调用时参数传递和函数返回结果的规则。关于 RISC-V 架构的 ABI 的函数调用的约定，见《手把手教你 RISC-V CPU（上）——处理器设计》的附录 A 中的图 A-1。

对于 RISC-V 汇编程序，在其中调用 C/C++ 语言中的函数，必须遵照 ABI 所定义的函数调用规则，即函数的参数由寄存器 a0～a7 传递，函数的返回值由寄存器 a0～a1 指定。具体的示例代码如下。

```
//C语言中的函数handle_trap()有两个参数，分别为mcause和epc，有一个返回值

uintptr_t handle_trap(uintptr_t mcause, uintptr_t epc)
{
  if (0){
    // External Machine-Level interrupt from PLIC
  } else if ((mcause & MCAUSE_INT) && ((mcause & MCAUSE_CAUSE) == IRQ_M_EXT)) {
    handle_m_ext_interrupt();
    // External Machine-Level interrupt from PLIC
  } else if ((mcause & MCAUSE_INT) && ((mcause & MCAUSE_CAUSE) == IRQ_M_TIMER)){
    handle_m_time_interrupt();
  }
  else {
    write(1, "trap\n", 5);
    _exit(1 + mcause);
  }
  return epc;
}


//此汇编程序指定了函数的参数，然后调用了handle_trap()函数，并取得该函数的返回值
  csrr a0, mcause    //由于a0负责传输第一个函数的参数，因此给a0赋值并作为函数的参数1
  csrr a1, mepc      //由于a1负责传输第二个函数的参数，因此给a1赋值并作为函数的参数2
  call handle_trap  //调用函数handle_trap()。注意，call是一条auipc + jalr的伪指令

  csrw mepc, a0      //由于a0负责传输返回的结果，因此此处a0寄存器的值即为函数的返回值
```

6.8 总结

　　汇编语言的抽象层次较低，程序的编写难度较大。在实际工作中，对于普通的程序员，只需要理解一些现有的汇编代码，或者编写简单的汇编程序。

　　本书介绍的工具链基于 RISC-V GCC 工具链，RISC-V 汇编程序遵循 GNU 汇编语法规则。完整的 GNU 汇编语法手册多达数百页，其中介绍了大量的伪操作和语法规则，但是大多数语法规则并不常用。限于篇幅，本书仅对 RISC-V 汇编中常用的语法规则进行了简单介绍。

第7章 开源蜂鸟E203 MCU的软件开发平台

为了让用户轻松地使用 RISC-V 处理器进行应用开发，蜂鸟 E203 开源项目不但开源了其 SoC 平台，而且开发并开源了配套的软件开发平台，称为 HummingBird Software Development Kit（简称为 HBird SDK）。

注意：对于本章介绍的内容，需要读者提前掌握 Makefile 的基本知识。

7.1 HBird SDK 概述

蜂鸟 E230 的嵌入式开发平台的层次结构如图 7-1 所示。作为衔接上层应用与底层硬件的中间平台，HBird SDK 提供了对底层硬件开发平台操作的应用接口（Application Interface，API），以及 RTOS 的支持，使得用户在进行应用开发时无须进行烦琐的寄存器配置，从而提高开发效率。

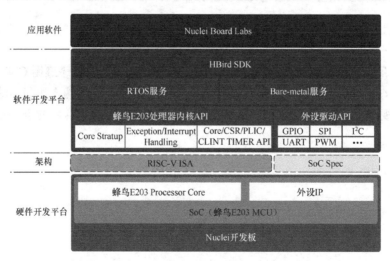

图 7-1 蜂鸟 E203 的嵌入式开发平台的层次结构

HBird SDK 是基于 Makefile 构建的软件开发平台，可以在 Windows 和 Linux 操作系统中运行，可使用 5.2.1 节介绍的芯来科技提供的编译好的 RISC-V GCC 工具链对程序进行编译，然后通过 OpenOCD+GDB 工具将生成的可执行文件下载至蜂鸟 E203 硬件开发平台中运行与调试。

HBird SDK 的源代码同时托管在 GitHub 网站和 Gitee 网站上，读者可在 GitHub 或 Gitee 网站中搜索"hbird-sdk"并查看。本书将以"HBird SDK 项目"代指其在 GitHub 和 Gitee 上的具体网址。

7.2 HBird SDK 的目录结构

HBird SDK 的目录结构如下。

```
hbird-sdk                          //存放 HBird SDK 的目录
    |----application               //存放软件示例的目录
        |----baremetal             //存放 baremetal 示例程序
        |----freertos              //存 FreeRTOS 示例程序
    |----NMSIS                     //存放处理器内核相关支持的目录
        |----Core                  //存放蜂鸟 E203 处理器内核相关的驱动程序
    |----Build                     //存放构建软件平台所需的 Makefile 文件
    |----OS                        //存放所支持的 RTOS 的目录
        |----FreeRTOS              //存放移植好的 FreeRTOS 源代码
    |----SoC                       //存放所支持的 SoC 的目录
        |----hbirdv2               //存放利用蜂鸟 E203 MCU 进行嵌入式开发所需的底层代码
    |----Makefile                  //主 Makefile 文件
    |----setup.bat                 //Windows 操作系统的配置脚本
    |----setup.sh                  //Linux 操作系统的配置脚本
```

主要目录简述如下。

（1）application 目录用于存放软件示例程序，主要包括简单的 baremetal 示例程序（helloworld、benchmark 测试等）和 FreeRTOS 示例程序。每个示例均有单独的文件夹，包含各自的源代码、Makefile 和编译选项（在 Makefile 中指定）等，详见本书的开发实战部分。

（2）NMSIS/Core 目录用于存放蜂鸟 E203 处理器核相关的驱动程序，如 PLIC 模块的底层驱动函数和代码。关于 PLIC 模块驱动的应用，见第 16 章。

（3）OS/FreeRTOS 目录用于存放针对蜂鸟 E203 处理器内核移植好的 FreeRTOS 源代码，方便用户创建基于 FreeRTOS 的应用，详见第 17 章。

（4）SoC/hbirdv2 目录用于存放利用蜂鸟 E203 MCU 进行嵌入式开发所需的底层代码，包括以下几种。

- 外设模块相关的驱动程序，如 GPIO、I^{2}C 等。关于蜂鸟 E203 MCU 所支持的外设模块的应用，可参见本书的开发实战部分。

- 移植好的 newlib 的桩函数，详见 7.3.1 节。
- 系统启动引导程序，详见 7.3.4 节。
- 系统中断和异常处理程序，详见 7.3.5 节。
- 系统链接脚本，详见 7.3.3 节。

7.3 HBird SDK 的底层实现解析

在 5.1 节中，我们介绍了嵌入式开发的特点，以及需要解决的几个基本问题。嵌入式平台通常提供板级支持包预先解决这些问题，使得应用开发人员无须关注底层的细节。本节将结合 HBird SDK 来解决相关的基本问题。

注意事项如下。

- 本节内容涉及底层，且需要对 Makefile 等脚本有所了解，初学者可自行查找相关脚本并进行学习。
- 若读者并不关注底层的细节，那么可以略过本节。关于如何使用 HBird SDK，见 7.4 节。

7.3.1 移植了 newlib 的桩函数

在 5.1.2 节中，我们提到了 newlib 是嵌入式系统中常用的 C 运行库。newlib 的所有库函数都建立在 20 个桩函数的基础上。这 20 个桩函数实现具体操作系统和底层硬件的相关功能。

注意：不同的桩函数可能会被不同的 C 库函数调用，在嵌入式程序中使用的 C 库函数不多时，并不需要实现所有的 20 个桩函数。

在 HBird SDK 中，对于 newlib 的桩函数的实现，具体体现在 SoC/hbirdv2/Common/Source/Stubs 目录中。

- close.c：实现了_close()函数。
- fstat.c：实现了_fstat()函数。
- gettimeofday.c：实现了_gettimeofday()函数。
- isatty.c：实现了_isatty()函数。
- lseek.c：实现了_lseek()函数。
- read.c：实现了_read()函数。
- sbrk.c：实现了_sbrk()函数。
- write.c：实现了_write()函数。

注意事项如下。

- 上述部分函数的函数体为空，这是因为在嵌入式程序中，这些函数支持的功能基本用不到（如文件操作）。
- 上述函数的名称都是以下画线开始的（如_write），与原始的 newlib 定义的桩函数名称（如 write）不一致，这是因为在 newlib 的底层桩函数中存在多层嵌套，wirte()函数会调用名为 write_r()的可重入函数，然后 write_r()函数调用了最终的_write()函数。
- 在 HBird SDK 中，会进行持续的更新与维护，此处所列的桩函数为本书写作时 HBird SDK 中的具体实现，后续可能会因 HBird SDK 的更新而改变。

上述实现的桩函数将添加到编译文件列表中，作为源文件一起进行编译。因此，在链接阶段，链接器在链接 newlib 的 C 库函数时能够找到这些桩函数，一并进行链接（否则会报出找不到桩函数的实现的错误）。

综上所述，HBird SDK 通过实现桩函数的函数体并将其与其他普通源文件一并进行编译，实现了 newlib 的移植和支持。

7.3.2 支持了 printf()函数

在 5.1.6 节中，我们提到了 printf()函数在嵌入式早期开发阶段对于分析程序行为非常有帮助，因此，嵌入式平台对 printf()的支持必不可少，同时提到了在嵌入式平台中通常需要将 printf()函数的输出重定向 UART 接口并传输至 PC 主机的显示屏。

printf()函数属于典型的 C 标准函数，它会调用 newlib（C 运行库）中的库函数。而在 newlib 的 printf()库函数中，最终将字符逐个输出依靠的是底层桩函数——write()函数。因此，printf()函数的移植在于对 newlib 的桩函数——write()函数的实现。

在 HBird SDK 中，对于 write()函数的实现，如 7.3.1 节所述。write()函数最终调用_write()函数，后者在 SoC/hbirdv2/Common/Source/Stubs/write.c 文件中实现，代码片段如下。

```
…

//write.c 中的函数片段

ssize_t _write(int fd, const void* ptr, size_t len)
{
  if (!isatty(fd)) {
    return -1;
  }

  const uint8_t * writebuf = (const char *)ptr;


  for (size_t i = 0; i < len; i++) {
    if (writebuf[i] == '\n') {
      uart_write(SOC_DEBUG_UART,'\r');
```

```
    }
      uart_write(SOC_DEBUG_UART, writebuf[i]);
    }
    return len;
}
```

从_write()函数的函数体可以看出，该函数通过调用 UART 模块的 uart_write()函数来实现输出字符重定向至 UART，最终显示在 PC 主机的显示屏上（借助 PC 主机的串口调试助手软件）。

综上所述，HBird SDK 通过桩函数_write()实现 printf()函数的移植。读者可通过 9.3 节（以HelloWorld 程序为例）进行更为直观的了解。

7.3.3 提供系统链接脚本

在 5.1.4 节中，我们提到了在嵌入式系统中，需要"链接脚本"为程序分配合适的存储器空间，如程序段放在什么区间、数据段放在什么区间等。关于 GCC 的链接脚本的语法规则和说明，读者可自行查阅相关资料。

在 HBird SDK 中，提供 3 个不同的链接脚本。在编译时，可以通过 Makefile 的命令行指定不同的"链接脚本"作为 GCC 的链接脚本，从而实现不同的运行方式。读者可通过 7.4.2 节了解更多的相关信息。

3 个不同的链接脚本分别介绍如下。

1. 程序存放在 Flash 中并从 Flash 中直接执行

通过链接脚本 SoC/hbirdv2/Board/ddr200t/Source/GCC/gcc_hbirdv2_flashxip.ld，可以将程序存放在 Flash 中，并且直接从 Flash 中执行。该链接脚本中的代码片段和注释如下。

```
//SoC/hbirdv2/Board/ddr200t/Source/GCC/gcc_hbirdv2_flashxip.ld中的代码片段

__ROM_BASE = 0x20000000;
__ROM_SIZE = 0x00400000;

__ILM_RAM_BASE = 0x80000000;
__ILM_RAM_SIZE = 0x00010000;

__RAM_BASE = 0x90000000;
__RAM_SIZE = 0x00010000;

__STACK_SIZE = 0x00000800;
__HEAP_SIZE  = 0x00000800;

MEMORY
{//定义了两个地址区间，分别命名为flash和ram，并分别对应 Flash 和 DLM 的地址区间
  flash (rxai!w) : ORIGIN = __ROM_BASE, LENGTH = __ROM_SIZE
```

```
    ram (wxa!ri) : ORIGIN = __RAM_BASE, LENGTH = __RAM_SIZE
}

ENTRY( _start )    //指明程序入口为_start 标签

SECTIONS
{

__STACK_SIZE = DEFINED(__STACK_SIZE) ? __STACK_SIZE : 2K;

  .init            :
  {
    KEEP (*(SORT_NONE(.init)))
  } >flash AT>flash
```
//注意：在上述语法中，AT 前的 flash 表示该段的虚拟地址，AT 后的 flash 表示该段的物理地址
//有关此语法的细节，读者可自行搜索 GCC 链接脚本的语法并进行学习
//物理地址是指存储该程序的存储器的地址（调试器下载程序时会遵循物理地址），虚拟地址
//是指该程序真正运行后所处的地址，程序中的相对寻址会遵循虚拟地址

```
  .ilalign         :
  {
    . = ALIGN(4);
    PROVIDE( _ilm_lma = . ); //创建一个标签名为_ilm_lma、地址为 flash 地址区间的起
                             //始地址
  } >flash AT>flash

  .ialign          :
  {
    PROVIDE( _ilm = . ); //创建一个标签名为_ilm、地址也为 flash 地址区间的起始地址
  } >flash AT>flash

  .text            :
  {
    *(.text.unlikely .text.unlikely.*)
    *(.text.startup .text.startup.*)
    *(.text .text.*)
    *(.gnu.linkonce.t.*)
  } >flash AT>flash
```
//注意：此 "链接脚本" 的意图是让程序存储在 Flash 中，且直接从 Flash 中运行，其物理地址和虚拟
//地址相同，因此，上述.text 代码段的物理地址是 flash 地址区间，虚拟地址也为 flash 地址区间

```
.data            :
  {
    *(.data .data.*)
    *(.gnu.linkonce.d.*)
    . = ALIGN(8);
    PROVIDE( __global_pointer$ = . + 0x800 );//创建一个标签,名为__global_pointer$
    *(.sdata .sdata.* .sdata*)
    *(.gnu.linkonce.s.*)
  } >ram AT>flash
```

//注意：此"链接脚本"的意图是让数据存储在 Flash 中，而将数据段上传至 DLM 中运行，数据段的物理
//地址和虚拟地址不同，因此，上述 .data 数据段的物理地址是 flash 地址区间，而虚拟地址为 ram 地址区间

2. 程序存放在 ILM（ITCM）中且从 ILM（ITCM）中直接执行

通过链接脚本 SoC/hbirdv2/Board/ddr200t/Source/GCC/gcc_hbirdv2_ilm.ld，可以将程序存放在 ILM 中并且直接从 ILM 中执行。该链接脚本的代码片段和注释如下。

```
//SoC/hbirdv2/Board/ddr200t/Source/GCC/gcc_hbirdv2_ilm.ld 中的代码片段

ENTRY( _start )    //指明程序入口为_start 标签


MEMORY
{
//定义了两个地址区间，分别命名为 ilm 和 ram，并分别对应 ILM 和 DLM 的地址区间
  ilm (rxai!w) : ORIGIN = 0x80000000, LENGTH = 64K
  ram (wxa!ri) : ORIGIN = 0x90000000, LENGTH = 64K
}

SECTIONS
{
  __stack_size = DEFINED(__stack_size) ? __stack_size : 2K;

  .init           :
  {
    KEEP (*(SORT_NONE(.init)))
  } >ilm AT>ilm

  .ilalign        :
  {
    . = ALIGN(4);
    PROVIDE( _ilm_lma = . );
    //创建一个标签名为_ilm_lma、地址为 ilm 地址区间的起始地址
  } >ilm AT>ilm

  .ialign         :
  {
    PROVIDE( _ilm = . );  //创建一个标签名为_ilm、地址为 ilm 地址区间的起始地址
  } >ilm AT>ilm


  .text           :
  {
    *(.text.unlikely .text.unlikely.*)
    *(.text.startup .text.startup.*)
    *(.text .text.*)
    *(.gnu.linkonce.t.*)
  } >ilm AT>ilm
//注意：此"链接脚本"的意图是让程序存储在 ILM 中，且直接从 ILM 中运行，其物理地址和虚拟地址
//相同，因此，上述 .text 代码段的物理地址是 ilm 地址区间，虚拟地址也为 ilm 地址区间
```

```
.data           :
  {
    *(.data .data.*)
    *(.gnu.linkonce.d.*)
    . = ALIGN(8);
    PROVIDE( __global_pointer$ = . + 0x800 );//创建一个标签,名__global_pointer$
    *(.sdata .sdata.* .sdata*)
    *(.gnu.linkonce.s.*)
    . = ALIGN(8);
    *(.srodata.cst16)
    *(.srodata.cst8)
    *(.srodata.cst4)
    *(.srodata.cst2)
    *(.srodata .srodata.*)
  } >ram AT>ilm
```

//注意：此“链接脚本”的意图是计数据存储在 ILM 中，而将数据段上传至 DLM 中运行，数据段的物理
//地址和虚拟地址不同，因此，上述 .data 数据段的物理地址是 ilm 地址区间，而虚拟地址为 ram 地址区间

3．程序存放在 Flash 中，但上电后上传至 ILM（ITCM）中运行

通过链接脚本 SoC/hbirdv2/Board/ddr200t/Source/GCC/gcc_hbirdv2_flash.ld，可以将程序
存放在 Flash 中，但上电后上传至 ILM 中运行。该链接脚本的代码片段和注释如下。

```
//SoC/hbirdv2/Board/ddr200t/Source/GCC/gcc_hbirdv2_flash.ld 中的代码片段

ENTRY( _start )    //指明程序入口为_start 标签

MEMORY
{
//定义了 3 个地址区间，分别名为 flash、ilm 和 ram，并分别对应 Flash、ILM 和 DLM 的地址区间
  flash (rxai!w) : ORIGIN = 0x20000000, LENGTH = 4M
  ilm (rxai!w) : ORIGIN = 0x80000000, LENGTH = 64K
  ram (wxa!ri) : ORIGIN = 0x90000000, LENGTH = 64K
}


SECTIONS
{
  __stack_size = DEFINED(__stack_size) ? __stack_size : 2K;

  .init           :
  {
    KEEP (*(SORT_NONE(.init)))
  } >flash AT>flash
```

//上述 .init 段为上电引导程序所处的段，它直接在 Flash 中执行，其虚拟地址和物理地址相同，
//都是 flash 地址区间

```
  .ilalign        :
  {
```

```
        . = ALIGN(4);
        PROVIDE( _ilm_lma = . ); //创建一个标签名为_ilm_lma、地址为flash地址区间的起始地址

    } >flash AT>flash

    .ialign        :
    {
        PROVIDE( _ilm = . ); //创建一个标签名为_ilm、地址为ilm地址区间的起始地址

    } >ilm AT>flash

    .text           :
    {
      *(.text.unlikely .text.unlikely.*)
      *(.text.startup .text.startup.*)
      *(.text .text.*)
      *(.gnu.linkonce.t.*)
    } >ilm AT>flash
```
//注意：此"链接脚本"的意图是让程序存储在 Flash 中，且上传至 ILM 中运行，其物理地址和虚拟地
//址不同，因此，上述.text 代码段的物理地址是 flash 地址区间，而虚拟地址为 ilm 地址区间

```
    .data           :
    {
      *(.data .data.*)
      *(.gnu.linkonce.d.*)
      . = ALIGN(8);
      PROVIDE( __global_pointer$ = . + 0x800 ); //创建一个标签，名为__global_pointer$
      *(.sdata .sdata.* .sdata*)
      *(.gnu.linkonce.s.*)
      . = ALIGN(8);
      *(.srodata.cst16)
      *(.srodata.cst8)
      *(.srodata.cst4)
      *(.srodata.cst2)
      *(.srodata .srodata.*)
      . = ALIGN(4);
      *(.rdata)
      *(.rodata .rodata.*)
      *(.gnu.linkonce.r.*)
    } >ram AT>flash
```
//注意：此"链接脚本"的意图是让数据存储在 Flash 中，将数据段上传至 DLM 中运行，数据段的物理地
//址和虚拟地址不同，因此，上述.data 数据段的物理地址是 flash 地址区间，而虚拟地址为 ram 地址
//区间

7.3.4 系统启动引导程序

在 5.1.3 节中，我们介绍了嵌入式系统上电后执行的第一段软件代码是引导程序，该程

序通常由汇编语言编写。

　　HBird SDK 的引导程序文件为 SoC/hbirdv2/Common/Source/GCC/startup_hbirdv2.S，该文件中的程序由汇编语言编写。关于 RISC-V 汇编语法的详细信息，见第 6 章。

　　startup_hbirdv2.S 中的代码主要完成一些基本配置，如果有需要，那么还会将代码从 Flash 上传至 ILM 中（也就是将 Flash 中的代码搬运到 ILM 中）。

1. startup_hbirdv2.S 中的代码解读

startup_hbirdv2.S 中的代码片段和注释如下。

```
//startup_hbirdv2.S 文件中的代码片段

  .section .init            //声明此处的 section 名为.init
  .globl _start             //指明标签_start 的属性为全局
  .type  start,@function

_start:

    csrc CSR_MSTATUS, MSTATUS_MIE   //关闭全局中断
    csrw CSR_MIE, 0x0

.option push
.option norelax
    //设置全局指针
    la gp, __global_pointer$
//将标签__global_pointer$所处的地址赋给 gp 寄存器
    //注意：标签__global_pointer$在链接脚本中定义
.option pop
    //设置堆栈指针
    la sp, _sp                //将标签_sp 所处的地址赋给 sp 寄存器
                              //注意：标签_sp 在链接脚本中定义
    //将标签 trap_entry 所处的地址赋给 CSR_MTVEC 寄存器，作为异常服务程序入口地址
la t0, trap_entry
    csrw CSR_MTVEC, t0


//下列代码通过将 CSR 的 MSTATUS 的 FS 域设置为非 0 值，从而将 FPU 打开
//关于 MSTATUS 的 FS 域的更多信息，见《手把手教你 RISC-V CPU（上）——处理器设计》的附录 B.2.9 节
#ifdef __riscv_flen    //只有定义了此宏（意味着支持浮点数指令），才需要执行下列打开 FPU
                       //的操作。关于 RISC-V GCC 工具链的预定义的宏的更多信息，见 5.2.4 节
    li t0, MSTATUS_FS
    csrs mstatus, t0    //对 MSTATUS 的 FS 域设置非 0 值
    csrw fcsr, x0       //初始化 fcsr 的值为 0
#endif
```

```
//下列代码判断_ilm_lma 与_ilm 标签的地址值是否相同：
//如果相同，则意味着代码直接从 Flash/ILM 中执行（在 gcc_hbirdv2_flashxip.ld 和
//gcc_hbirdv2_ilm.ld 中定义的_ilm_lma 与_ilm 标签的地址相等），直接跳转到后面数字
//标签 2 所在的代码继续执行；
//如果不相同，则意味着代码需要从 Flash 中上传至 ILM 中执行（在 gcc_hbirdv2_flash.ld
//中定义的_ilm_lma 与_ilm 标签的地址不相等），因此使用 lw 指令逐条地将指令从 Flash 中读取出
//来，然后使用 sw 指令逐条地写入 ILM 中，通过此方式将指令上传至 ILM 中


    la a0, _ilm_lma   //将标签_ilm_lma 所处的地址赋给 a0 寄存器
    //注意：标签_ilm_lma 在链接脚本中定义
    la a1, _ilm         //将标签_ilm 所处的地址赋给 a1 寄存器
    //注意：标签_ilm 在链接脚本中定义

    beq a0, a1, 2f      //a0 和 a1 的值分别为标签_ilm_lma 和_ilm 的地址，此处判断它
                        //们是否相等。如果相等，则直接跳到后面的数字标签 2 所在的位置；
                        //如果不相等，则继续向下执行

    la a2, _eilm        //将标签_eilm 所处的地址赋给 a2 寄存器
    //注意：标签_eilm 在链接脚本中定义

    bgeu a1, a2, 2f   //如果_ilm 标签的地址比_eilm 标签的地址大，那么属于不正常的配置，
                        //放弃搬运，直接跳转到后面数字标签 2 所在的位置

//通过一个循环，将指令从 Flash 中搬运到 ILM 中
1:
    lw t0, (a0)         //从地址指针 a0 所在的位置（Flash 中）读取 32 位数
    sw t0, (a1)         //将读取的 32 位数写入地址指针 a1 所在的位置（ILM 中）
    addi a0, a0, 4      //将地址指针 a0 寄存器加 4（即 32 位）
    addi a1, a1, 4      //将地址指针 a1 寄存器加 4（即 32 位）
    bltu a1, a2, 1b   //跳转回之前数字标签 1 所在的位置，直到地址等于_eilm 标签的地址
2:

    //使用上述相同的原理，通过一个循环，将数据从 Flash 搬运到 DLM 中
    la a0, _data_lma
    la a1, _data
    la a2, _edata
    bgeu a1, a2, 2f
1:
    lw t0, (a0)
    sw t0, (a1)
    addi a0, a0, 4
    addi a1, a1, 4
    bltu a1, a2, 1b
2:
    //.bss 段是链接器预留的未初始化变量所处的地址段，引导程序必须将其初始化为 0
    //关于.bss 段的更多背景知识，见 4.4.2 节
    //此处通过一个循环来初始化.bss 段
    la a0, __bss_start
```

```
    la a1, _end
    bgeu a0, a1, 2f
1:
    sw zero, (a0)
    addi a0, a0, 4
    bltu a0, a1, 1b
2:


    //下面调用全局的构造函数
     la a0, __libc_fini_array //将标签__libc_fini_array的值赋给 a0 并作为函数的参数
    call atexit                //调用 atexit()函数
    call __libc_init_array    //调用__libc_init_array()函数
    //注意：上述的__libc_fini_array()、atexit()和__libc_init_array()函数都是 newlib
    //（C 运行库）中的特殊的库函数，用于处理 C/C++程序中的一些全局的构造函数和析构函数。
    //本书在此不做详细介绍，读者可自行查阅相关资料

    call _premain_init        //调用_premain_init()
    //在 HBird SDK 中，_premain_init()函数定义在 SoC/hbirdv2/Common/Source/
//system_hbirdv2.c 中，下文将对 system_hbirdv2.c 文件做进一步介绍


//调用 main()函数
//根据 ABI 调用原则，在函数调用时，由 a0 和 a1 寄存器传递参数，因此此处赋参数值给 a0 和 a1
//读者可通过 6.7 节了解在汇编程序中调用 C 语言中的函数的规则
/* argc = argv = 0 */
 li a0, 0
 li a1, 0
 call main    //调用 main()函数，开始执行 main()函数

1:
    j 1b      //最后的"死"循环，对于程序，在理论上不可能执行到此处
```

2. system_hbirdv2.c 代码解读

对于 startup_hbirdv2.S 文件中的代码，在执行 main()函数之前，会调用一个名为 _premain_init 的函数。HBird SDK 中的_premain_init()函数定义在 SoC/hbirdv2/Common/Source/system_hbirdv2.c 中。

system_hbirdv2.c 文件中的_premain_init()函数的声明和相关功能的解释如下。

```
//SoC/hbirdv2/Common/Source/system_hbirdv2.c 中的代码片段


//_premain_init()函数的声明
void _premain_init()
{
   SystemCoreClock = get_cpu_freq(); //调用 get_cpu_freq()函数来计算当前的运行频率

//调用 GPIO 模块的功能函数 gpio_iof_config()来设置 UART 功能 IO
```

```
gpio_iof_config(GPIOA, IOF_UART_MASK);

//调用 UART 模块的功能函数 uart_init()对 UART 模块进行设置
//如 7.3.2 节中所述，UART 是支持 printf()函数输出的物理接口，必须正确地对 UART 进行设置
uart_init(SOC_DEBUG_UART,115200);

    //输出当前的下载运行方式、编译时间和 core 的运行频率等信息
    SystemBannerPrint();

    //中断和异常服务函数的初始化，均设置为默认的中断和异常服务函数
    Exception_Init();
    Interrupt_Init();

    //PLIC 外部中断管理单元的初始化
#if defined(__PLIC_PRESENT) && __PLIC_PRESENT == 1
    /* PLIC initilization */
    PLIC_Init(__PLIC_INTNUM);
#endif

}
```

在_premain_init()函数中调用的功能函数 **get_cpu_freq()** 的说明如下。

```
//SoC/hbirdv2/Common/Source/hbirdv2_common.c 中的代码片段

//get_cpu_freq()函数的实现
uint32_t get_cpu_freq()
{
  uint32_t cpu_freq;

  // warm up
  measure_cpu_freq(1);
  // measure for real
  cpu_freq = measure_cpu_freq(100);  //调用 measure_cpu_freq()函数

  return cpu_freq;
}


//measure_cpu_freq()函数的实现
uint32_t measure_cpu_freq(uint32_t n)
{
    uint32_t start_mcycle, delta_mcycle;
    uint32_t start_mtime, delta_mtime;
    uint32_t mtime_freq = get_timer_freq();

    // Don't start measuruing until we see an mtime tick
    uint32_t tmp = (uint32_t)SysTimer_GetLoadValue();
    do {
        start_mtime = (uint32_t)SysTimer_GetLoadValue();
        start_mcycle = __RV_CSR_READ(CSR_MCYCLE);
```

```
    } while (start_mtime == tmp);  //不断观察 MTIME 计数器并将其值作为初始时间值

    do {
        delta_mtime = (uint32_t)SysTimer_GetLoadValue() - start_mtime;
        delta_mcycle = __RV_CSR_READ(CSR_MCYCLE) - start_mcycle;
    } while (delta_mtime < n);//不断观察 MTIME 计数器，直到其值等于函数的参数设定的目标值

    //MTIME 计数器的频率是常开域的参考频率（如 32.768kHz）
    //通过 MCYCLE 和 MTIME 的相对关系计算当前 Core 的时钟频率
    return (delta_mcycle / delta_mtime) * mtime_freq
        + ((delta_mcycle % delta_mtime) * mtime_freq) / delta_mtime;
```

7.3.5　系统中断和异常处理

对于本节的学习，需要读者提前了解 RISC-V 架构的中断和异常相关知识，见《手把手教你 RISC-V CPU（上）——处理器设计》的第 13 章。

在 HBird SDK 中，已经实现了中断和异常处理的基础框架，因此普通的应用开发人员无须关心这些底层细节。

注意：若读者不关注底层细节，那么可以跳过此节。读者可通过第 16 章了解如何使用 HBird SDK 进行带有中断处理的应用程序开发。

下面介绍 HBird SDK 中实现中断和异常处理基础框架的相关源代码。

1. 设置 MTVEC 寄存器的值

在程序执行过程中，RISC-V 处理器一旦遇到中断或异常，就会终止当前的程序流，处理器被强行跳转到一个新的 PC 地址，该地址由 MTVEC 寄存器指定。在系统启动引导程序中，需要设置 MTVEC 寄存器的值，使其指向中断和异常处理函数的入口。

HBird SDK 的系统启动引导程序文件为 startup_hbirdv2.S，在其中设置了 MTVEC 寄存器的值，相关代码如下。

```
//SoC/hbirdv2/Common/Source/startup_hbirdv2.S 中的代码片段


    //将 CSR 的 MTVEC 的值设置为 trap_entry()函数的地址，作为中断和异常服务程序入口地址
la t0, trap_entry
    csrw CSR_MTVEC, t0
```

2. 中断和异常入口函数 trap_entry()

trap_entry() 函数是使用汇编语言编写的中断和异常入口函数。该函数位于 SoC/hbirdv2/Common/Source/GCC/intexc_hbirdv2.S 中，其代码如下。

```
//SoC/hbirdv2/Common/Source/GCC/intexc_hbirdv2.S 中的代码片段

//该宏用于将 ABI 定义的"调用者应存储的寄存器"（caller saved register）保存至堆栈
```

```
#only save caller registers
.macro SAVE_CONTEXT

//更改堆栈指针，并分配空间用于保存寄存器
#ifndef __riscv_32e
    addi sp, sp, -20*REGBYTES
#else
    addi sp, sp, -14*REGBYTES
#endif /* __riscv_32e */

//将 ABI 定义的"调用者应存储的寄存器"保存至堆栈
    STORE x1, 0*REGBYTES(sp)
    STORE x4, 1*REGBYTES(sp)
    STORE x5, 2*REGBYTES(sp)
    STORE x6, 3*REGBYTES(sp)
    STORE x7, 4*REGBYTES(sp)
    STORE x10, 5*REGBYTES(sp)
    STORE x11, 6*REGBYTES(sp)
    STORE x12, 7*REGBYTES(sp)
    STORE x13, 8*REGBYTES(sp)
    STORE x14, 9*REGBYTES(sp)
    STORE x15, 10*REGBYTES(sp)
#ifndef __riscv_32e
    STORE x16, 14*REGBYTES(sp)
    STORE x17, 15*REGBYTES(sp)
    STORE x28, 16*REGBYTES(sp)
    STORE x29, 17*REGBYTES(sp)
    STORE x30, 18*REGBYTES(sp)
    STORE x31, 19*REGBYTES(sp)
#endif /* __riscv_32e */
.endm


//该宏用于从堆栈中恢复 ABI 定义的"调用者应存储的寄存器"
#restore caller registers
.macro RESTORE_CONTEXT

    LOAD x1, 0*REGBYTES(sp)
    LOAD x4, 1*REGBYTES(sp)
    LOAD x5, 2*REGBYTES(sp)
    LOAD x6, 3*REGBYTES(sp)
    LOAD x7, 4*REGBYTES(sp)
    LOAD x10, 5*REGBYTES(sp)
    LOAD x11, 6*REGBYTES(sp)
    LOAD x12, 7*REGBYTES(sp)
    LOAD x13, 8*REGBYTES(sp)
    LOAD x14, 9*REGBYTES(sp)
    LOAD x15, 10*REGBYTES(sp)
#ifndef __riscv_32e
    LOAD x16, 14*REGBYTES(sp)
    LOAD x17, 15*REGBYTES(sp)
```

```
    LOAD  x28, 16*REGBYTES(sp)
    LOAD  x29, 17*REGBYTES(sp)
    LOAD  x30, 18*REGBYTES(sp)
    LOAD  x31, 19*REGBYTES(sp)

  //在恢复寄存器后，更改堆栈指针，回收空间
    /* De-allocate the stack space */
    addi  sp, sp, 20*REGBYTES
#else
    /* De-allocate the stack space */
    addi  sp, sp, 14*REGBYTES
#endif /* __riscv_32e */
.endm

//该宏用于保存必要的 CSR（中断被嵌套时需要）
.macro SAVE_CSR_CONTEXT
    csrr  x5, CSR_MEPC
    STORE x5, 11*REGBYTES(sp)
    csrr  x5, CSR_MCAUSE
    STORE x5, 12*REGBYTES(sp)
    csrr  x5, CSR_MSTATUS
    STORE x5, 13*REGBYTES(sp)
.endm

//该宏用于从堆栈中恢复必要的 CSR（中断被嵌套时需要）
.macro RESTORE_CSR_CONTEXT
    LOAD  x5,  11*REGBYTES(sp)
    csrw  CSR_MEPC, x5
    LOAD  x5,  12*REGBYTES(sp)
    csrw  CSR_MCAUSE, x5
    LOAD  x5,  13*REGBYTES(sp)
    csrw  CSR_MSTATUS, x5
.endm



.section     .text.trap
.align 2
.global trap_entry
trap_entry:        //定义标签名 trap_entry，该标签名作为函数入口
  SAVE_CONTEXT     //在进入中断和异常处理函数前，必须先保存处理器的上下文
                   //此处调用 SAVE_CONTEXT 将 ABI 定义的“调用者应存储的寄存器”保存
                   //至堆栈
  SAVE_CSR_CONTEXT    //调用 SAVE_CSR_CONTEXT 将必要的 CSR 保存至堆栈

  //调用 core_trap_handler() 函数
  //根据 ABI 调用原则，在函数调用时，由 a0 和 a1 寄存器传递参数，因此此处将参数值赋给 a0 和 a1
```

```
    csrr a0, mcause
    mv a1, sp

    call core_trap_handler  //调用 core_trap_handler()函数

    RESTORE_CSR_CONTEXT  //调用 RESTORE_CSR_CONTEXT 从堆栈中恢复必要的 CSR
    RESTORE_CONTEXT      //在退出中断和异常处理函数之前，需要恢复之前保存的处理器上下文
                         //调用 RESTORE_CONTEXT 从堆栈中恢复 ABI 定义的"调用者应存储的寄
                         //存器"
    mret                 //使用 mret 指令从异常模式返回
```

3. 中断和异常处理函数 core_trap_handler()

core_trap_handler()函数是使用 C/C++语言编写的中断和异常处理函数。该函数位于 SoC/hbirdv2/Common/Source/system_hbirdv2.c 中，其代码如下。

```c
//SoC/hbirdv2/Common/Source/system_hbirdv2.c 中的代码片段


//core_trap_handler()函数
uint32_t core_trap_handler(unsigned long mcause, unsigned long sp)
{
    if (mcause & MCAUSE_INTERRUPT) {
        INT_HANDLER int_handler = NULL;
        uint32_t irqn = (uint32_t)(mcause & 0X00000fff);
        if (irqn == IRQ_M_EXT) {
        //处理器的外部中断处理
#if defined(__PLIC_PRESENT) && __PLIC_PRESENT == 1
            irqn = PLIC_ClaimInterrupt();
            if (irqn < __PLIC_INTNUM) {
                int_handler = (INT_HANDLER)(SystemExtInterruptHandlers[irqn]);
                if (int_handler != NULL) {
                    int_handler(mcause, sp);
                }
                PLIC_CompleteInterrupt(irqn);
            }
#endif
        } else {
            //处理器的软件中断或计时器中断处理
            int_handler = (INT_HANDLER)(SystemCoreInterruptHandlers[irqn]);
            if (int_handler != NULL) {
                int_handler(mcause, sp);
            }
        }
        return 0;
    } else {
        //处理器的异常处理
        return core_exception_handler(mcause, sp);
    }
}
```

7.3.6 使用 newlib-nano 减小代码规模

在 5.1.5 节中，我们解释了嵌入式系统减小代码规模的重要性。在嵌入式系统的开发中，减小代码规模的方法有很多，本节将介绍如何使用 newlib-nano 来减小代码规模。

newlib-nano 是一个特殊的 newlib 版本，它提供了精简版本的 malloc() 和 printf() 函数的实现，并对所有库函数使用 GCC 的-Os（对于代码规模的优化）选项进行编译优化。

在嵌入式系统中，我们推荐使用 newlib-nano 作为 C 运行库。如果需要使用 newlib-nano，那么需要执行如下步骤。

- 在 GCC 的链接步骤中，使用--specs=nano.specs 将 newlib-nano 指定为链接库。
- 如果不需要使用系统调用，那么，在链接时，添加--specs=nosys.specs 来指定使用空的桩函数进行链接。
- 默认的 newlib-nano 的精简版本的 printf() 函数不支持浮点数。如果需要输出浮点数，那么需要额外加上-u _printf_float 来支持浮点数的格式输出。注意，在添加此选项后，会在一定程度上造成代码体积的膨胀，因为它需要链接更多的浮点数相关的函数库。

在 HBird SDK 中，通过 application 目录中的每个示例各自维护的 Makefile 可以控制是否使用 newlib-nano，默认情形下使用 newlib-nano。相关脚本的代码片段和注释如下。

```
//Build 目录下的 Makefile.base 中的代码片段

NEWLIB ?= nano    //在此 Makefile 中有一个变量控制是否使用 newlib-nano，默认值为 nano
PFLOAT ?= 0       //在此 Makefile 中有一个变量控制是否需要 newlib-nano 版本的 printf()
                  //函数
                  //支持浮点数，默认值为 0


//Build 目录下的 Makefile.conf 中的代码片段

//如果 NEWLIB 变量为 nano，则在 GCC 的链接选项中加入--specs=nano.specs
//如果 PFLOAT 变量为 1，则在 GCC 的链接选项中加入-u _printf_float
ifeq ($(NEWLIB),nano)
NEWLIB_LDFLAGS = --specs=nano.specs
ifeq ($(PFLOAT),1)
NEWLIB_LDFLAGS += -u _printf_float
endif
else
NEWLIB_LDFLAGS =
Endif


//application/bardmetal/benchmark/coremark 目录下的 Makefile 代码片段
PFLOAT = 1        //设置 PFLOAT 变量为 1，配置 newlib-nano 版本的 printf() 函数支持浮点数
```

在嵌入式系统开发中，减小代码规模的方法还有很多，本书不再赘述，读者可自行查阅相关资料。

7.4 HBird SDK 的使用

7.4.1 HBird SDK 的环境配置与工具链安装

如上所述，编译程序需要使用 RISC-V GCC 交叉编译工具链，远程调试需要使用 OpenOCD+GDB 工具。如果使用 HBird SDK，就要预先安装这些工具。HBird SDK 支持在 Windows/Linux 操作系统中运行，下面将分别介绍在不同的操作系统中如何安装配置编译和调试工具链。

1. Windows 操作系统

读者可通过芯来科技官网的文档与工具下载页面下载 Windows 版本的 GNU 工具链、OpenOCD 工具，以及 Windows Build Tools，如图 7-2 所示。注意，为了确保正确运行，Windows 操作系统的版本最低为 Windows 7。

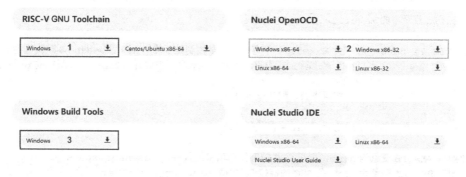

图 7-2　Windows 版本的工具链及相关工具

在 Windows 环境下，创建一个文件夹，在此用 *<nuclei-tools>* 来表示其路径，如 C:\Nuclei_Dev\Nuclei_Tools。在该文件夹中，创建 3 个子文件夹，分别命名为 gcc、openocd 和 build-tools。

我们将下载的 RISC-V GNU Toolchain 工具包进行解压缩，并将解压缩后的文件复制至 gcc 文件夹中。gcc 的目录结构如图 7-3 所示。

我们将下载的 Nuclei OpenOCD 工具包进行解压缩，并将解压缩后的文件复制至 openocd 文件夹中。openocd 的目录结构如图 7-4 所示。

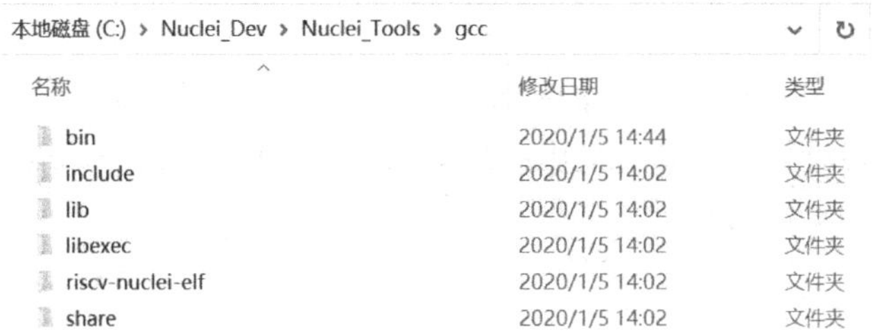

图 7-3　GNU 工具链存放目录的结构

图 7-4　OpenOCD 工具存放目录的结构

我们将下载的 Windows Build Tools 工具包进行解压缩，并将解压缩后的文件复制至 build-tools 文件夹中。build-tools 的目录结构如图 7-5 所示。

图 7-5　Windows Build Tools 工具存放目录的结构

对于 HBird SDK 的源代码（同时托管在 GitHub 网站和 Gitee 网站上，用户可在 GitHub 或 Gitee 网站中通过搜索 "hbird-sdk" 查看），用户可通过 git 工具采用 git clone 命令进行下载，或者直接访问 GitHub 或 Gitee 网站中相关项目所在的网页进行下载。对于存放路径，在此用<*hbird-sdk*>表示，如 C:\Nuclei_Dev\hbird-sdk。

在<*hbird-sdk*>文件夹中，创建一个内容为空的脚本文件 setup_config.bat，然后复制以下内容至该脚本文件。注意，此处的<*nuclei-tools*>用于指定存放工具的具体路径，以实际情况为准。

```
set NUCLEI_TOOL_ROOT=<nuclei-tools>
```

我们运行 Windows 操作系统的命令行工具 cmd，在该命令行工具中跳转到路径 *<hbird-sdk>*，逐步运行以下命令，输出结果如图 7-6 所示，表示 HBird SDK 的环境配置与工具链安装完成。

```
setup.bat
echo %PATH%
where riscv-nuclei-elf-gcc openocd make rm
make help
```

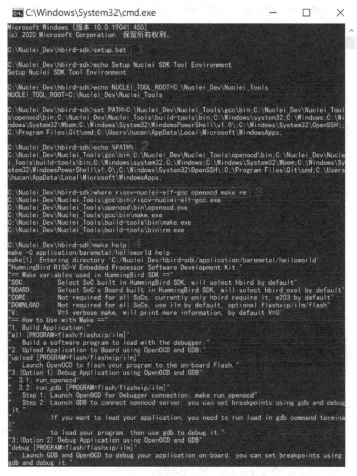

图 7-6　HBird SDK 在 Windows 操作系统中的环境配置

2．Linux 操作系统

读者可通过芯来科技官网的文档与工具下载页面下载 Linux 版本的 GNU 工具链和

OpenOCD 工具，如图 7-7 所示。注意，用户需要确保自己使用的 Linux 操作系统为 CentOS 或 Ubuntu（64 位），且安装的 Make 工具的版本不低于 3.82。

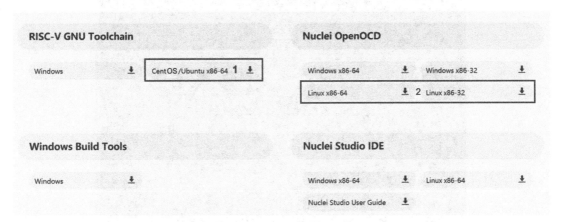

图 7-7　Linux 版本的工具链及相关工具

在 Linux 环境下，创建一个文件夹，在此用 *<nuclei-tools>* 来表示其路径，如 ~/nuclei_tool。在该文件夹中，创建两个子文件夹，分别命名为 gcc 和 openocd。

我们将下载的 RISC-V GNU Toolchain 工具包进行解压缩，并将解压缩后的文件复制至 gcc 文件夹中。gcc 的目录结构与图 7-3 相同。我们将下载的 Nuclei OpenOCD 工具包进行解压缩，并将解压缩后的文件复制至 openocd 文件夹中。openocd 的目录结构与图 7-4 相同。

对于 HBird SDK 的源代码（同时托管在 GitHub 网站和 Gitee 网站上，用户可在 GitHub 或 Gitee 网站中通过搜索 "hbird-e-sdk" 查看），用户可通过 git 工具采用 git clone 命令进行下载，或者直接访问 GitHub 或 Gitee 网站中相关项目所在的网页进行下载。对于存放路径，在此用 *<hbird-sdk>* 表示，如 ~/hbirdv2_dev/hbird-sdk。

在 *<hbird-sdk>* 文件夹中，创建一个内容为空的脚本文件 setup_config.sh，复制以下内容至该脚本文件。注意，此处的 *<nuclei-tools>* 指定存放工具的具体路径，以实际情况为准。

```
NUCLEI_TOOL_ROOT=<nuclei-tools>
```

我们运行 Linux 操作系统的命令行终端 bash，跳转到路径 *<hbird-sdk>*，逐步运行以下命令，输出结果如图 7-8 所示，表示 HBird SDK 的环境配置与工具链安装完成。

```
source setup.sh
echo $PATH
which riscv-nuclei-elf-gcc openocd make rm
make help
```

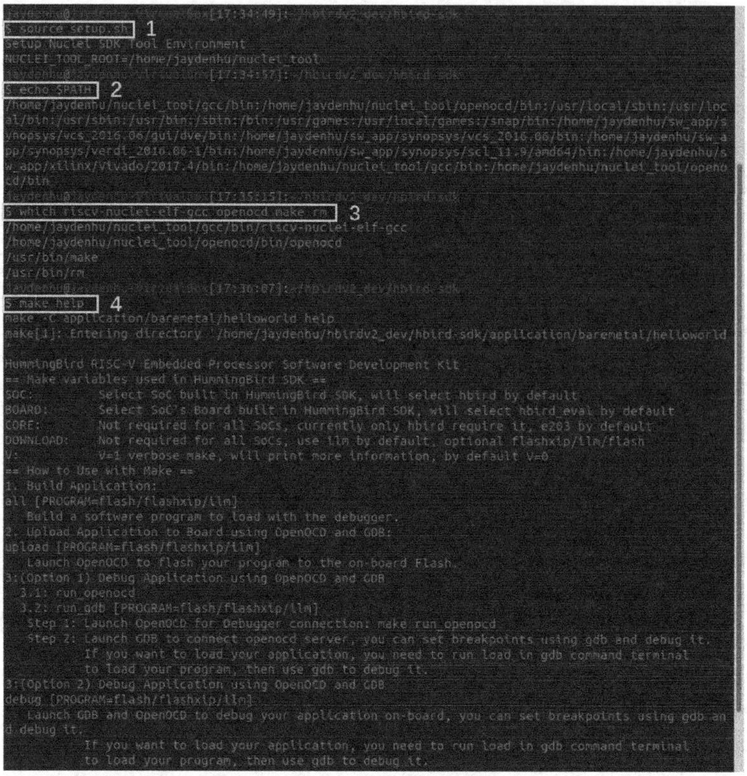

图 7-8　HBird SDK 在 Linux 操作系统中的环境配置

7.4.2　HBird SDK 的运行

下面我们以一个简单的 HelloWorld 程序为例，介绍如何基于 HBird SDK 开发 baremetal 应用程序，步骤如下。注意，本节使用的 HelloWorld 程序已存在于 HBird SDK 的软件示例中，在此仅以该程序为例进行开发流程的介绍。

步骤 1：在 hbird-sdk/application/baremetal 目录中，创建一个名为 helloworld 的文件夹。

步骤 2：在 hbird-sdk/application/baremetal/helloworld 目录中，创建一个 main.c 文件，内容如下。

```c
#include <stdio.h>
//输出处理器支持的架构
void print_misa(void)
{
    CSR_MISA_Type misa_bits = (CSR_MISA_Type) __RV_CSR_READ(CSR_MISA);
    static char misa_chars[30];
    uint8_t index = 0;
    if (misa_bits.b.mxl == 1) {
```

```
        misa_chars[index++] = '3';
        misa_chars[index++] = '2';
    } else if (misa_bits.b.mxl == 2) {
        misa_chars[index++] = '6';
        misa_chars[index++] = '4';
    } else if (misa_bits.b.mxl == 3) {
        misa_chars[index++] = '1';
        misa_chars[index++] = '2';
        misa_chars[index++] = '8';
    }
    if (misa_bits.b.i) {
        misa_chars[index++] = 'I';
    }
    if (misa_bits.b.m) {
        misa_chars[index++] = 'M';
    }
    if (misa_bits.b.a) {
        misa_chars[index++] = 'A';
    }
    if (misa_bits.b.b) {
        misa_chars[index++] = 'B';
    }
    if (misa_bits.b.c) {
        misa_chars[index++] = 'C';
    }
    if (misa_bits.b.e) {
        misa_chars[index++] = 'E';
    }
    if (misa_bits.b.f) {
        misa_chars[index++] = 'F';
    }
    if (misa_bits.b.d) {
        misa_chars[index++] = 'D';
    }
    if (misa_bits.b.q) {
        misa_chars[index++] = 'Q';
    }
    if (misa_bits.b.h) {
        misa_chars[index++] = 'H';
    }
    if (misa_bits.b.j) {
        misa_chars[index++] = 'J';
    }
    if (misa_bits.b.l) {
        misa_chars[index++] = 'L';
    }
    if (misa_bits.b.n) {
        misa_chars[index++] = 'N';
    }
```

```
    if (misa_bits.b.s) {
        misa_chars[index++] = 'S';
    }
    if (misa_bits.b.p) {
        misa_chars[index++] = 'P';
    }
    if (misa_bits.b.t) {
        misa_chars[index++] = 'T';
    }
    if (misa_bits.b.u) {
        misa_chars[index++] = 'U';
    }
    if (misa_bits.b.x) {
        misa_chars[index++] = 'X';
    }

    misa_chars[index++] = '\0';

    printf("MISA: RV%s\r\n", misa_chars);
}

int main(void)
{
    srand(__get_rv_cycle() | __get_rv_instret() | __RV_CSR_READ(CSR_MCYCLE));
    uint32_t rval = rand();
    rv_csr_t misa = __RV_CSR_READ(CSR_MISA);

    printf("MISA: 0x%lx\r\n", misa);
    print_misa();

    for (int i = 0; i < 20; i ++) {
        printf("%d: Hello World From RISC-V Processor!\r\n", i);
    }
    return 0;
}
```

步骤 3：在 hbird-sdk/application/baremetal/helloworld 目录中，创建一个文件 Makefile，内容如下。

```
TARGET = helloworld   //指明生成的 ELF 文件的名称

HBIRD_SDK_ROOT = ../../..

SRCDIRS = . src

INCDIRS = . inc

COMMON_FLAGS := -O2

include $(HBIRD_SDK_ROOT)/Build/Makefile.base
```

经过上述步骤，HelloWorld 程序在 hbird-sdk 的目录结构如下所示。

```
hbird-sdk                               //存放 HBird SDK 的目录
    |----application                    //存放软件示例程序的目录
        |----baremetal                  //存放 baremetal 示例程序
            |----helloworld             //HelloWorld 程序的目录
                |----main.c             //HelloWorld 的源代码
                |----Makefile           //Makefile 脚本
```

步骤 4：编译程序。

在 7.3.3 节中，我们提到过，根据链接脚本的不同，可以实现不同的程序运行方式。在使用 HBird SDK 进行程序编译时，通过设置 make 命令的参数指定使用的链接脚本，具体的编译命令如下。

（1）编译使得程序从 Flash 直接运行。

```
cd application/baremetal/helloworld

make dasm SOC=hbirdv2 BOARD=ddr200t CORE=e203 DOWNLOAD=flashxip

//make 命令使用了如下几个 Makefile 参数，分别解释如下。
//dasm: 该选项表示对程序进行编译，并且对可执行文件（ELF 文件）进行反汇编（生成.dump 文件）。
//SOC=hbirdv2: 指明 SoC 的型号，默认值为 hbirdv2。此处设置为 hbirdv2，即在 e203_hbirdv2
//项目中实现的蜂鸟 E203 MCU。
//BOARD=ddr200t: 指明开发板的型号，默认值为 ddr200t。此处设置为 ddr200t，即 Nuclei
//DDR200t 开发板。
//CORE=e203: 指明 Core 的型号，默认值为 e203。此处设置为 e203，即蜂鸟 E203 Core。
//DOWNLOAD=flashxip: 指明采用"将程序从 Flash 直接运行的方式"进行编译。
//可设置的参数值有 flashxip、ilm 和 flash，默认值为 ilm。
//此处设置为 flashxip，即选择使用链接脚本 gcc_hbirdv2_flashxip.ld。
//注意：
//当前，HBird SDK 的 SOC、BOARD 和 CORE3 个参数均默认为支持 e203_hbirdv2。因此，如果我们
//基于 Nuclei DDR200T 开发板进行 e203_hbirdv2 的开发，那么这些参数在命令行中可默认。在此罗列，
//仅为进行说明。在实际的开发中，仅需根据不同的下载运行模式设置 DOWNLOAD 参数
```

（2）编译使得程序从 ILM 直接运行。

```
cd application/baremetal/helloworld

make dasm SOC=hbirdv2 BOARD=ddr200t CORE=e203 DOWNLOAD=ilm
```

（3）编译使得程序从 Flash 上传至 ILM 中运行。

```
cd application/baremetal/helloworld

make dasm SOC=hbirdv2 BOARD=ddr200t CORE=e203 DOWNLOAD=flash
```

步骤 5：下载并运行。

在经过编译生成可执行文件后，便可通过调试器下载至开发板中运行与调试，这部分的内容涉及软硬件的协同操作，将在第 9 章进行讲解。

第 8 章　集成开发环境——Nuclei Studio

在本章，我们将介绍一款支持蜂鸟 E203 MCU 软件运行与调试的集成开发环境——Nuclei Stuido。

8.1　Nuclei Studio 的简介、下载与启动

8.1.1　Nuclei Studio 简介

集成开发环境（Integrated Development Environment，IDE）对于任何 MCU 都非常重要，软件开发人员可以借助 IDE 便捷地进行实际项目的开发与测试。对于 ARM 公司的商业 IDE 软件 Keil，很多嵌入式软件工程师非常熟悉。不少 MCU 厂商推出免费的 IDE 供用户使用，如瑞萨的 e² studio 和 NXP 的 LPCXpresso 等，这些 IDE 基于开源的 Eclipse 框架。Eclipse 已成为开源 MCU IDE 的主流选择。关于开源的 Eclipse 框架的更多介绍，感兴趣的读者可自行查阅相关资料。

Nuclei Studio 是由芯来科技公司推出的支持其自研处理器产品（包括商业 Nuclei 系列处理器和开源蜂鸟处理器）的集成开发环境。它是基于开源的 Eclipse 框架进行的实现，且充分与 Nuclei SDK（用于商业的 Nuclei 系列处理器）和 HBird SDK（用于开源蜂鸟处理器）进行了整合，可以结合需求便捷地新建模板工程，以及修改工程设置选项。

8.1.2　Nuclei Studio 的下载与启动

用户可以通过芯来科技公司官方网站的"文档与工具"页面下载 Nuclei Studio，如图 8-1 所示（注意：芯来科技公司会对其提供的工具进行持续更新与维护，读者可自行选择使用最新版本或继续使用当前版本）。

芯来工具链

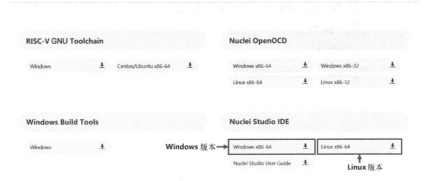

图 8-1 Nuclei Studio 下载页面

本书将以适用于 Windows 操作系统的 Nuclei Studio 为例进行介绍。在下载完 Nuclei Studio 压缩包后，对其进行解压缩（解压缩路径中不可包含中文），包含的文件如图 8-2 所示，分别介绍如下。

图 8-2 Nuclei Studio 压缩包解压缩后的文件

1）NucleiStudio 文件夹

Nuclei Studio 文件夹中包含了 Nuclei Studio。注意，该软件的具体版本可能会因软件包的更新而改变。

2）HBird_Driver.exe 应用程序

HBird_Driver.exe 为芯来的蜂鸟调试器的 USB 驱动安装文件。当在 Windows 环境下使用该调试器时，需要安装此驱动使该 USB 设备能够被系统识别。

3）SerialDebugging_Tool 文件夹

SerialDebugging_Tool 文件夹包含了"串口调试助手"软件，该软件可用于后续程序示例调试时显示串口输出信息。

Nuclei Studio 无须安装，直接单击 NucleiStudio 文件夹中的可执行文件 eclipse.exe，即可启动它。

8.2 使用 Nuclei Studio 进行蜂鸟 E203 MCU 的开发

本节将介绍如何在 Nuclei Studio 中快速地创建一个可以在蜂鸟 E203 MCU 上运行的 HelloWorld 项目，具体步骤如下。

步骤 1：启动 Nuclei Studio。

双击图 8-3 中的可执行文件 eclipse.exe，即可启动 Nuclei Studio。

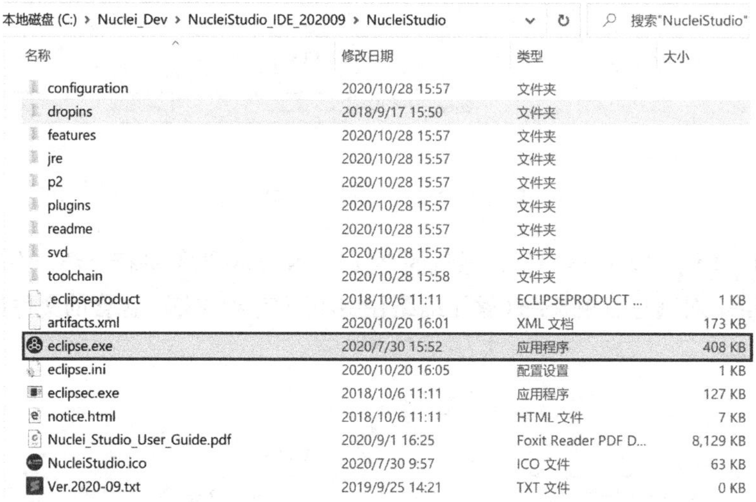

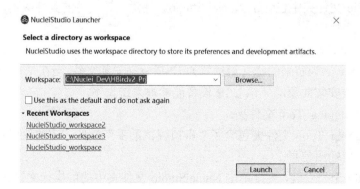

图 8-3 启动 Nuclei Studio

在第一次启动 Nuclei Studio 时，将会弹出图 8-4 所示的对话框，要求用户设置 "Workspace"（目录路径），该目录将用于存放后续创建的项目工程文件，用户可自行选择文件存放的路径。

图 8-4 设置 Nuclei Studio 的 Workspace

在设置好"Workspace"后，单击"Launch"按钮，将会启动 Nuclei Studio。第一次启动后的 Nuclei Studio 的界面如图 8-5 所示。

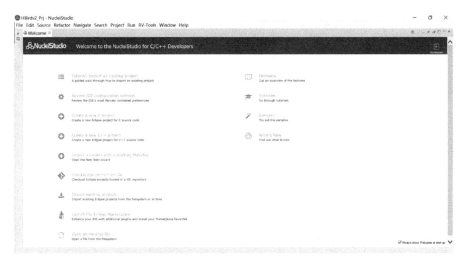

图 8-5 第一次启动后的 Nuclei Studio 的界面

步骤 2：创建 HelloWorld 项目。

在 Nuclei Studio 的菜单栏中，依次选择"File"→"New"→"C/C++ Project"，新建一个项目，如图 8-6 所示。

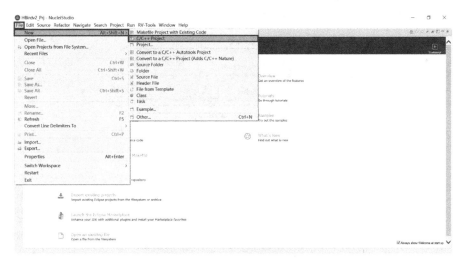

图 8-6 通过菜单栏新建项目

另外，我们可以通过在"Welcome"界面中选择"Create a new C project"的方式新建一个项目，如图 8-7 所示。如果我们不希望每次启动时都显示"Welcome"界面，那么可以取消选中该界面右下角的"Always show Welcome at start up"复选框。

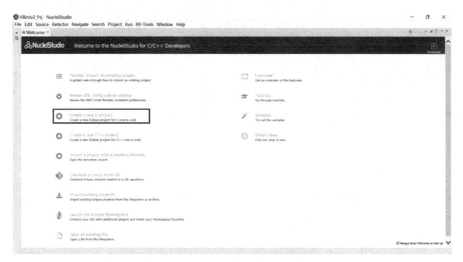

图 8-7　通过 Welcome 界面新建项目

在通过菜单栏的方式新建项目时，会弹出选择项目类型窗口，如图 8-8 所示。我们选择"C Managed Build"，然后单击"Next"按钮。

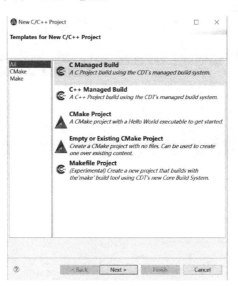

图 8-8　选择新建项目的类型

然后进入设置项目名称和项目类型的界面，如图 8-9 所示。我们输入项目名称"HelloWorld"，选择项目类型为"HBird SDK Project For hbirdv2 e203 SoC",接着单击"Next"按钮。

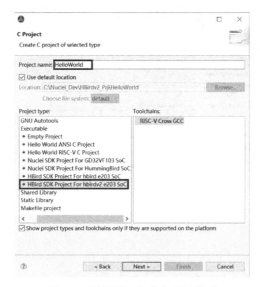

图 8-9　设置项目名称和项目类型

然后进入开发板、处理器内核和下载运行模式的设置界面,如图 8-10 所示,保持默认设置即可,接着单击"Next"按钮。

图 8-10　选择开发板、处理器内核和下载运行模式

然后进入项目示例模板设置界面,如图 8-11 所示。我们可以看到,在 Nuclei Studio 中,

集成了由 HBird SDK 提供的示例程序，用户可以在"Project Example"下拉列表框中进行选择。本节以创建 HelloWorld 项目为例，因此选择"baremetal helloworld"，其他选项保持默认设置即可，然后单击"Next"按钮。

图 8-11　选择项目示例模板

后续步骤无须进行更改，保持默认即可，如图 8-12 所示，最后单击"Finish"按钮便可完成项目的创建。

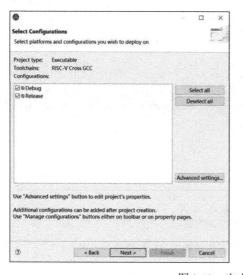
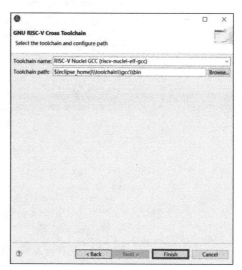

图 8-12　完成项目的创建

项目创建完成后出现的界面如图 8-13 所示。从左侧的"Project Explorer"列表栏中可以看出，创建好的项目已经包含了 HBird SDK 的支持，因此用户在 HelloWorld 示例程序的基础上进行修改便可以便捷地开发其他应用程序，参见本书的开发实战部分中的示例程序。

图 8-13 HelloWorld 项目创建完成后的界面

步骤 3：编译程序。

在上面创建的项目中，已经设置好编译、链接相关的选项，可直接进行编译。我们在第 7 章中介绍过，蜂鸟 E203 MCU 的应用程序支持 3 种不同的下载运行模式（Flash XiP、ILM 和 Flash）。在创建 HelloWorld 项目时默认选择的是 ILM 模式，如图 8-10 所示，如果需要更改，则可通过如下方式完成。

在 Nuclei Studio 的菜单栏中依次选择"RV-Tools"→"SDK Configuration Tools"（或者按<Ctrl+6>组合键），如图 8-14 所示。然后，弹出图 8-15 所示的窗口，我们可在"DownLoad"下拉列表框中重新选择下载运行模式，最后单击"Save"按钮，便可完成更改。

在选择所需的下载运行模式后，便可单击 Nuclei Studio 的图标栏中的"锤子"图标按钮，开始对程序进行编译，如图 8-16 所示。

如果编译成功，则显示图 8-17 所示的结果，我们可以看到生成的可执行文件中的代码的相关信息，包括.text 段、.data 段和.bss 段的大小，以及表示代码整体规模的十进制数值和十六进制数值。编译生成的可执行文件存放在 Debug 目录。

图 8-14 打开编译、链接选项配置工具

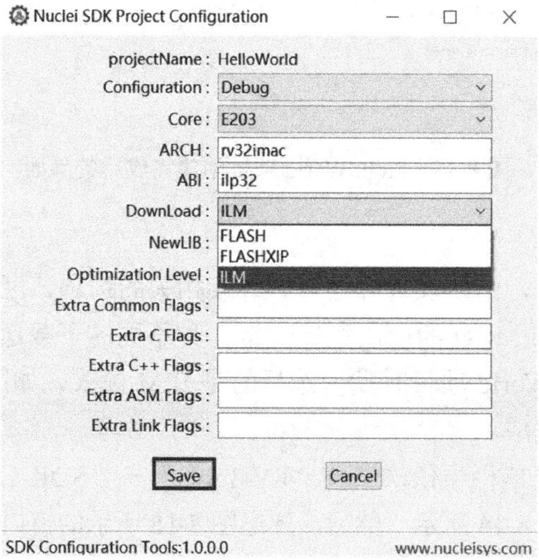

图 8-15 编译、链接选项配置工具界面

步骤 4：程序的运行和调试。

在编译生成可执行文件后，我们便可以通过调试器将其下载至开发板中运行与调试。该项目已默认设置为使用 GDB+OpenOCD 组合的方式进行调试。这部分的内容涉及软硬件的协同操作，我们将在第 9 章进行详细讲解。

图 8-16　单击"锤子"图标按钮进行编译

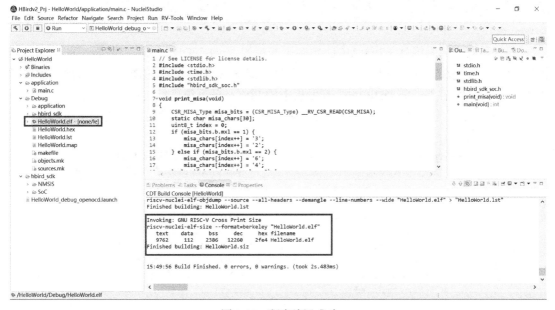

图 8-17　程序编译成功

第9章 初试蜂鸟 E203 MCU 开发

在前面的章节中，我们详细介绍了蜂鸟 E203 MCU 的配套软硬件开发平台，下面进入开发实战环节。

本章内容是后续扩展实验的基础，我们将系统地介绍如何使用蜂鸟 E203 MCU 的配套软硬件平台进行实战开发，包括蜂鸟 E203 MCU 在 Nuclei DDR200T 开发板中的实现，以及分别基于 HBird SDK 和 Nuclei Studio 在 Nuclei DDR200T 开发板上实际运行简单的 HelloWorld 程序。

9.1 蜂鸟 E203 MCU 在 Nuclei DDR200T 开发板中的实现

芯来科技公司为蜂鸟 E203 MCU 定制了专用的 Nuclei DDR200T 开发板。关于 Nuclei DDR200T 开发板的详细介绍，见 3.1 节。在进行蜂鸟 E203 MCU 的嵌入式开发前，需要对蜂鸟 E203 MCU 在 Nuclei DDR200T 开发板中的 FPGA 子系统进行实现。

在蜂鸟 E203 开源项目中，提供了对 FPGA 实现的支持，相关目录结构如下所示。

```
e203_hbirdv2
    |----fpga                           // 存放 FPGA 项目和脚本的目录
        |----ddr200t                    // 存放 DDR200T 开发板的项目的目录
            |----constrs                // 存放约束文件的目录
            |----prebuilt_mcs           // 存放预先编译生成的 MCS 文件的目录
            |----Makefile               // Makefile 脚本
            |----script                 // 存放 TCL 运行脚本的目录
            |----src                    // 存放 Verilog 源代码的目录
                |----system.v           // FPGA 系统的顶层模块
        |----Makefile                   // 主 Makefile 脚本
        |----common.mk                  // Makefile 脚本
```

FPGA 项目通过 Makefile（common.mk 文件）添加一个特殊的宏 FPGA_SOURCE 至 Core 的宏文件中，如图 9-1 所示。因此，最终用于编译生成 FPGA 比特流的 RTL 源代码包含了此宏定义（FPGA_SOURCE）。

```
# Install RTLS
install
    mkdir -p $(PWD)/install
    cp $(PWD)/../rtl/$(CORE) $(INSTALL_RTL) -rf
    cp $(FPGA_DIR)/src/system.v $(INSTALL_RTL)/system.v -rf
    sed -i '1i\ define FPGA_SOURCE\' $(INSTALL_RTL)/core/$(CORE)_defines.v
```

图 9-1　在 FPGA 项目宏定义文件中添加 FPGA_SOURCE

在 FPGA 的顶层模块（system.v）中，除例化 SoC 的顶层（e203_soc_top）以外，还使用 Xilinx 的 I/O Pad 单元例化顶层的 Pad，如将 JTAG 接口 TDO 连接到名为 mcu_TDO 的 Pad 上，如图 9-2 所示。另外，使用 Xilinx 的 MMCM 单元生成时钟。注意，蜂鸟 E203 MCU 的主域使用 MMCM 产生的高速时钟连接到 SoC 的 hfextclk，常开域使用的是开发板上的低速实时时钟（32.768kHz）。

```
wire iobuf_jtag_TDO_o;
IOBUF
#(
    .DRIVE(12),
    .IBUF_LOW_PWR("TRUE"),
    .IOSTANDARD("DEFAULT"),
    .SLEW("SLOW")
)
IOBUF_jtag_TDO
(
    .O(iobuf_jtag_TDO_o),
    .IO(mcu_TDO),
    .I(dut_io_pads_jtag_TDO_o_oval),
    .T( dut_io_pads_jtag_TDO_o_oe)
);
```

图 9-2　system 中的 I/O Pad 例化

蜂鸟 E203 MCU 的顶层 I/O Pad 经过 FPGA 的约束文件（nuclei-master.xdc）进行约束，使之连接到 FPGA 芯片外部的引脚，如将 JTAG I/O 约束到开发板上与 MCU_JTAG 插口相连的 FPGA 对应的引脚，如图 9-3 所示。

```
#####              MCU JTAG define              #####
set_property PACKAGE_PIN N17 [get_ports mcu_TDO]
set_property PACKAGE_PIN P15 [get_ports mcu_TCK]
set_property PACKAGE_PIN T18 [get_ports mcu_TDI]
set_property PACKAGE_PIN P17 [get_ports mcu_TMS]
set_property KEEPER true [get_ports mcu_TMS]
```

图 9-3　JTAG 相关引脚约束

通过该 FPGA 项目将蜂鸟 E203 MCU 源代码编译生成 bitstream 或 MCS 文件，然后烧录到 Nuclei DDR200T 开发板的 FPGA 或 FPGA_Flash 中，具体步骤如下。注意，若读者不关心此编译过程，那么可略过以下步骤，直接选用 e203_hbirdv2 项目的 fpga/ddr200t/prebuilt_mcs 目录下预先编译生成的 MCS 文件并烧录至 Nuclei DDR200T 开发板的 FPGA_Flash 中。

//注意：下列步骤的完整描述同时记载于 RISC-V MCU 开放社区 (www.rvmcu.com) 的"大学计划"版块
//的 HBirdv2 Doc 文档中，以便读者直接复制命令并运行

//步骤 1：准备好自己的计算机环境，可以是公司的服务器环境或个人计算机环境。如果是个人用户，
//那么推荐如下配置。
        //（1）使用 VMware 虚拟机在个人计算机上安装虚拟的 Linux 操作系统。
        //（2）Linux 操作系统的版本众多，我们推荐使用 Ubuntu 18.04。
        //关于如何安装 VMware 和 Ubuntu，本书不做介绍。关于 Linux 的基本使用，本书也不做
        //介绍，读者可自行查阅相关资料

//步骤 2：将 Xilinx 的 Vivado 软件安装至此虚拟的 Linux 操作系统中。关于如何安装 Xilinx 的
//Vivado 软件，本书不做介绍，读者可自行查阅相关资料

//步骤 3：将 e203_hbirdv2 项目下载到本机的 Linux 环境中，使用如下命令

git clone https://github.com/riscv-mcu/e203_hbirdv2.git e203_hbirdv2
        //通过此步骤复制项目，在本机上，即可具有完整的 e203_hbirdv2 目录
        //假设该目录为<your_e203_dir>，下文将使用该缩写指代

//步骤 4：生成需要编译的 MCU 源代码，使用如下命令

cd <your_e203_dir>/fpga
        //进入 e203_hbirdv2 目录中的 fpga 目录

make install FPGA_NAME=ddr200t
        //上述命令使用 Makefile 的参数 FPGA_NAME 指明适配开发板的型号，该参数的默认值为
//ddr200t，即 Nuclei DD200T 开发板。如果基于 Nuclei DDR200T 开发板进行开发，那么该参数
//在命令行中可默认。在此列出，仅为说明。在后续生成 bitstream 文件（或 MCS 文件）的命令中，
//该参数的意义相同。
        //运行该命令会在 fpga 目录中生成一个 install 子目录，同时在 install/rtl
        //子目录中生成 FPGA 项目所需的所有 RTL 文件，包括 system.v 和其他 RTL 源文件。
        //注意：
        //由于"make install"命令通过 fpga 目录中的 common.mk 脚本添加一个特殊的宏
        //FPGA_SOURCE 至 e203_defines.v，因此，对于 FPGA 项目，必须使用 install/rtl
        //子目录中的文件

//步骤 5：生成 bitstream 文件或 MCS 文件（推荐使用 MCS 文件），使用如下命令

make bit FPGA_NAME=ddr200t
        //运行该命令，将调用 Vivado 软件对 Verilog RTL 进行编译以生成 bitstream 文件。
        //注意：为了保证此步骤能够成功执行，需要使用较新版本的 Vivado。如果在虚拟机中运行
        //Linux 操作系统，那么需要为虚拟机分配超过 4GB 的内存空间，否则 Vivado 可能因内
        //存不够而中断退出。
        //生成的 bitstream 文件的路径为<your_e203_dir>/fpga/ddr200t/obj/

```
//system.bit。
//该 bitstream 文件可以使用 Vivado 软件的 Hardware Manager 功能将 system.bit
//烧录至 FPGA 中

//熟悉 Vivado 和 Xilinx FPGA 使用方式的用户应该知道,在将 bitstream 文件烧录到 FPGA
//中后,FPGA 不能掉电,因为一旦掉电,烧录至 FPGA 的内容会丢失,需要重新利用 Vivado
//的 Hardware Manager 功能进行烧录方能使用。
//为了方便用户使用,DDR200T 开发板可以将需要烧录的内容写入开发板的 FPGA_Flash 中,
//然后在每次 FPGA 上电之后通过硬件电路自动将需要烧录的内容从外部的 Flash 中读出并
//烧录到 FPGA 中(该过程的速度比较快,不影响用户使用)。Flash 是非易失的存储器,
//具有掉电后仍可保存内容的特性。这意味着将需要烧录的内容写入 Flash 后,每次掉电后无须
//使用 Hardware Manager 功能重新烧录(而是由硬件电路快速自动完成),等效 FPGA
//上电即可使用。
//关于此特性的原理,本书不做赘述,读者可自行参阅 Xilinx FPGA 应用手册

//为了将烧录至 FPGA 的内容写入 Flash,需要生成 MCS 文件,使用如下命令
make mcs FPGA_NAME=ddr200t
//运行该命令将调用 Vivado 软件对 Verilog RTL 进行编译以生成 MCS 文件。
//生成的 MCS 文件的路径为<your_e203_dir>/fpga/ddr200t/obj/system.mcs。
//该 MCS 文件可以使用 Vivado 软件的 Hardware Manager 功能将 system.mcs 烧录至
//DDR200T 开发板的 FPGA_Flash 中
```

对于如何使用 Vivado 的 Hardware Manager 功能将 MCS 文件烧录至 Nuclei DDR200T 开发板的 FPGA_Flash 中,参考如下步骤。

```
//前提步骤 1:将 DDR200T 开发板的 "FPGA JTAG" 接口通过 USB 连接线与计算机的 USB 接口连接
//DDR200T 开发板中的 "FPGA JTAG" 接口的位置见图 9-4

//前提步骤 2:将 DDR200T 开发板的 "DC 12V 电源输入接口" 通过配套稳压源与电源插座连接,并
//将 "电源开关" 拨至 "ON" 档位,对开发板进行供电。DDR200T 开发板的 "DC 12V 电源输入接口"
//和 "电源开关" 的位置见图 9-4

//步骤 1:打开 Vivado 软件

//步骤 2:打开 Hardware Manager,如图 9-5 所示,然后在图 9-6 所示的界面中单击 "Auto
//Connect" 图标按钮,自动连接 DDR200T 开发板

//步骤 3:右键单击 FPGA Device,选择 "Add Configuration Memory Device...",如图 9-7
//所示

//步骤 4:选择具有如下参数的 Flash,如图 9-8 所示
            Part n25q128-3.3v
            Manufacturer Micron
            Family n25q
            Type spi
            Density 128
            Width x1 x2 x4

//步骤 5:在弹出的 "Do you want to program the configuration memory device now?"
//对话框中,单击 "OK" 按钮
```

//步骤 6：在"Configuration file"框中，选择添加<your_e203_dir>/fpga/ddr200t/obj/
//system.mcs，如图 9-9 所示，然后单击"OK"按钮，开始烧录 Flash，可能会花费几十秒时间

//步骤 7：一旦烧录 Flash 成功，则可以通过开发板上的"PROG"按键触发硬件电路使用 Flash 中的
//内容对 FPGA 重新进行烧录，烧录完成后，"PROG"按键下方的 DONE 信号灯将变亮

//注意：在对 FPGA 烧录成功后，无须再连接"FPGA JTAG"的 USB 连接线

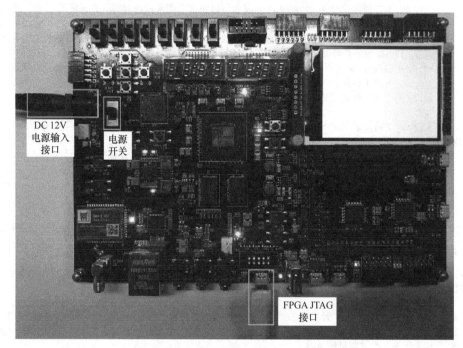

图 9-4　连接 FPGA JTAG 接口和开发板供电电源接口

图 9-5　打开 Vivado 的 Hardware Manager

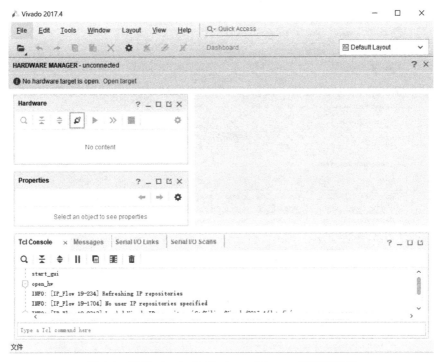

图 9-6 使用 Vivado 的 Hardware Manager 连接开发板

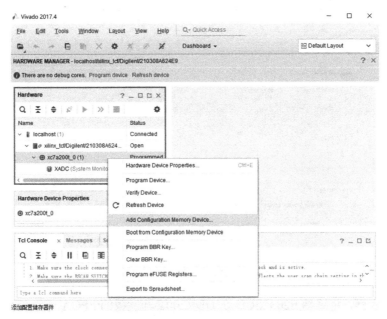

图 9-7 选择 "Add Configuration Memory Device..."

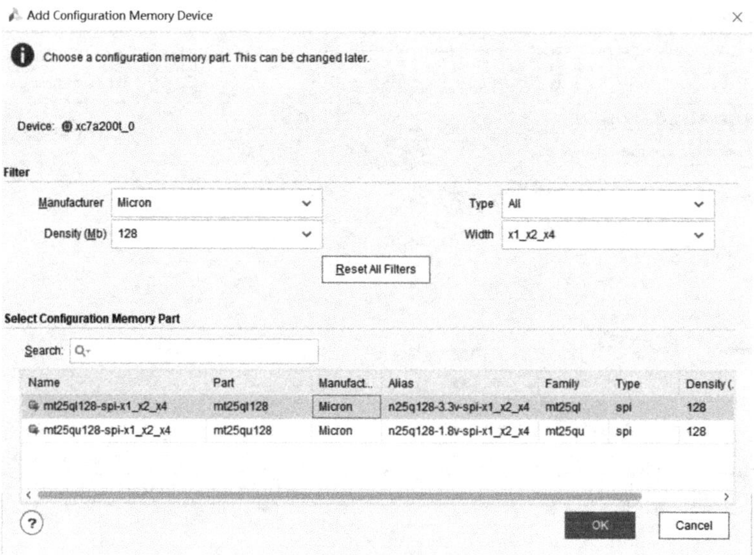

图 9-8　选择配置 Flash 芯片

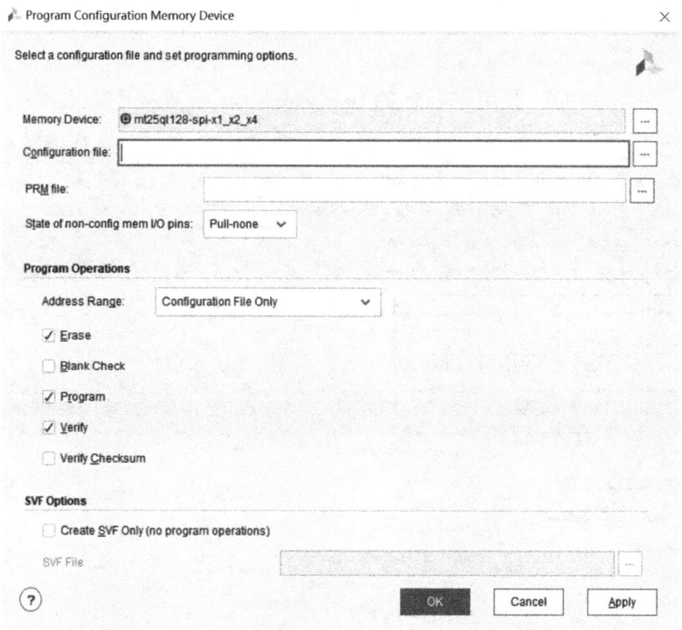

图 9-9　选择需要烧录的 MCS 文件

经过上述步骤，将蜂鸟 E203 MCU 在 DDR200T 开发板的 FPGA 子系统实现后，我们便可像在真实的 MCU 芯片上一样进行实际的嵌入式应用开发。

9.2 蜂鸟调试器的驱动程序的安装和蜂鸟调试器的设置

为了使用 GDB 进行远程调试或者通过 GDB 动态下载程序到蜂鸟 E203 MCU 中运行，在硬件上，需要蜂鸟调试器支持。关于蜂鸟处理器调试机制的详情，可参阅《手把手教你 RISC-V CPU（上）——处理器设计》的第 14 章。在本节中，我们介绍如何在 Windows 操作系统中进行蜂鸟调试器相关驱动程序的安装，同时介绍如何在 Linux 操作系统中进行蜂鸟调试器的设置。

1. 在 Windows 操作系统中进行蜂鸟调试器相关驱动程序的安装

为了让 Windows 操作系统识别蜂鸟调试器，我们需要安装驱动程序 HBird-Driver.exe，双击它便可完成安装。关于驱动程序 HBird-Driver.exe 的获取，见 8.1.2 节，它包含在 Nuclei Studio 的压缩包中。

根据 3.2 节的介绍，蜂鸟调试器同时支持 JTAG 调试功能和 UART 通信功能，因此，在蜂鸟开发板与 PC 主机通过调试器正确连接后，会被主机识别为一个 COM 接口，可通过 PC 主机的设备管理器查看 COM 端口号。

2. 在 Linux 操作系统中进行蜂鸟调试器的设置

在 Linux 操作系统中，在使用蜂鸟调试器时，需要进行设置。以 Ubuntu 18.04 为例，具体的设置步骤如下。

```
//注意：下列步骤的完整描述同时记载于 RICS-V MCU 开放社区的"大学计划"版块的 HBirdv2 Doc
//文档中，以便于读者直接复制命令并运行


//步骤1：准备好自己的计算机环境，同 9.1 节

//步骤2：使用蜂鸟调试器将 PC 主机与 DDR200T 开发板连接，并将 DDR200T 开发板进行供电，如
//图 9-10 所示。
// （1）务必使 USB 设备被虚拟机中的 Linux 操作系统识别（而非被 Windows 操作系统识别），如图 9-11
//所示。若 USB 图标在虚拟机中显示为高亮，则表明 USB 设备被虚拟机中的 Linux 操作系统正确识别。
// （2）若 USB 图标在虚拟机中显示为灰色，则表明 USB 设备没有被虚拟机中的 Linux 操作系统正确识
//别。此时可以使用鼠标单击 USB 图标，选择"连接（与主机的连接）"，如图 9-12 所示，便可连接
//至 Linux 操作系统

//步骤3：使用如下命令查看 USB 设备的状态

lsusb        //运行该命令后会显示如下信息
 ...
 Bus 001 Device 004: ID 0403:6010 Future Technology Devices International, Ltd
FT2232xxxx

//步骤4：使用如下命令设置 udev rules，使得该 USB 设备能够被 plugdev group 访问

sudo vi /etc/udev/rules.d/99-openocd.rules
     //用 vi 打开该文件，然后添加以下内容至该文件中，最后保存并退出
SUBSYSTEM=="usb", ATTR{idVendor}=="0403",
```

```
ATTR{idProduct}=="6010", MODE="664", GROUP="plugdev"
SUBSYSTEM=="tty", ATTRS{idVendor}=="0403",
ATTRS{idProduct}=="6010", MODE="664", GROUP="plugdev"
```

//步骤5：使用如下命令查看该 USB 设备是否属于 plugdev group

```
ls /dev/ttyUSB*              //运行该命令后会显示如下信息
/dev/ttyUSB0 /dev/ttyUSB1

ls -l /dev/ttyUSB1           //运行该命令后会显示如下信息
crw-rw-r-- 1 root plugdev 188, 1 Nov 28 12:53 /dev/ttyUSB1
```

//步骤6：将主机用户添加到 plugdev group 中

```
whoami       //运行该命令可以显示主机用户名，假设主机用户名为 your_user_name
         //运行如下命令将 your_user_name 添加到 plugdev group 中
sudo usermod -a -G plugdev your_user_name
```

//步骤7：确认主机用户是否属于 plugdev group

```
groups      //运行该命令后会显示如下信息
... plugdev ...
         //只要从显示的 groups 中看到 plugdev，就意味着主机用户属于该组，表示设置成功
```

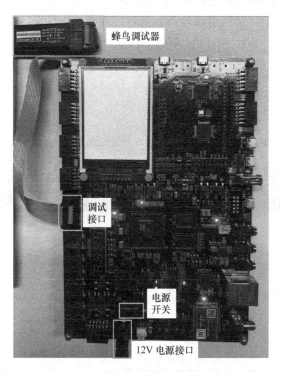

图 9-10　DDR200T 开发板通过蜂鸟调试器与 PC 主机连接

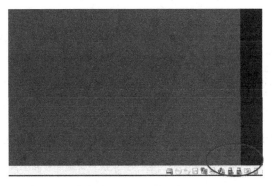

图 9-11 虚拟机中的 Linux 操作系统识别 USB 设备

图 9-12 将 USB 设备连接至虚拟机中的 Linux 操作系统

至此，蜂鸟调试器的驱动的安装和蜂鸟调试器的配置工作已完成，下文将介绍如何利用蜂鸟 E203 的软硬件平台进行简单的 HelloWorld 程序的下载、运行与调试。

9.3 基于 HBird SDK 运行 HelloWorld 程序

9.3.1 将程序下载至 DDR200T 开发板

在 7.4 节中，我们以 HelloWorld 程序为例介绍了如何使用 HBird SDK 开发 baremetal 应用程序，本节将介绍如何将 HelloWorld 程序编译并下载至 DDR200T 开发板中，具体步骤如下。

//注意：下列步骤的完整描述同时记载于 RISC-V MCU 开放社区的"大学计划"版块的 HBirdv2 Doc
//文档中，以便读者直接复制命令并运行

//前提步骤 1：根据 9.1 节中的步骤，将蜂鸟 E203 MCU 源代码进行编译以生成 MCS 文件，或者直接
//选用 e203_hbirdv2 项目的 fpga/ddr200t/prebuilt_mcs 目录中预先编译生成的 MCS 文件并烧
//录至 DDR200T 开发板的 FPGA_Flash。此过程只需要执行一次。对于烧录到 FPGA_Flash 的内容，每
//次 FPGA 芯片上电后都会自动加载

//前提步骤 2：根据 9.2 节中的步骤，配置好蜂鸟调试器相关的驱动。此过程只需要进行一次

//前提步骤 3：正确连接 PC 主机与 DDR200T 开发板，并对 DDR200T 开发板进行供电，如图 9-10 所示

//前提步骤 4：根据 7.4 节中的步骤，进行 HBird SDK 的环境配置和工具链安装

//在命令行终端中运行以下命令，将 HelloWorld 程序编译并下载至 DDR200T 开发板的 MCU_Flash
//中，且选择从 Flash 上传至 ILM 的运行模式

cd <hbird-sdk>/application/baremetal/helloworld

make upload SOC=hbirdv2 BOARD=ddr200t CORE=e203 DOWNLOAD=flash

//上述命令使用了如下几个 Makefile 参数，分别说明如下。
//upload：该参数表示对程序进行编译，并且将生成的可执行文件进行下载。
//SOC=hbirdv2：指明 SoC 的型号，参数默认值为 hbirdv2。此处设置为 hbirdv2，即在
//e203_hbirdv2 项目中实现的蜂鸟 E203 MCU。
//BOARD=ddr200t：指明开发板的型号，参数默认值为 ddr200t。此处设置为 ddr200t，即 Nuclei
//DDR200T 开发板。
//CORE=e203：指明 Core 的型号，参数默认值为 e203，此处设置为 e203，即蜂鸟 E203 Core。
//DOWNLOAD=flash：指明采用 "将程序从 Flash 上传至 ILM 中运行的方式" 进行编译。
//参数的可选项有 flashxip、ilm 和 flash，默认值为 ilm。
//此处设置为 flash，即选择使用链接脚本 gcc_hbirdv2_flash.ld。
// 注意事项如下。
//（1）　上述命令中的<hbird-sdk>表示 HBird SDK 项目在本地的存储路径，在运行命令时，需
//要替换为实际的存储路径。
//（2）　当前 HBird SDK 的 SOC、BOARD、CORE3 个参数均默认支持 e203_hbirdv2，因此，
//如果是基于 Nuclei DDR200T 开发板进行 e203_hbirdv2 的开发，那么这些参数在命令行中可
//默认，在此罗列，仅为说明。在实际的开发中，只需要根据不同的运行模式设置 DOWNLOAD 参数。
//（3）　此处选择使用从 Flash 上传至 ILM 的运行模式，若需要选择其他两种运行模式，那么更改
//DOWNLOAD 的参数值即可。若选择从 ILM 直接运行模式，则程序将下载至蜂鸟 E203 MCU 的 ILM
//中，掉电后程序会丢失

9.3.2　将程序在 DDR200T 开发板上运行

由于 HelloWorld 程序将通过串口（UART 转 USB 接口连接至 PC 主机），利用 printf()
函数输出字符串到 PC 主机的显示屏上，因此需要先准备好串口显示终端。

针对 Windows 操作系统，有很多串口调试软件可供使用，如 Tera Term、PuTTY 等，读
者可自行了解。在安装完串口调试软件后，我们需要对串口调试软件的串口通信相关参数进

行设置，将"Baud rate"设置为 115200，将 Data size 设置为 8，将 Parity 设置为 None，将
Stop bits 设置为 1。

在 Linux 操作系统（以 Ubuntu 18.04 为例）中，在命令行终端执行如下命令进行设置。

```
sudo screen /dev/ttyUSB1 115200
         //该命令将设备 ttyUSB1 设置为串口显示的来源，波特率设置为 115200。
         //若该命令执行成功，那么 Ubuntu 的命令行终端将被锁定，用于显示串口发送的字符。
         //注意：若该命令无法成功执行，那么检查如下几项。
         //(1)  确保已按照 9.2 节中的方法正确设置了 USB 的权限。
         //(2)  确保已按照 9.2 节中的方法让 Linux 识别了 USB 设备（系统桌面右下角的 USB 图标
         //为高亮显示）。
         //(3)  通过 9.2 节中提到的命令"ls /dev/ttyUSB*"查看 USB 设备是被识别为 ttyUSB1
         //还是 ttyUSB2。若被识别为 ttyUSB2，则应使用命令
         //sudo screen /dev/ttyUSB2 115200
```

在 PC 主机的串口显示终端配置完成后，按照 9.3.1 节中的方法将程序下载至开发板，
便可以在开发板上运行程序了。在 HelloWorld 程序正确运行后，字符串将输出至 PC 主机的
串口显示终端，如图 9-13 所示。

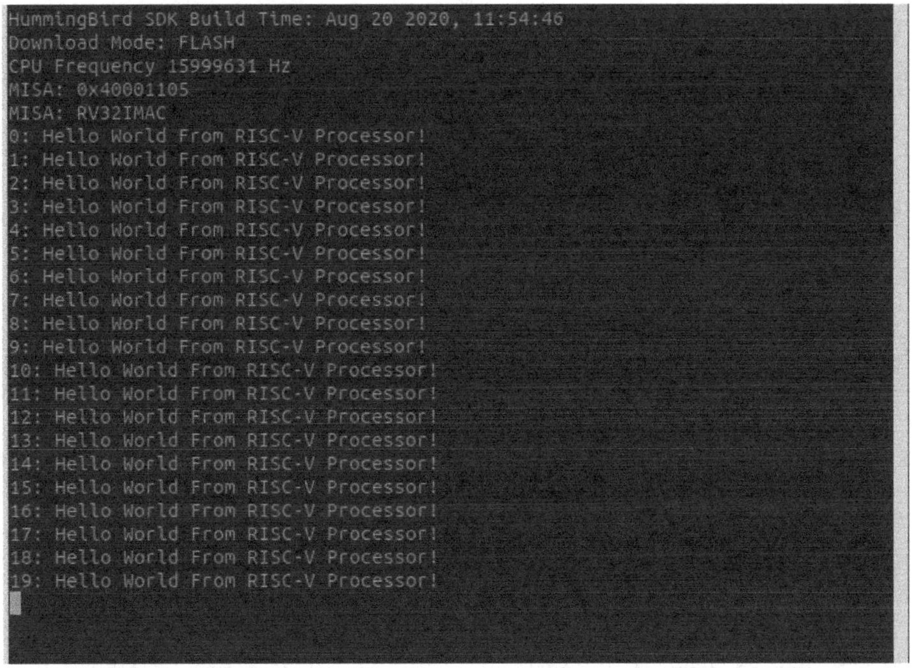

图 9-13　运行 HelloWorld 程序后的输出

由于程序下载至 MCU_Flash 中，因此可以通过按 DDR200T 开发板上的 MCU_RESET
按键让处理器复位，重新执行程序。

9.3.3 将程序在 DDR200T 开发板上调试

在 7.4 节中，我们以 HelloWorld 程序为例介绍了如何使用 HBird SDK 开发 baremetal 应用程序。在 HBird SDK 中，我们使用 GDB 和 OpenOCD 按照如下步骤将程序在 DDR200T 开发板上进行调试。

```
//注意：下列步骤的完整描述同时记载于 RISC-V MCU 开放社区的 "大学计划" 版块的 HBirdv2 Doc
//文档中，以便读者直接复制命令并运行


//前提步骤 1：根据 9.1 节描述的步骤，将蜂鸟 E203 MCU 源代码进行编译以生成 MCS 文件，或者直接
//选用 e203_hbirdv2 项目的 fpga/ddr200t/prebuilt_mcs 目录中预先编译生成的 MCS 文件并烧
//录至 DDR200T 开发板的 FPGA_Flash。此过程只需要执行一次。
//对于烧录到 FPGA_Flash 的内容，每次 FPGA 芯片上电后都会自动加载

//前提步骤 2：根据 9.2 节描述的步骤，配置蜂鸟调试器相关的驱动。此过程只需要进行一次

//前提步骤 3：正确连接 PC 主机与 DDR200T 开发板，并对 DDR200T 开发板进行供电，如图 9-10 所示

//前提步骤 4：根据 7.4 节描述的步骤，进行 HBird SDK 的环境配置和工具链安装

//步骤 1：在命令行终端中运行以下命令，对 HelloWorld 程序进行编译，并且进入调试模式

cd <hbird-sdk>/application/baremetal/helloworld

make debug SOC=hbirdv2 BOARD=ddr200t CORE=e203

//上述命令使用了如下几个 Makefile 参数，分别说明如下。
//debug：该参数表示对程序进行编译，并且进入调试模式，程序并没有进行下载。
//SOC=hbirdv2：指明 SoC 的型号，参数默认值为 hbirdv2。此处设置为 hbirdv2，即在
//e203_hbirdv2 项目中实现的蜂鸟 E203 MCU。
//BOARD=ddr200t：指明开发板的型号，参数默认值为 ddr200t。此处设置为 ddr200t，即 Nuclei
//DDR200T 开发板。
//CORE=e203：指明 Core 的型号，参数默认值为 e203。此处设置为 e203，即蜂鸟 E203 Core

//注意事项如下。
//（1）上述命令行中的<hbird-sdk>表示 HBird SDK 项目在本地的存储路径，在运行命令时，需
//要替换为实际的存储路径。
//（2）在上述命令行中，没有 DOWNLOAD 参数，表示采用默认的 ILM 运行模式。
//（3）当前 HBird SDK 的 SOC、BOARD、CORE 3 个参数均默认为支持 e203_hbirdv2，因此，
//如果基于 Nuclei DDR200T 开发板进行 e203_hbirdv2 的开发，那么这些参数在命令行中可
//默认，在此罗列，仅为说明

//步骤 2：在进入调试模式后，在命令行终端中运行以下 GDB 命令，下载编译好的可执行文件，结
//果如图 9-14 所示
load
```

```
//步骤3：使用GDB的常用命令进行调试
b main        //在main()函数的入口处设置断点

info b        //查看目前程序中设置的断点，如图9-15所示

x 0x80000000
x 0x80000004
x 0x80000008
        //查看存储器地址0x80000000、0x80000004和0x80000008中的数据，结果如图9-16所示


info reg
info reg mstatus
        //查看当前处理器的通用寄存器的值和CSR的MSTATUS的值，结果如图9-17所示

info reg csr768
        //查看当前处理器的地址768的CSR的值。
        //注意：768为十进制数，对应的十六进制数为0x300，对应MSTATUS寄存器的CSR地址。
        //读者可通过《手把手教你RISC-V CPU（上）——处理器设计》的附录B，了解RSIC-V架构的CSR
        //的寄存器列表和地址

info reg mcause
info reg mepc
info reg mtval
        //查看当前处理器的CSR的MCAUSE、MEPC和MTVAL的值。
        //注意：当程序出现异常（程序运行结果为Trap）时，可以通过GDB查看这3个寄存器的值，
        //从而有效地分析发生异常的原因和定位异常。关于MCAUSE、MEPC和MTVAL寄存器的详情，
        //见《手把手教你RISC-V CPU（上）——处理器设计》的附录B.2节

continue
        //继续执行程序，程序将停在刚才设置的第一个断点处，如图9-18所示

ni    //单步执行程序，如图9-19所示

continue
        //继续执行程序，程序将停止于下一个断点处，若无断点，则一直执行，直至程序结束
```

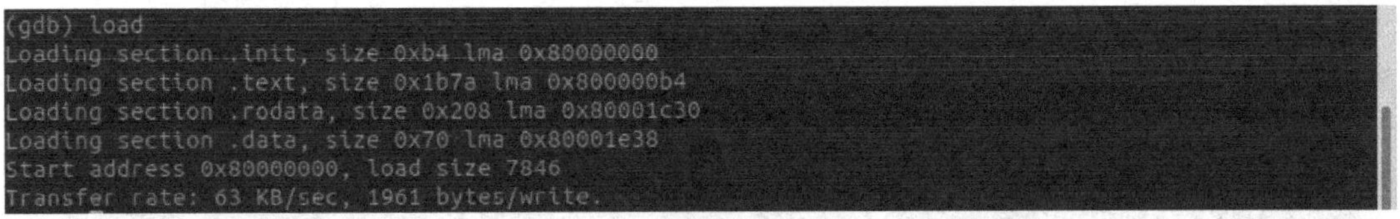

```
(gdb) load
Loading section .init, size 0xb4 lma 0x80000000
Loading section .text, size 0x1b7a lma 0x800000b4
Loading section .rodata, size 0x208 lma 0x80001c30
Loading section .data, size 0x70 lma 0x80001e38
Start address 0x80000000, load size 7846
Transfer rate: 63 KB/sec, 1961 bytes/write.
```

图 9-14　下载编译好的可执行文件

```
(gdb) b main
Breakpoint 1 at 0x800000b4: file ../../../NMSIS/Core/Include/core_feature_base.h, line 492.
(gdb) info b
Num     Type           Disp Enb Address    What
1       breakpoint     keep y   0x800000b4 in main
                                            at ../../../NMSIS/Core/Include/core_feature_base.h:492
```

图 9-15　查看目前程序中设置的断点

```
(gdb) x 0x80000000
0x80000000 <_start>:    0x30047073
(gdb) x 0x80000004
0x80000004 <_start+4>:  0x30405073
(gdb) x 0x80000008
0x80000008 <_start+8>:  0x10001197
```

图 9-16   通过 GDB 查看存储器中的数据

```
(gdb) info reg
ra             0x200000d2       0x200000d2
sp             0x90010000       0x90010000
gp             0x90000860       0x90000860
tp             0x0              0x0
t0             0x800010de       -2147479330
t1             0xf              15
t2             0x0              0
fp             0x0              0x0
s1             0x0              0
a0             0x0              0
a1             0xa              10
a2             0x28             40
a3             0x28             40
a4             0xfffffefff      -4097
a5             0x0              0
a6             0x80             128
a7             0xc002000        201334784
s2             0x0              0
s3             0x0              0
s4             0x0              0
s5             0x0              0
s6             0x0              0
s7             0x0              0
s8             0x0              0
s9             0x0              0
s10            0x0              0
s11            0x0              0
t3             0x0              0
t4             0x0              0
t5             0x0              0
t6             0x0              0
pc             0x80000000       0x80000000 <_start>
(gdb) info reg mstatus
mstatus        0x0       SD:0 VM:00 MXR:0 PUM:0 MPRV:0 XS:0 FS:0 MPP:0 HPP:0 SPP:0 MPIE:0 HPIE:0 SP
IE:0 UPIE:0 MIE:0 HIE:0 SIE:0 UIE:0
(gdb) info reg csr768
csr768         0x0              0
```

图 9-17   通过 GDB 查看寄存器的值

```
(gdb) continue
Continuing.

Breakpoint 1, main () at ../../../NMSIS/Core/Include/core_feature_base.h:492
492             high0 = __RV_CSR_READ(CSR_MCYCLEH);
```

图 9-18   程序停止于第一个断点处

```
(gdb) ni
halted at 0x800000b6 due to step
0x800000b6      492             high0 = __RV_CSR_READ(CSR_MCYCLEH);
(gdb) continue
Continuing.
```

图 9-19   单步执行程序

9.4 基于 Nuclei Studio 运行 HelloWorld 程序

9.4.1 将程序下载至 DDR200T 开发板

在第 8 章中，我们介绍了如何使用 Nuclei Studio 创建在蜂鸟 E203 MCU 上运行的 HelloWorld 程序，本节会介绍如何将该程序编译并下载至 DDR200T 开发板中。

在进行程序下载前，我们需要确保已完成以下几项工作。

- 根据 9.1 节描述的步骤，将蜂鸟 E203 MCU 的源代码进行编译以生成 MCS 文件，或者直接选用 e203_hbirdv2 项目的 fpga/ddr200t/prebuilt_mcs 目录中预先编译生成的 MCS 文件并烧录至 DDR200T 开发板的 FPGA_Flash。此过程只需要进行一次。对于烧录到 FPGA_Flash 的内容，每次 FPGA 芯片上电后都会自动加载。
- 根据 9.2 节描述的步骤，配置蜂鸟调试器相关的驱动。此过程只需要进行一次。
- 正确连接 PC 主机与 DDR200T 开发板，并对 DDR200T 开发板进行供电，如图 9-10 所示。
- 根据 8.1.2 节描述的步骤，进行 Nuclei Studio 的下载与启动。
- 根据 8.2 节描述的步骤，创建在蜂鸟 E203 MCU 上运行的 HelloWorld 程序。

打开创建完成的 HelloWorld 程序，选择程序所需的下载运行模式（Flash XiP/ILM/Flash），此处设置为从 Flash 上传至 ILM 的下载运行模式，即 Flash 模式，如图 9-20 所示。单击 Nuclei Studio 图标栏中的"锤子"图标按钮，开始对程序进行编译，如图 9-21 所示。

图 9-20 选择程序的下载运行模式

图 9-21　编译程序

在 Nuclei Studio 的菜单栏中，依次选择"Run"→"Run Configurations..."，如图 9-22 所示。在弹出的窗口中，如果当前项目没有下载调试相关的配置，那么双击"GDB OpenOCD Debugging"，可自动为本项目生成一个设置好的下载调试相关的配置文件"HelloWorld Debug"，如图 9-23 所示。单击该窗口右下角的"Run"按钮，将开始下载程序。

图 9-22　选择"Run Configurations..."

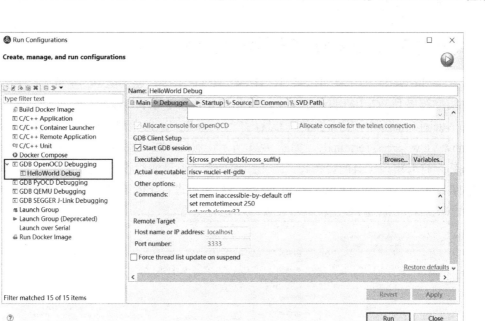

图 9-23　进行下载相关的设置

　　程序下载成功后，如果不需要再次下载，那么可断开 GDB Server，此时单击图 9-24 中的红色图标按钮即可。

图 9-24　程序下载完成

9.4.2 将程序在 DDR200T 开发板上运行

由于 HelloWorld 程序将通过串口（UART 转 USB 接口连接至 PC 主机），利用 printf() 函数输出字符串到 PC 主机的显示屏上，因此需要先准备好串口显示终端。

在 Nuclei Studio 中，集成了串口工具。在 Nuclei Studio 的菜单栏中，依次选择"Window" → "Show View" → "Terminal"，如图 9-25 所示，然后单击"Terminal"界面中的"显示器"图标按钮，打开串口工具配置窗口，对串口通信相关参数进行设置，如图 9-26 所示。对于其中的 COM 接口，在将 DDR200T 开发板与 PC 主机进行正确连接，并且对 DDR200T 开发板进行供电后，可通过 PC 主机的设备管理器进行查看。

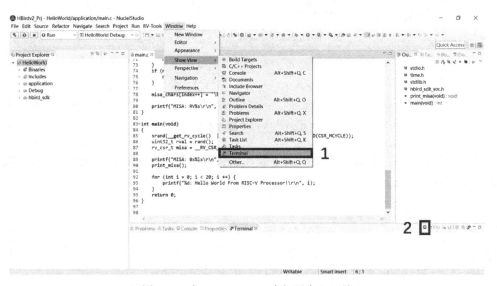

图 9-25 在 Nuclei Studio 中打开串口工具

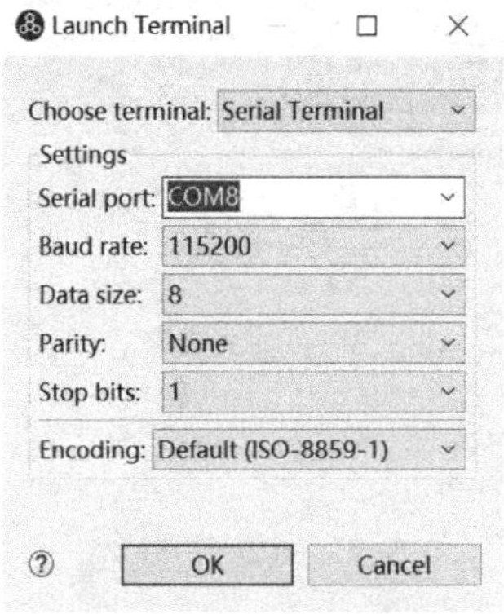

图 9-26 串口工具配置窗口

在按照 9.4.1 节中描述的方法将程序下载至开发板后，便可以在开发板上运行程序。在 HelloWorld 程序正确执行后，字符串将输出至 PC 主机的串口显示终端上，如图 9-27 所示。由于程序下载至 MCU_Flash 中，因此可以通过按 DDR200T 开发板上的 MCU_RESET 按键让处理器复位，重新执行程序。

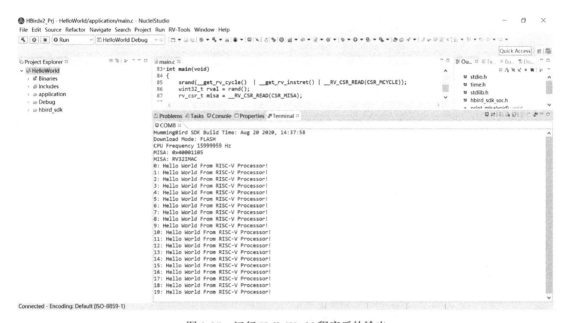

图 9-27　运行 HelloWorld 程序后的输出

9.4.3　将程序在 DDR200T 开发板上调试

在蜂鸟 E203 MCU 中，对于程序的调试，需要将下载运行模式设置为 ILM 模式，因此，在进行 HelloWorld 程序的编译时，需要进行正确配置。对于新建的 HelloWorld 程序，保持默认配置即可，详见 8.2 节。

在完成 HelloWorld 程序的编译后，在 Nuclei Studio 的菜单栏中，依次选择"Run"→"Debug Configurations..."，如图 9-28 所示。在弹出的窗口中，如果当前项目没有下载调试相关的配置，那么双击"GDB OpenOCD Debugging"，可自动为本项目生成一个设置好的下载调试相关的配置文件"HelloWorld Debug"，如图 9-29 所示。单击该窗口右下角的"Debug"按钮，将开始下载程序并进入调试模式界面，如图 9-30 所示。

图 9-28　选择“Debug Configurations...”

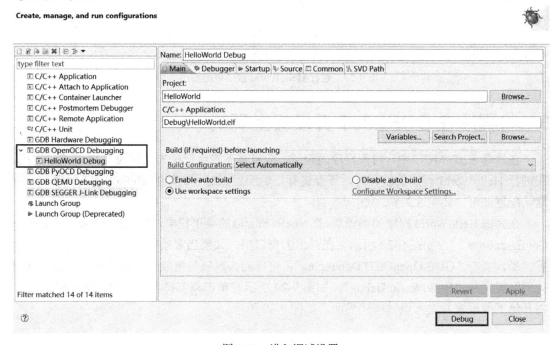

图 9-29　进入调试设置

图 9-30　调试模式界面

第10章 Benchmark 实验

在本章中，我们将提供在蜂鸟 E203 MCU 上进行的 Benchmark 实验。

10.1 实验目的

- 了解处理器的 Benchmark 测试。
- 了解如何在蜂鸟 E203 MCU 上运行 Dhrystone 和 CoreMark。

10.2 实验准备

1）硬件设备
- PC 主机。
- Nuclei DDR200T 开发板及配套供电电源。
- 蜂鸟调试器。

2）软件平台
- HBird SDK。
- Nuclei Studio。

10.3 实验原理

处理器的 Benchmark 测试，通常称为处理器的"跑分"测试，由一组标准程序完成。处理器运行这一组标准程序，并通过运行速度计算一组分数，以此作为衡量处理器性能的指标。

"跑分"程序通常由标准的高级语言（如 C/C++语言）编写，与底层硬件平台特性和指令集架构无关。不同架构或不同厂商的处理器可以运行相同的"跑分"程序，并可以根据运行所得的分数来衡量和比较处理器的性能。针对处理器的"跑分"程序有很多，有些是个人开发的，有些是标准组织或商业公司开发的，本书在此不一一列举。在嵌入式处理器领域，比较知名的"跑分"程序有 Dhrystone 和 CoreMark。

10.3.1 Dhrystone 简介

Dhrystone 是一个综合的处理器"跑分"程序，用于衡量处理器的整数运算处理性能，由 Reinhold P. Weicker 于 1984 年开发。在 Dhrystone 中，开发者集成了众多不同类型程序中的典型特性，采用了各种典型的方法，如函数调用、间接指针和赋值等，使得该程序的测试性能极具代表性。

最初版本的 Dhrystone 由 Ada 语言编写，之后的 C 语言对应版本由 Rick Richardson 开发，这使得 Dhrystone 更加流行。由于 Dhrystone 被广泛采用，因此它成为当今非常有代表性的通用处理器"跑分"程序。几乎每一款 CPU 都会公布其在 Dhrystone 上的"跑分"成绩，以此作为衡量性能指标的重要参数。

熟悉计算机体系结构的读者应该了解性能指标 MIPS（Million Instruction Per Second）的含义，它反映了处理器在汇编指令级别执行的速度。由高级语言（如 C/C++语言）编写的程序通过不同处理器架构的编译器编译后，生成的汇编代码可能会有巨大差别。例如，有的指令集架构的代码密度很高，产生少量的汇编指令便可完成程序；而有的指令集架构的代码密度比较低，需要产生大量的汇编指令完成程序。单纯的 MIPS 指标仅能反映处理器执行汇编指令的硬件效率，而不能反映处理器软硬件系统的综合性能。

对于 Dhrystone 的"跑分"结果，使用更加有意义的 Dhrystone Per Second 作为衡量标准，表示处理器每秒能够执行的 Dhrystone 主循环的次数。如图 10-1 所示，Dhrystone 程序的主循环由一个 for 循环组成，且可以通过参数控制具体的循环次数。在 for 循环内部，调用各种编写好的子函数，这些子函数是 Dhrystone 开发者刻意构造的具有代表性的代码，如图 10-2 所示。在 for 循环的开始和结束部分，均通过计时器（timer）读取当前的时间值，如图 10-3 所示，最后通过开始时间和结束时间的差值得出运行特定循环次数的总执行时间。总执行时间取决于如下两个方面。

- 指令集架构的效率和编译器的优劣决定了由高级语言编写的 Dhrystone 程序能够编译成多少汇编指令。
- 处理器的硬件性能决定了处理器能以多快的速度执行完这些指令。

综上所述，Dhrystone Per Second 能够反映处理器从架构、编译器到硬件的综合性能。

另一种表示 Dhrystone "跑分"结果的方式是 DMIPS（Dhrystone MIPS），它更常用。DMIPS 使用早期的 VAX 11/780 处理器的性能指标作为标称值，相关定义如下。

```
for (Run_Index = 1; Run_Index <= Number_Of_Runs; ++Run_Index)
{
    Proc_5();
    Proc_4();
    /* Ch_1_Glob == 'A', Ch_2_Glob == 'B', Bool_Glob == true */
    Int_1_Loc = 2;
    Int_2_Loc = 3;
    strcpy (Str_2_Loc, "DHRYSTONE PROGRAM, 2'ND STRING");
    Enum_Loc = Ident_2;
    Bool_Glob = ! Func_2 (Str_1_Loc, Str_2_Loc);
    /* Bool_Glob == 1 */
    while (Int_1_Loc < Int_2_Loc)  /* loop body executed once */
    {
        Int_3_Loc = 5 * Int_1_Loc - Int_2_Loc;
        /* Int_3_Loc == 7 */
        Proc_7 (Int_1_Loc, Int_2_Loc, &Int_3_Loc);
        /* Int_3_Loc == 7 */
        Int_1_Loc += 1;
    } /* while */
    /* Int_1_Loc == 3, Int_2_Loc == 3, Int_3_Loc == 7 */
    Proc_8 (Arr_1_Glob, Arr_2_Glob, Int_1_Loc, Int_3_Loc);
    /* Int_Glob == 5 */
    Proc_1 (Ptr_Glob);
    for (Ch_Index = 'A'; Ch_Index <= Ch_2_Glob; ++Ch_Index)
                            /* loop body executed twice */
    {
        if (Enum_Loc == Func_1 (Ch_Index, 'C'))
            /* then, not executed */
        {
            Proc_6 (Ident_1, &Enum_Loc);
```

图 10-1   Dhrystone 程序片段 1

```
Proc_8 (Arr_1_Par_Ref, Arr_2_Par_Ref, Int_1_Par_Val, Int_2_Par_Val)
/************************************************************/
    /* executed once       */
    /* Int_Par_Val_1 == 3 */
    /* Int_Par_Val_2 == 7 */
Arr_1_Dim       Arr_1_Par_Ref;
Arr_2_Dim       Arr_2_Par_Ref;
int             Int_1_Par_Val;
int             Int_2_Par_Val;
{
    REG One_Fifty Int_Index;
    REG One_Fifty Int_Loc;

    Int_Loc = Int_1_Par_Val + 5;
    Arr_1_Par_Ref [Int_Loc] = Int_2_Par_Val;
    Arr_1_Par_Ref [Int_Loc+1] = Arr_1_Par_Ref [Int_Loc];
    Arr_1_Par_Ref [Int_Loc+30] = Int_Loc;
    for (Int_Index = Int_Loc; Int_Index <= Int_Loc+1; ++Int_Index)
        Arr_2_Par_Ref [Int_Loc] [Int_Index] = Int_Loc;
    Arr_2_Par_Ref [Int_Loc] [Int_Loc-1] += 1;
    Arr_2_Par_Ref [Int_Loc+20] [Int_Loc] = Arr_1_Par_Ref [Int_Loc];
    Int_Glob = 5;
} /* Proc_8 */
```

图 10-2   Dhrystone 程序片段 2

```
printf ("Execution starts, %d runs through Dhrystone\n", Number_Of_Runs);

/*************/
/* Start timer */
/*************/

#ifdef TIMES
    times (&time_info);
    Begin_Time = (long) time_info.tms_utime;
#endif
#ifdef TIME
    Begin_Time = time ( (long *) 0);
#endif
```

图 10-3   Dhrystone 程序片段 3

- VAX 11/780 处理器被公认能达到 1 MIPS 的性能指标，使用它运行 Dhrystone"跑分"程序能够达到的性能指标为 1757 Dhrystone Per Second，以此作为黄金参考。我们将 Dhrystone Per Second 除以 1757 所得的值称为 1 DMIPS。假设某处理器每秒能够执行 2000000 次 Dhrystone 主循环，则性能指标为 2000000/1757≈1138 DMIPS。
- 在此基础上，我们用 DMIPS 的值除以处理器主频。假设处理器以 1 MHz 的主频运行 Dhrystone，则所得的性能指标的单位为 DMIPS/MHz，这种表示方式也极为常见。假设上述处理器（1138 DMIPS）的运行主频为 1 GHz，则性能指标也可表示为 1138/1024≈1.111 DMIPS/MHz。

10.3.2 Dhrystone 示例程序

在 HBird SDK 中，提供了 Dhrystone 示例程序，相关的目录结构如下。

```
hbird-sdk                                //存放 HBird SDK 的目录
     |----application                    //存放软件示例的目录
         |----baremetal                  //存放 baremetal 示例程序
             |----benchmark              //存放 benchmark 示例程序
                 |----dhrystone          //Dhrystone 示例程序目录
                     |----dhry_1.c       //Dhrystone 源代码
                     |----dhry_2.c
                     |----dhry_stubs.c
                     |----dhry.h
                     |----Makefile       //Makefile 脚本
```

Makefile 为主控制脚本，其中的代码片段如下。

```
//指明生成的 ELF 文件的名称
TARGET := dhrystone

HBIRD_SDK_ROOT = ../../../..

//指明 Dhrystone 示例程序需要的特别的 GCC 编译选项
COMMON_FLAGS := -O2 -flto -fno-inline -funroll-loops -Wno-implicit
-mexplicit-relocs -fno-builtin-printf -fno-common -falign-functions=4
-falign-jumps=4 -falign-loops=4

C_SRCDIRS = .

INCDIRS = .

#Enable Nano Newlib Float Print
PFLOAT = 1
# Clean generated *.i and *.s
CLEAN_OBJS += *.i *.s

//调用 Bulid 目录中的 Makefile.base
include $(HBIRD_SDK_ROOT)/Build/Makefile.base
```

10.3.3 CoreMark 简介

CoreMark 也是一个综合的处理器 "跑分" 程序, 它由非营利组织 EEMBC (Embedded Microprocessor Benchmark Consortium) 的 Shay Gal-On 于 2009 年开发。与 Dhrystone 一样, CoreMark 程序的源代码的规模也非常小, 因此可以在包括极低功耗微处理器在内的各种处理器上运行。在 EEMBC 网站中, 可免费下载 CoreMark 程序的源代码, 这样做的目的是想使 CoreMark 成为一种行业标准, 以替代产生时间很早的 Dhrystone。

CoreMark 程序由 C 语言编写, 包含很多典型算法, 如链表操作、矩阵运算、状态机 (用来确定输入流中是否包含有效数字) 和循环冗余校验 (CRC)。这些算法在嵌入式领域的软件中极为常见。因此, 在嵌入式领域, CoreMark 被认为比 Dhrystone 更具代表性。嵌入式领域的很多 CPU 厂商会公布 CoreMark 的 "跑分" 成绩, 并将其作为衡量性能指标的重要参数。

CoreMark 的 "跑分" 成绩的表示方法与 Dhrystone 相似, 使用 Number of Iteration Per Second 作为衡量标准, 表示处理器每秒能够执行的 CoreMark 主循环的次数。如图 10-4 所示, CoreMark 程序的主循环由一个迭代循环组成, 且可通过参数控制具体的循环次数。在循环内部, 调用各种编写好的子函数, 如图 10-5 所示。在主循环的开始和结束部分, 均通过计时器读取当前的时间值, 如图 10-6 所示。最后, 通过开始时间和结束时间的差值得出运行特定循环次数的总执行时间, 并依此计算单位时间内能够运行的循环次数。我们将该循环次数除以处理器的主频, 可以计算性能指标 (单位为 CoreMark/MHz)。

假设某处理器以 20MHz 的主频运行 CoreMark 程序, 能够达到每秒执行 50 次主循环, 则性能指标为 50/20=2.5 CoreMark/MHz。

图 10-4 CoreMark 程序片段 1

```
/* Function: matrix_sum
   Calculate a function that depends on the values of elements in the matrix.

   For each element, accumulate into a temporary variable.

   As long as this value is under the parameter clipval,
   add 1 to the result if the element is bigger then the previous.

   Otherwise, reset the accumulator and add 10 to the result.
*/
ee_s16 matrix_sum(ee_u32 N, MATRES *C, MATDAT clipval) {
    MATRES tmp=0,prev=0,cur=0;
    ee_s16 ret=0;
    ee_u32 i,j;
    for (i=0; i<N; i++) {
        for (j=0; j<N; j++) {
            cur=C[i*N+j];
            tmp+=cur;
            if (tmp>clipval) {
                ret+=10;
                tmp=0;
            } else {
                ret += (cur>prev) ? 1 : 0;
            }
            prev=cur;
        }
    }
    return ret;
}
```

图 10-5 CoreMark 程序片段 2

```
/* perform actual benchmark */
start_time();
#if (MULTITHREAD>1)
if (default_num_contexts>MULTITHREAD) {
    default_num_contexts=MULTITHREAD;
}
for (i=0 ; i<default_num_contexts; i++) {
    results[i].iterations=results[0].iterations;
    results[i].execs=results[0].execs;
    core_start_parallel(&results[i]);
}
for (i=0 ; i<default_num_contexts; i++) {
    core_stop_parallel(&results[i]);
}
#else
iterate(&results[0]);
#endif
stop_time();
total_time=get_time();
```

图 10-6 CoreMark 程序片段 3

10.3.4 CoreMark 示例程序

在 HBird SDK 中，提供了 CoreMark 示例程序，相关的目录结构如下。

```
hbird-sdk                                    //存放 HBird SDK 的目录
    |----application                         //存放软件示例的目录
        |----baremetal                       //存放 baremetal 示例程序
            |----benchmark                   //存放 Benchmark 示例程序
                |----coremark                //CoreMark 示例程序目录
                    |----core_list_join.c    //CoreMark 的源代码
                    |----core_main.c
```

```
                              |----core_matrix.c
                              |----core_state.c
                              |----core_util.c
                              |----core_portme.c
                              |----core_portme.h
                              |----coremark.h
                              |----Makefile              //Makefile 脚本
```

Makefile 为主控制脚本，其中的代码片段如下。

```
//指明生成的 ELF 文件的名称
TARGET := coremark

HBIRD_SDK_ROOT = ../../../..

//指明 CoreMark 示例程序需要的特别的 GCC 编译选项
COMMON_FLAGS := -O2 -flto -funroll-all-loops -finline-limit=600
-ftree-dominator-opts -fno-if-conversion2 -fselective-scheduling
-fno-code-hoisting -fno-common -funroll-loops -finline-functions
-falign-functions=4 -falign-jumps=4 -falign-loops=4

COMMON_FLAGS += -DFLAGS_STR=\""$(COMMON_FLAGS)"\"
COMMON_FLAGS += -DITERATIONS=500 -DPERFORMANCE_RUN=1

SRCDIRS = .

INCDIRS = .

#Enable Nano Newlib Float Print
PFLOAT = 1

//调用 Bulid 目录下的 Makefile.base
include $(HBIRD_SDK_ROOT)/Build/Makefile.base
```

10.4 实验步骤

10.4.1　在 HBird SDK 中运行 Dhrystone 示例程序

在 9.3 节中，我们介绍了如何在 HBird SDK 中运行简单的 HelloWorld 程序。Dhrystone 示例程序的运行流程与其类似，具体描述如下。

//前提步骤 1：根据 9.1 节描述的步骤，将蜂鸟 E203 MCU 的源代码进行编译以生成 MCS 文件，或者直
//接选用 e203_hbirdv2 项目的 fpga/ddr200t/prebuilt_mcs 目录中预先编译生成的 MCS 文件并

//烧录至 DDR200T 开发板的 FPGA_Flash。此过程只需要进行一次。对于烧录到 FPGA_Flash 的内容，
//每次 FPGA 芯片上电后都会自动加载

//前提步骤 2：根据 9.2 节描述的步骤，配置蜂鸟调试器相关的驱动。此过程只需要进行一次

//前提步骤 3：正确连接 PC 主机与 DDR200T 开发板，并对 DDR200T 开发板进行供电，如图 9-10 所示

//前提步骤 4：根据 7.4 节描述的步骤，进行 HBird SDK 的环境配置和工具链安装

//前提步骤 5：根据 9.3.2 节描述的步骤，进行 PC 主机中串口显示终端的设置

//在命令行终端中，运行以下命令，将 Dhrystone 示例程序编译并下载至 DDR200T 开发板的 MCU_Flash 中，
//并且选择从 Flash 上传至 ILM 的运行模式

```
cd <hbird-sdk>/application/baremetal/benchmark/dhrystone

make upload SOC=hbirdv2 BOARD=ddr200t CORE=e203 DOWNLOAD=flash
```

//上述命令使用了下列几个 Makefile 参数，分别解释如下。
//upload：该参数表示对程序进行编译，并且下载生成的可执行文件。
//SOC=hbirdv2：指明 SoC 的型号，参数默认值为 hbirdv2。此处设置为 hbirdv2，即在 e203_hbirdv2
//项目中实现的蜂鸟 E203 MCU。
//BOARD=ddr200t：指明开发板的型号，参数默认值为 ddr200t。此处设置为 ddr200t，即 Nuclei
//DDR200T 开发板。
//CORE=e203：指明 Core 的型号，参数默认值为 e203。此处设置为 e203，即蜂鸟 E203 Core。
//DOWNLOAD=flash：采用 "将程序从 Flash 上传至 ILM 中运行的方式" 进行编译。
//可选值有 flashxip、ilm 和 flash，默认值为 ilm。
//此处设置为 flash，即选择使用链接脚本 gcc_hbirdv2_flash.ld。
//注意事项如下。
// （1）上面命令行中的<hbird-sdk>表示 HBird SDK 项目在本地的存储路径，在运行命令时，需
//要替换为实际的存储路径。
// （2）当前 HBird SDK 的 SOC、BOARD、CORE3 个参数均默认为支持 e203_hbirdv2。因此，
//如果是基于 Nuclei DDR200T 开发板进行 e203_hbirdv2 的开发，那么这些参数在命令行中可默认。
//在此罗列，仅为说明。在实际开发时，需根据不同的运行模式设置 DOWNLOAD 参数。
// （3）此处选择使用从 Flash 上传至 ILM 的运行模式。若需要选择其他两种运行模式，那么更改
//DOWNLOAD 参数的值即可。若选择从 ILM 直接运行模式，则程序将下载至蜂鸟 E203 MCU 的 ILM
//中，掉电后程序会丢失

　　通过上述步骤，我们已经将程序烧录至 DDR200T 开发板的 MCU_Flash 中，因此，每次
按 DDR200T 开发板上的 MCU_RESET 按键，处理器复位，开始执行 Dhrystone 程序，并将
字符串输出至 PC 主机的串口显示终端。通过蜂鸟 E203 MCU 运行的 Dhrystone 示例程序的
性能指标如图 10-7 所示。

```
Please give the number of runs through the benchmark:
Execution starts, 500000 runs through Dhrystone
Execution ends

Final values of the variables used in the benchmark:

Int_Glob:            5
        should be:   5
Bool_Glob:           1
        should be:   1
Ch_1_Glob:           A
        should be:   A
Ch_2_Glob:           B
        should be:   B
Arr_1_Glob[8]:       7
        should be:   7
Arr_2_Glob[8][7]:    500010
        should be:   Number_Of_Runs + 10
Ptr_Glob->
  Ptr_Comp:          -1879032568
        should be:   (implementation-dependent)
  Discr:             0
        should be:   0
  Enum_Comp:         2
        should be:   2
  Int_Comp:          17
        should be:   17
  Str_Comp:          DHRYSTONE PROGRAM, SOME STRING
        should be:   DHRYSTONE PROGRAM, SOME STRING
Next_Ptr_Glob->
  Ptr_Comp:          -1879032568
        should be:   (implementation-dependent), same as above
  Discr:             0
        should be:   0
  Enum_Comp:         1
        should be:   1
  Int_Comp:          18
        should be:   18
  Str_Comp:          DHRYSTONE PROGRAM, SOME STRING
        should be:   DHRYSTONE PROGRAM, SOME STRING
Int_1_Loc:           5
        should be:   5
Int_2_Loc:           13
        should be:   13
Int_3_Loc:           7
        should be:   7
Enum_Loc:            1
        should be:   1
Str_1_Loc:           DHRYSTONE PROGRAM, 1'ST STRING
        should be:   DHRYSTONE PROGRAM, 1'ST STRING
Str_2_Loc:           DHRYSTONE PROGRAM, 2'ND STRING
        should be:   DHRYSTONE PROGRAM, 2'ND STRING

 (*) User_Cycle for total run through Dhrystone with loops 500000:
215500036
        So the DMIPS/MHz can be caculated by:
        1000000/(User_Cycle/Number_Of_Runs)/1757 = 1.320538 DMIPS/MHz
```

图 10-7　通过蜂鸟 E203 MCU 运行的 Dhrystone 示例程序的性能指标

10.4.2　在 Nuclei Studio 中运行 Dhrystone 示例程序

在 9.4 节中，我们介绍了如何在 Nuclei Studio 中运行简单的 HelloWorld 程序。Dhrystone

示例程序的运行流程与它类似，具体描述如下。

在进行程序下载前，我们需要确保已完成以下几项工作。

（1）根据 9.1 节描述的步骤，将蜂鸟 E203 MCU 的源代码进行编译以生成 MCS 文件，或者直接选用 e203_hbirdv2 项目的 fpga/ddr200t/prebuilt_mcs 目录中预先编译生成的 MCS 文件并烧录至 DDR200T 开发板的 FPGA_Flash。此过程只需要进行一次。对于烧录到 FPGA_Flash 的内容，每次 FPGA 芯片上电后都会自动加载。

（2）根据 9.2 节描述的步骤，配置蜂鸟调试器相关的驱动设置。此过程只需要进行一次。

（3）正确连接 PC 主机与 DDR200T 开发板，并对 DDR200T 开发板进行供电，如图 9-10 所示。

（4）根据 8.1.2 节描述的步骤，进行 Nuclei Studio 的下载与启动。

（5）根据 8.2 节描述的步骤，创建蜂鸟 E203 MCU 的 Dhrystone 示例程序。与创建 HelloWorld 程序的不同之处在于，此处设置项目名为"Dhrystone"，选择项目示例模板为 "baremetal_benchmark_dhrystone"，其他可保持一致。

（6）根据 9.4.2 节描述的步骤，设置 Nuclei Studio 中集成的串口工具。

打开已创建的 Dhrystone 项目，选择所需的下载运行模式（Flash XiP/ILM/Flash），此处设置为从 Flash 上传至 ILM 的下载运行模式，即 Flash 模式，如图 10-8 所示。然后，单击 Nuclei Studio 中的"锤子"图标按钮，或者在菜单栏中依次选择"Project"→"Build Project"，开始进行程序编译。

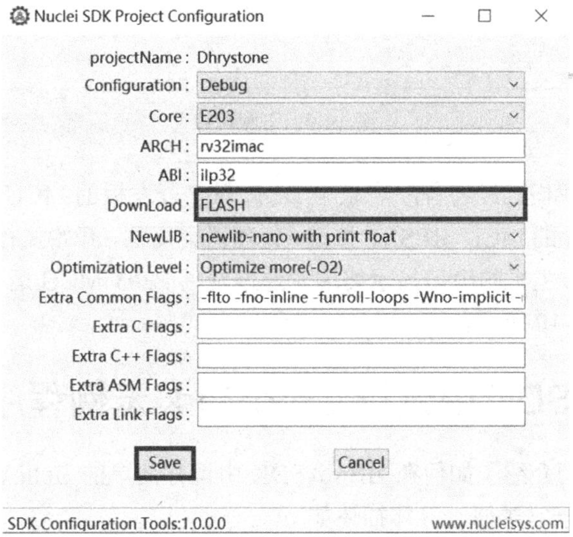

图 10-8　选择程序的下载运行模式

在 Nuclei Studio 的菜单栏中，依次选择"Run"→"Run Configurations…"。在弹出的窗口中，如果当前项目没有下载调试相关的配置，那么双击"GDB OpenOCD Debugging"，可自动为本项目生成一个设置好的下载调试相关的配置文件"Dhrystone Debug"，如图 10-9 所示。单击该窗口右下角的"Run"按钮，将开始下载程序。

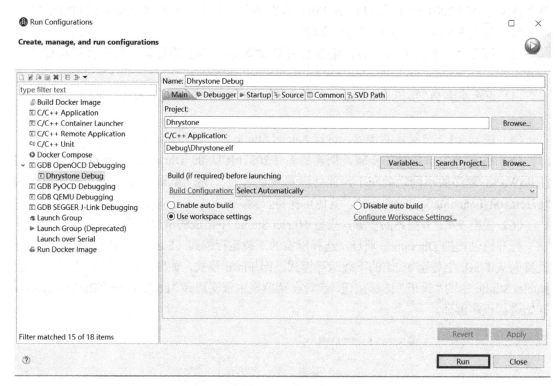

图 10-9　下载程序

通过上述步骤，我们已经将程序烧录至 DDR200T 开发板的 MCU_Flash 中，因此，每次按 DDR200T 开发板上的 MCU_RESET 按键，处理器会复位，开始执行 Dhrystone 示例程序，并将字符串输出至 PC 主机的串口显示终端。通过蜂鸟 E203 MCU 运行的 Dhrystone 示例程序的性能指标如图 10-10 所示。

10.4.3　在 HBird SDK 中运行 CoreMark 示例程序

在 9.3 节中，我们介绍了如何在 HBird SDK 中运行简单的 HelloWorld 程序。CoreMark 示例程序的运行流程与它类似，具体描述如下。

```
COM8
Next_Ptr_Glob->
  Ptr_Comp:        -1879032568
      should be:   (implementation-dependent), same as above
  Discr:           0
      should be:   0
  Enum_Comp:       1
      should be:   1
  Int_Comp:        18
      should be:   18
  Str_Comp:        DHRYSTONE PROGRAM, SOME STRING
      should be:   DHRYSTONE PROGRAM, SOME STRING
Int_1_Loc:         5
      should be:   5
Int_2_Loc:         13
      should be:   13
Int_3_Loc:         7
      should be:   7
Enum_Loc:          1
      should be:   1
Str_1_Loc:         DHRYSTONE PROGRAM, 1'ST STRING
      should be:   DHRYSTONE PROGRAM, 1'ST STRING
Str_2_Loc:         DHRYSTONE PROGRAM, 2'ND STRING
      should be:   DHRYSTONE PROGRAM, 2'ND STRING

(*) User_Cycle for total run through Dhrystone with loops 500000:
213000036
      So the DMIPS/MHz can be caculated by:
      1000000/(User_Cycle/Number_Of_Runs)/1757 = 1.336037 DMIPS/MHz
```

图 10-10 通过蜂鸟 E203 MCU 运行的 Dhrystone 示例程序的性能指标

```
//前提步骤 1：根据 9.1 节描述的步骤，将蜂鸟 E203 MCU 的源代码进行编译以生成 MCS 文件，或者直接
//选用 e203_hbirdv2 项目的 fpga/ddr200t/prebuilt_mcs 目录中预先编译生成的 MCS 文件并烧录
//至 DDR200T 开发板的 FPGA_Flash。此过程只需要进行一次。对于烧录到 FPGA_Flash 的内容，每次
//FPGA 芯片上电后都会自动加载

//前提步骤 2：根据 9.2 节描述的步骤，配置蜂鸟调试器相关的驱动。此过程只需要进行一次

//前提步骤 3：正确连接 PC 主机与 DDR200T 开发板，并对 DDR200T 开发板进行供电，如图 9-10 所示

//前提步骤 4：根据 7.4 节描述的步骤，进行 HBird SDK 的环境配置和工具链安装

//前提步骤 5：根据 9.3.2 节描述的步骤，进行 PC 主机中的串口显示终端的设置

//在命令行终端中，运行以下命令，将 CoreMark 示例程序编译并下载至 DDR200T 开发板的 MCU_Flash 中，
//并且选择从 Flash 上传至 ILM 的运行模式

cd <hbird-sdk>/application/baremetal/benchmark/coremark

make upload SOC=hbirdv2 BOARD=ddr200t CORE=e203 DOWNLOAD=flash

//上述命令使用了几个 Makefile 参数，说明见 10.4.1 节
```

通过上述步骤，我们已经将程序烧录至 DDR200T 开发板的 MCU_Flash 中，因此，每次按 DDR200T 开发板上的 MCU_RESET 按键，处理器复位，开始执行 CoreMark 示例程序，并将字符串输出至 PC 主机的串口显示终端。通过蜂鸟 E203 MCU 运行的 CoreMark 示例程序的性能指标如图 10-11 所示。

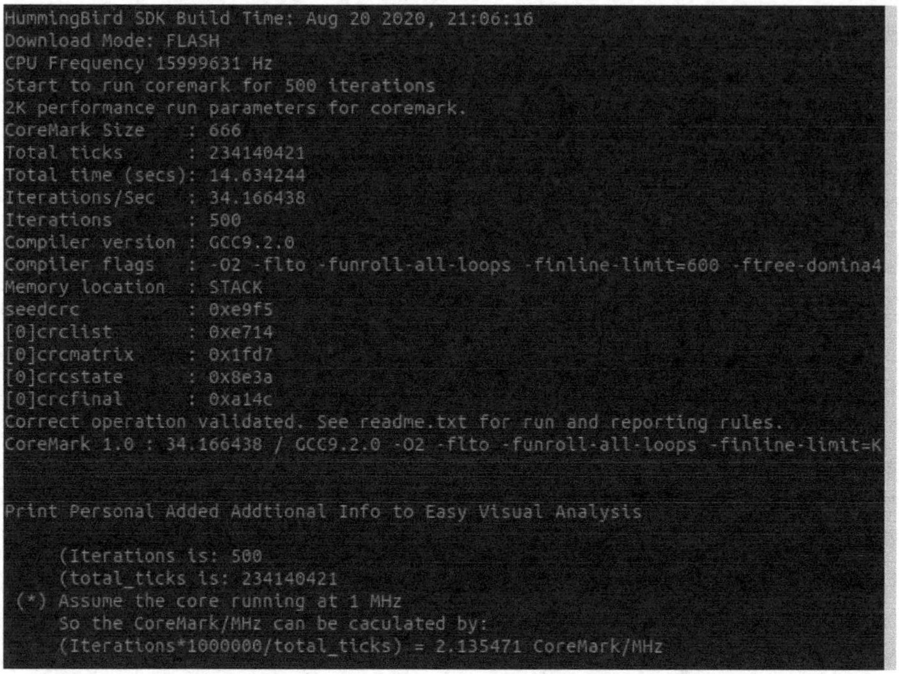

图 10-11　通过蜂鸟 E203 MCU 运行的 CoreMark 示例程序的性能指标

10.4.4　在 Nuclei Studio 中运行 CoreMark 示例程序

在 9.4 节中，我们介绍了如何在 Nuclei Studio 中运行简单的 HelloWorld 程序。CoreMark 示例程序的运行流程与它类似，具体描述如下。

在进行程序下载前，我们需要确保已完成以下几项工作。

（1）根据 9.1 节描述的步骤，将蜂鸟 E203 MCU 的源代码进行编译以生成 MCS 文件，或者直接选用 e203_hbirdv2 项目的 fpga/ddr200t/prebuilt_mcs 目录中预先编译生成的 MCS 文件并烧录至 DDR200T 开发板的 FPGA_Flash。此过程只需要进行一次。对于烧录到 FPGA_Flash 的内容，每次 FPGA 芯片上电后都会自动加载。

（2）根据 9.2 节描述的步骤，配置蜂鸟调试器相关的驱动设置。此过程只需要进行一次。

（3）正确连接 PC 主机与 DDR200T 开发板，并对 DDR200T 开发板进行供电，如图 9-10 所示。

（4）根据 8.1.2 节描述的步骤，进行 Nuclei Studio 的下载与启动。

（5）根据 8.2 节描述的步骤，创建蜂鸟 E203 MCU 的 CoreMark 示例程序。与创建 HelloWorld 程序的不同之处在于，此处设置项目名为 CoreMark，选择项目示例模板为 "baremetal_benchmark_coremark"，其他可保持一致。

（6）根据 9.4.2 节描述的步骤，设置 Nuclei Studio 中集成的串口工具。

打开已创建的 CoreMark 项目，选择所需的下载运行模式（Flash XiP/ILM/Flash），此处设置为从 Flash 上传至 ILM 的下载运行模式，即 Flash 模式，如图 10-12 所示。然后单击 Nuclei Studio 的图标栏中的"锤子"图标按钮，或者在菜单栏中依次选择"Project"→"Build Project"，开始进行程序编译。

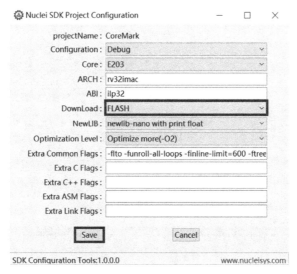

图 10-12　选择程序的下载运行模式

在 Nuclei Studio 的菜单栏中，依次选择"Run"→"Run Configurations..."。在弹出的窗口中，如果当前项目没有下载调试相关的配置，那么双击"GDB OpenOCD Debugging"，可自动为本项目生成一个设置好的下载调试相关的配置文件"CoreMark Debug"，如图 10-13 所示。单击该窗口右下角的"Run"按钮，将开始下载程序。

通过上述步骤，我们已经将程序烧录至 DDR200T 开发板的 MCU_Flash 中，因此，每次按 DDR200T 开发板上的 MCU_RESET 按键，处理器复位，开始执行 CoreMark 示例程序，并将字符串输出至 PC 主机的串口显示终端。通过蜂鸟 E203 MCU 运行的 CoreMark 示例程序的性能指标如图 10-14 所示。

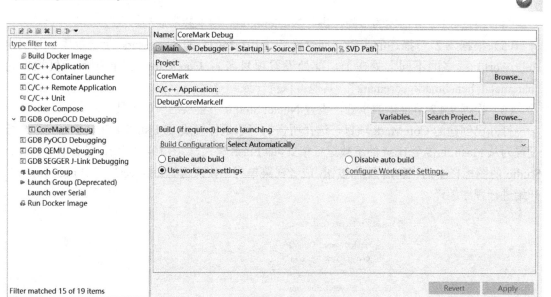

图 10-13　下载程序

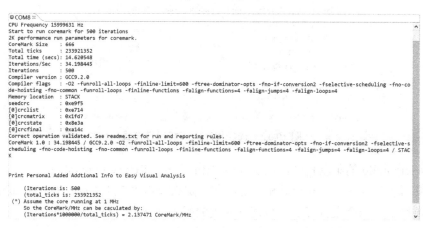

图 10-14　通过蜂鸟 E203 MCU 运行的 CoreMark 示例程序的性能指标

第 11 章　内联汇编实验

在本章中，我们将提供在蜂鸟 E203 MCU 上进行的内联汇编实验。

11.1　实验目的

- 了解在 C/C++程序中嵌入汇编程序的方法。
- 了解如何在蜂鸟 E203 MCU 上进行内联汇编实验。

11.2　实验准备

1）硬件设备
- PC 主机。
- Nuclei DDR200T 开发板及配套供电电源。
- 蜂鸟调试器。

2）软件平台。
- HBird SDK。
- Nuclei Studio。

3）应用示例程序

Nuclei Board Labs 项目的源代码。

11.3　实验原理

11.3.1　在 C/C++程序中嵌入汇编程序

在实际的嵌入式应用开发中，目前主要使用 C/C++语言。对于一些需要使用汇编语言的场景，如用户自定义指令、访问通过 RISC-V 架构定义的 CSR 等，通常是将所需的汇编程序嵌入 C/C++ 程序中。

关于如何将汇编程序嵌入 C/C++ 程序中，见 6.6 节。

11.3.2 内联汇编示例程序

在 Nuclei Board Labs 项目中，提供了内联汇编示例程序，相关的目录结构如下。此处提供的内联汇编示例程序为 6.6.4 节中的实例。

注意：Nuclei Board Labs 是芯来科技为其所推出的硬件平台配备的应用示例程序实验包。对于蜂鸟 E203 MCU，Nuclei Board Labs 基于 HBird SDK 进行应用程序的开发，具体层次结构如图 7-1 所示。Nuclei Board Labs 的源代码开源并托管在 GitHub 网站和 Gitee 网站，读者可在 GitHub 网站或 Gitee 网站中通过搜索 "nuclei-board-labs" 查看。

```
nuclei-boards-labs                      //存放 Nuclei Board Labs 的目录
    |----e203_hbridv2                   //存放蜂鸟 E203 MCU 示例程序的目录
        |----common                     //通用示例程序目录
            |----demo_iasm              //内联汇编示例程序的目录
                |----main.c             //内联汇编示例程序的源代码
                |----Makefile           //Makefile 脚本
```

Makefile 为主控制脚本，其中的代码片段如下。

```
//指明生成的 ELF 文件的名称
TARGET = demo_iasm

HBIRD_SDK_ROOT = ../../../..

SRCDIRS = .

INCDIRS = .

//调用 Bulid 目录中的 Makefile.base
include $(HBIRD_SDK_ROOT)/Build/Makefile.base
```

11.4 实验步骤

11.4.1 在 HBird SDK 中运行内联汇编示例程序

在 9.3 节中，我们介绍了如何在 HBird SDK 中运行简单的 HelloWorld 程序，内联汇编示例程序的运行流程与其类似。由于内联汇编示例程序维护在 Nuclei Board Labs 项目中，因此，在 HBird SDK 中运行该示例程序前，需要将其复制到 HBird SDK 中。具体步骤如下。

```
//前提步骤 1：根据 9.1 节描述的步骤，将蜂鸟 E203 MCU 的源代码进行编译以生成 MCS 文件，或者直接
//选用 e203_hbirdv2 项目的 fpga/ddr200t/prebuilt_mcs 目录中预先编译生成的 MCS 文件并烧
//录至 DDR200T 开发板的 FPGA_Flash。此过程只需要进行一次。
//对于烧录到 FPGA_Flash 的内容，每次 FPGA 芯片上电后都会自动加载

//前提步骤 2：根据 9.2 节描述的步骤，配置蜂鸟调试器相关的驱动设置。此过程只需要进行一次

//前提步骤 3：正确连接 PC 主机与 DDR200T 开发板，并对 DDR200T 开发板进行供电，如图 9-10 所示

//前提步骤 4：根据 7.4 节描述的步骤，进行 HBird SDK 的环境配置和工具链安装

//前提步骤 5：根据 9.3.2 节描述的步骤，进行 PC 主机中串口显示终端的设置

//前提步骤 6：下载 Nuclei Board Labs 项目的源代码

//在命令行终端中运行以下命令，首先将 e203_hbirdv2 的应用示例程序从 Nuclei Board Labs 中复制到
//HBird SDK 中，然后，在 HBird SDK 中，将该内联汇编示例程序进行编译并下载至 DDR200T 开发
//板的 MCU_Flash 中，并且选择从 Flash 上传至 ILM 的运行模式

cd <hbird-sdk>

mkdir board-labs

cp -r <nuclei-board-labs>/e203_hbirdv2 ./board-labs/

cd board-labs/e203_hbirdv2/common/demo_iasm

make upload SOC=hbirdv2 BOARD=ddr200t CORE=e203 DOWNLOAD=flash

//上述命令使用了下列几个 Makefile 参数，分别说明如下。
//upload：该参数表示对程序进行编译，并且下载生成的可执行文件。
//SOC=hbirdv2：指明 SoC 的型号，参数默认值为 hbirdv2。此处设置为 hbirdv2，即在
//e203_hbirdv2 项目中实现的蜂鸟 E203 MCU。
//BOARD=ddr200t：指明开发板的型号，参数默认值为 ddr200t。此处设置为 ddr200t，即 Nuclei
//DDR200T 开发板。
//CORE=e203：指明 Core 的型号，参数默认值为 e203。此处设置为 e203，即蜂鸟 E203 Core。
//DOWNLOAD=flash：指明采用"将程序从 Flash 上传至 ILM 中运行的方式"进行编译。
//参数的可选值有 flashxip、ilm 和 flash，默认值为 ilm。
//此处设置为 flash，即选择使用链接脚本 gcc_hbirdv2_flash.ld。
// 注意事项如下。
```

//（1）上述命令行中的<*hbird-sdk*>表示 HBird SDK 项目在本地的存储路径，在运行命令时，需要
//替换为实际的存储路径。
//（2）上述命令行中的<*nuclei-board-labs*>表示 Nuclei Board Labs 项目在本地的存储路径，
//在运行命令时，需要替换为实际的存储路径。
//（3）当前 HBird SDK 的 SOC、BOARD 和 CORE 3 个参数均默认支持 e203_hbirdv2，因此，
//如果基于 Nuclei DDR200T 开发板进行 e203_hbirdv2 的开发，那么这些参数在命令行中可
//默认。在此罗列，仅为说明。在实际开发时，只需要根据不同的运行模式设置 DOWNLOAD 参数。
//（4）此处选择从 Flash 上传至 ILM 的运行模式。若需要选择其他两种运行模式，那么更改
//DOWNLOAD 参数即可。若选择从 ILM 直接运行模式，则程序将下载至蜂鸟 E203 MCU 的 ILM
//中，掉电后程序会丢失

通过上述步骤，我们已经将程序烧录至 DDR200T 开发板的 MCU_Flash 中，因此，每次
按 DDR200T 开发板上的 MCU_RESET 按键，处理器复位，开始执行内联汇编程序，并将字
符串输出至 PC 主机的串口显示终端，输出内容如图 11-1 所示。

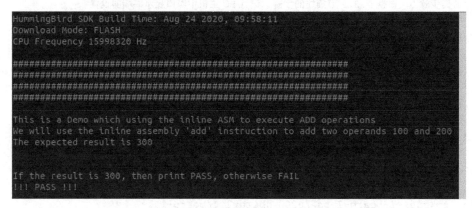

图 11-1　蜂鸟 E203 MCU 运行内联汇编实验的输出

11.4.2　在 Nuclei Studio 中运行内联汇编示例程序

在 9.4 节中，我们介绍了如何在 Nuclei Studio 中运行简单的 HelloWorld 示例程序，内联
汇编示例程序的运行流程与其类似，具体描述如下。

在进行程序下载前，我们需要确保已完成以下几项工作。

- 根据 9.1 节描述的步骤，将蜂鸟 E203 MCU 的源代码进行编译以生成 MCS 文件，或
  者直接选用 e203_hbirdv2 项目的 fpga/ddr200t/prebuilt_mcs 目录中预先编译生成的
  MCS 文件并烧录至 DDR200T 开发板的 FPGA_Flash。此过程只需要进行一次。对于
  烧录到 FPGA_Flash 的内容，每次 FPGA 芯片上电后都会自动加载。
- 根据 9.2 节描述的步骤，配置蜂鸟调试器相关的驱动。此过程只需要进行一次。
- 正确连接 PC 主机与 DDR200T 开发板，并对 DDR200T 开发板进行供电，如图 9-10

所示。

- 根据 8.1.2 节描述的步骤，进行 Nuclei Studio 的下载和启动。
- 根据 8.2 节描述的步骤，进行蜂鸟 E203 MCU 的内联汇编示例程序的创建，与 HelloWorld 程序的创建的不同之处在于项目名的设置。为了便于标识，我们设置项目名为 demo_iasm。
- 根据 9.4.2 节描述的步骤，设置 Nuclei Studio 中集成的串口工具。
- 下载 Nuclei Board Labs 项目的源代码。

打开创建好的 demo_iasm 项目，默认应用程序输出"Hello World"字符串。因此，对于内联汇编实验，在进行下载和运行前，需要进行应用程序的替换，具体步骤如下。

- 选择"Project Explorer"栏中的 demo_iasm/application/main.c 文件，单击鼠标右键，在弹出的快捷菜单中选择"Delete"，如图 11-2 所示，然后，在弹出的对话框中单击"OK"按钮。

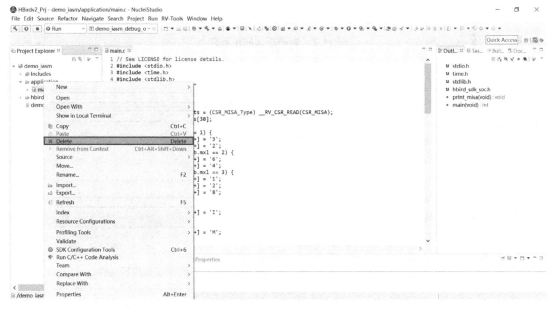

图 11-2　移除默认应用程序

- 选择"Project Explorer"栏中的 demo_iasm/application 文件夹，单击鼠标右键，在弹出的快捷菜单中选择"Import..."，如图 11-3 所示。在弹出的窗口中，选择"General"下的"File System"，单击"Next"按钮，接下来选择 Nuclei Board Labs 存储目录中 demo_iasm 项目下的全部源代码文件，如图 11-4 所示。

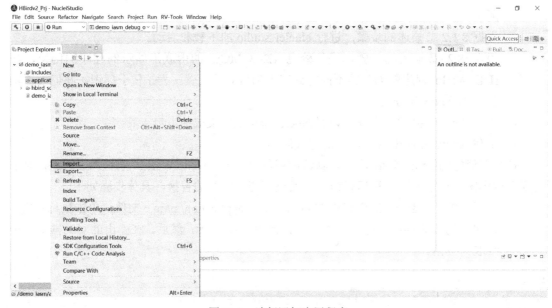

图 11-3　选择添加应用程序

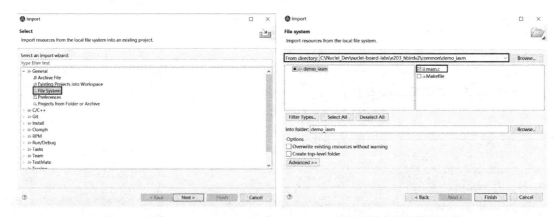

图 11-4　添加 Nuclei Board Labs 中 demo_iasm 项目下的全部源代码文件

在完成应用程序的替换后，我们选择从 Flash 上传至 ILM 的下载运行模式，如图 11-5 所示。单击 Nuclei Studio 的图标栏中的"锤子"图标按钮，或者在菜单栏中依次选择"Project" → "Build Project"，开始进行程序编译。

在 Nuclei Studio 的菜单栏中依次选择"Run" → "Run Configurations..."。在弹出的窗口中，如果当前项目没有下载调试相关的配置，则双击"GDB OpenOCD Debugging"，可自动为本项目生成一个设置好的下载调试相关的配置文件"demo_iasm Debug"，如图 11-6 所示。单击该窗口右下角的"Run"按钮，开始下载程序。

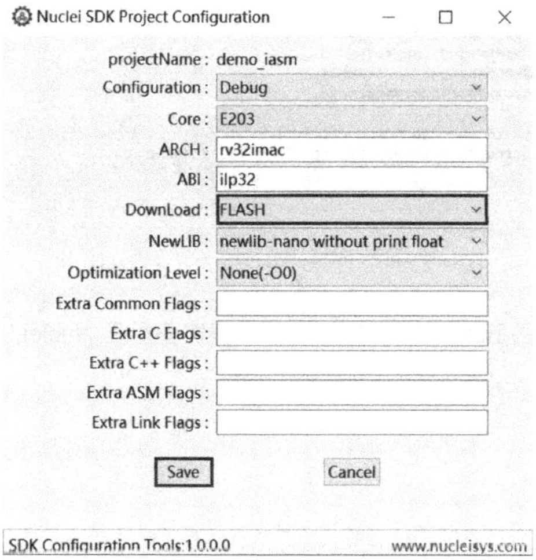

图 11-5　选择程序的下载运行模式

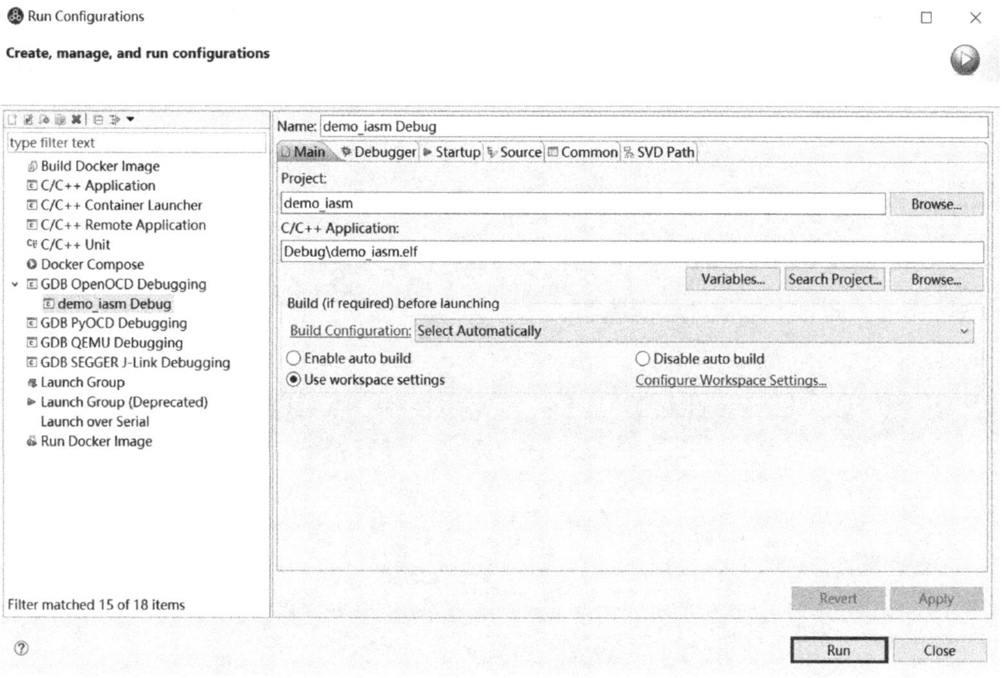

图 11-6　下载程序

通过上述步骤，我们已经将程序烧录至 DDR200T 开发板的 MCU_Flash 中，因此，每次按 DDR200T 开发板上的 MCU_RESET 按键，处理器复位，开始执行内联汇编程序，并将字符串输出至 PC 主机的串口显示终端，输出内容如图 11-7 所示。

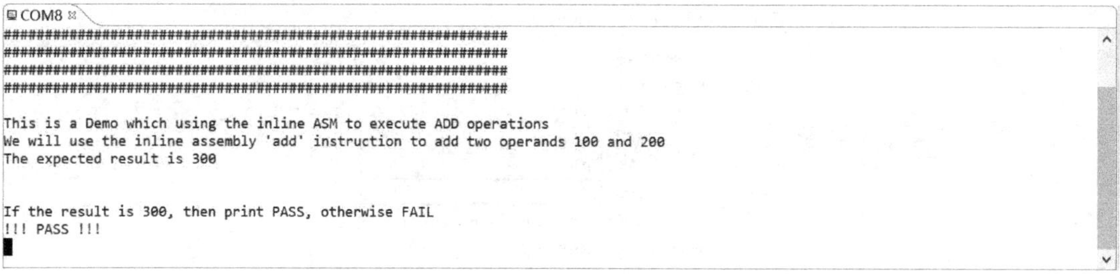

图 11-7 蜂鸟 E203 MCU 运行内联汇编实验后在 Nuclei Studio 的输出

第 12 章　GPIO 实验

在本章中，我们将提供在蜂鸟 E203 MCU 上进行的 GPIO 实验。

12.1　实验目的

- 熟悉蜂鸟 E203 MCU 的 GPIO 的使用。
- 了解如何在蜂鸟 E203 MCU 上进行 GPIO 实验。

12.2　实验准备

1）硬件设备
- PC 主机。
- Nuclei DDR200T 开发板及配套供电电源。
- 蜂鸟调试器。

2）软件平台
- HBird SDK。
- Nuclei Studio。

3）应用示例程序

Nuclei Board Labs 项目的源代码。

12.3　实验原理

12.3.1　GPIO 简介

GPIO（General Purpose I/O）是蜂鸟 E203 MCU 与外部设备进行交互的接口，通过其配置寄存器可被软件设置成具备不同的功能，如输入或输出。关于 GPIO 的特性和功能，见 2.6 节。

12.3.2 GPIO 示例程序

在 Nuclei Board Labs 项目中，提供了 GPIO 示例程序，相关的目录结构如下。

```
nuclei-boards-labs                      //存放 Nuclei Board Labs 的目录
    |----e203_hbirdv2                   //存放蜂鸟 E203 MCU 示例程序的目录
        |----common                     //通用示例程序的目录
            |----gpio_toggle            //存放 GPIO 示例程序
                |----main.c             //GPIO 示例程序的源代码
                |----Makefile           //Makefile 脚本
```

Makefile 为主控制脚本，其中的代码片段如下。

```
//指明生成的 ELF 文件的名称
TARGET = gpio_toggle

HBIRD_SDK_ROOT = ../../../..

SRCDIRS = .

INCDIRS = .

//调用 Bulid 目录中的 Makefile.base
include $(HBIRD_SDK_ROOT)/Build/Makefile.base
```

在本实验中，我们主要使用 GPIO 读取板载用户按键 BTN U 的状态，然后控制板载用户 LED（LED0）进行状态转换。我们使用的按键和 LED 在 DDR200T 开发板中的位置如图 12-1 所示。按键 BTN U 对应蜂鸟 E203 MCU 的 GPIOA[3]，LED0 对应蜂鸟 E203 MCU 的 GPIOA[20]。蜂鸟 E203 MCU 在 DDR200T 开发板中的引脚连接详情见 3.1.3 节。

图 12-1　DDR200T 开发板上的用户按键 BTN U 和用户 LED0

在 HBird SDK 中，提供了 GPIO 的驱动。因此，在用户进行应用程序开发时，无须面对烦琐的底层寄存器操作，可直接调用相关的 API 完成对 GPIO 的配置与操作。关于 GPIO 的 API，见 HBird SDK 中的 SoC/hbirdv2/Common/Include/hbirdv2_gpio.h 文件。

12.4 实验步骤

12.4.1 在 HBird SDK 中运行 GPIO 示例程序

在 9.3 节中，我们介绍了如何在 HBird SDK 中运行简单的 HelloWorld 程序，GPIO 示例程序的运行流程与其类似。由于 GPIO 示例程序维护在 Nuclei Board Labs 项目中，因此，在 HBird SDK 中运行该示例程序前，需要将其复制至 HBird SDK 中，具体描述如下。

```
//前提步骤 1：根据 9.1 节描述的步骤，将蜂鸟 E203 MCU 的源代码进行编译以生成 MCS 文件，或者直接
//选用 e203_hbirdv2 项目的 fpga/ddr200t/prebuilt_mcs 目录中预先编译生成的 MCS 文件并烧
//录至 DDR200T 开发板的 FPGA_Flash。此过程只需要进行一次。
//对于烧录到 FPGA_Flash 的内容，每次 FPGA 芯片上电后都会自动加载

//前提步骤 2：根据 9.2 节描述的步骤，配置蜂鸟调试器相关的驱动。此过程只需要进行一次

//前提步骤 3：正确连接 PC 主机与 DDR200T 开发板，并对 DDR200T 开发板进行供电，如图 9-10 所示

//前提步骤 4：根据 7.4 节描述的步骤，进行 HBird SDK 的环境配置和工具链安装

//前提步骤 5：根据 9.3.2 节描述步骤，进行 PC 主机中串口显示终端的设置

//前提步骤 6：下载 Nuclei Board Labs 项目的源代码


//在命令行终端中运行以下命令时，首先将 e203_hbirdv2 的应用示例程序从 Nuclei Board Labs 中复制
//至 HBird SDK 中，然后，在 HBird SDK 中，将该 GPIO 示例程序进行编译并下载至 DDR200T 开发
//板的 MCU_Flash 中，并且选择从 Flash 上传至 ILM 的运行模式

cd <hbird-sdk>

mkdir board-labs

cp -r <nuclei-board-labs>/e203_hbirdv2 ./board-labs/

//注意：若已将 nuclei-board-labs 中的示例程序复制到 hbird-sdk，则可忽略以上命令
```

```
cd board-labs/e203_hbirdv2/common/gpio_toggle

make upload SOC=hbirdv2 BOARD=ddr200t CORE=e203 DOWNLOAD=flash
```

//上述命令使用了几个 Makefile 参数，说明见 11.4.1 节

通过上述步骤，我们已经将程序烧录至 DDR200T 开发板的 MCU_Flash 中，因此，每次按 DDR200T 开发板上的 MCU_RESET 按键，处理器复位，开始执行 GPIO 示例程序，执行效果如图 12-2 所示。

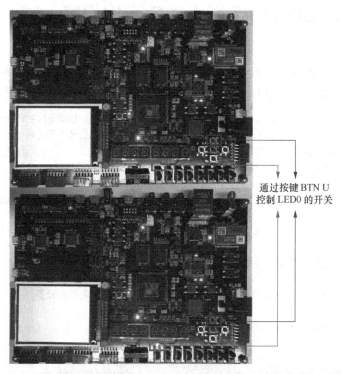

通过按键 BTN U 控制 LED0 的开关

图 12-2 在蜂鸟 E203 MCU 上进行 GPIO 实验的效果

12.4.2 在 Nuclei Studio 中运行 GPIO 示例程序

在 9.4 节中，我们介绍了如何在 Nuclei Studio 中运行简单的 HelloWorld 程序，GPIO 示例程序的运行流程与其类似，具体描述如下。

在进行程序下载前，我们需要确保已完成以下几项工作。

- 根据 9.1 节描述的步骤，将蜂鸟 E203 MCU 的源代码进行编译以生成 MCS 文件，或者直接选用 e203_hbirdv2 项目的 fpga/ddr200t/prebuilt_mcs 目录中预先编译生成的

MCS 文件并烧录至 DDR200T 开发板的 FPGA_Flash。此过程只需要进行一次。对于烧录到 FPGA_Flash 的内容，每次 FPGA 芯片上电后都会自动加载。

- 根据 9.2 节描述的步骤，配置蜂鸟调试器相关的驱动。此过程只需要进行一次。
- 正确连接 PC 主机与 DDR200T 开发板，并对 DDR200T 开发板进行供电，如图 9-10 所示。
- 根据 8.1.2 节描述的步骤，进行 Nuclei Studio 的下载与启动。
- 根据 8.2 节描述的步骤，进行蜂鸟 E203 MCU 的 GPIO 示例程序的创建，与 HelloWorld 程序的创建的不同之处在于项目名的设置。为了便于标识，我们设置项目名为 gpio_toggle。
- 根据 9.4.2 节描述的步骤，设置 Nuclei Studio 中集成的串口工具。
- 下载 Nuclei Board Labs 项目的源代码。

打开创建好的 gpio_toggle 项目，默认应用程序输出"Hello World"字符串。因此，对于 GPIO 实验，在进行下载及运行前，需要进行应用程序的替换，具体步骤如下。

- 选择"Project Explorer"栏中的 gpio_toggle/application/main.c 文件，单击鼠标右键，在弹出的快捷菜单中选择"Delete"，如图 12-3 所示，然后在弹出的对话框中单击"OK"按钮。

图 12-3　移除默认应用程序

- 选择"Project Explorer"栏中的 gpio_toggle/application 文件夹，单击鼠标右键，在弹出的快捷菜单中，选择"Import..."，如图 12-4 所示。在弹出的窗口中，选择"General"下的"File System"，然后单击"Next"按钮，接下来选择 Nuclei Board Labs 存储目

录中 gpio_toggle 项目内的全部源代码文件，如图 12-5 所示。

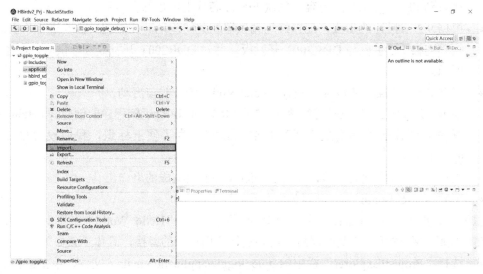

图 12-4　选择添加应用程序

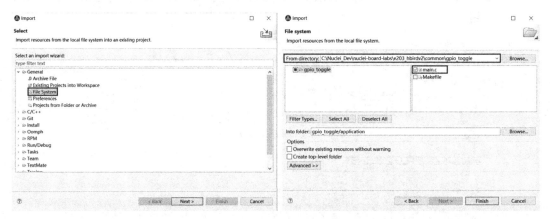

图 12-5　添加 Nuclei Board Labs 中 gpio_toggle 项目内的全部源代码文件

在完成应用程序的替换后，我们选择从 Flash 上传至 ILM 的下载运行模式，如图 12-6 所示。单击 Nuclei Studio 的图标栏中的"锤子"图标按钮，或者在菜单栏中依次选择"Project" → "Build Project"，开始进行程序编译。

在 Nuclei Studio 的菜单栏中，依次选择"Run" → "Run Configurations..."。在弹出的窗口中，如果当前项目没有下载调试相关的配置，则双击"GDB OpenOCD Debugging"，可自动为本项目生成一个设置好的下载调试相关的配置文件"gpio_toggle Debug"，如图 12-7 所示。单击该窗口右下角的"Run"按钮，开始下载程序。

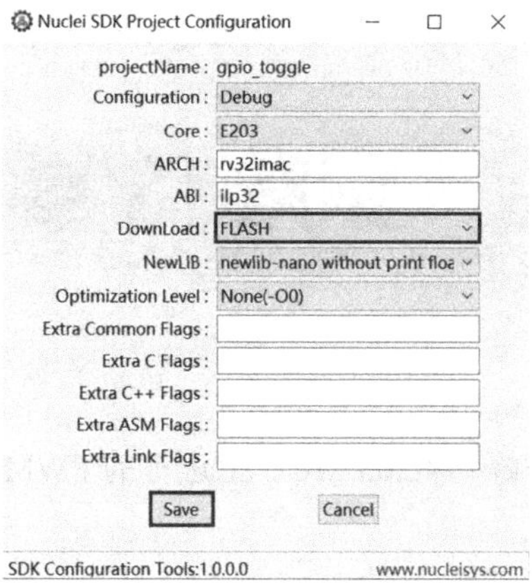

图 12-6　选择程序的下载运行模式

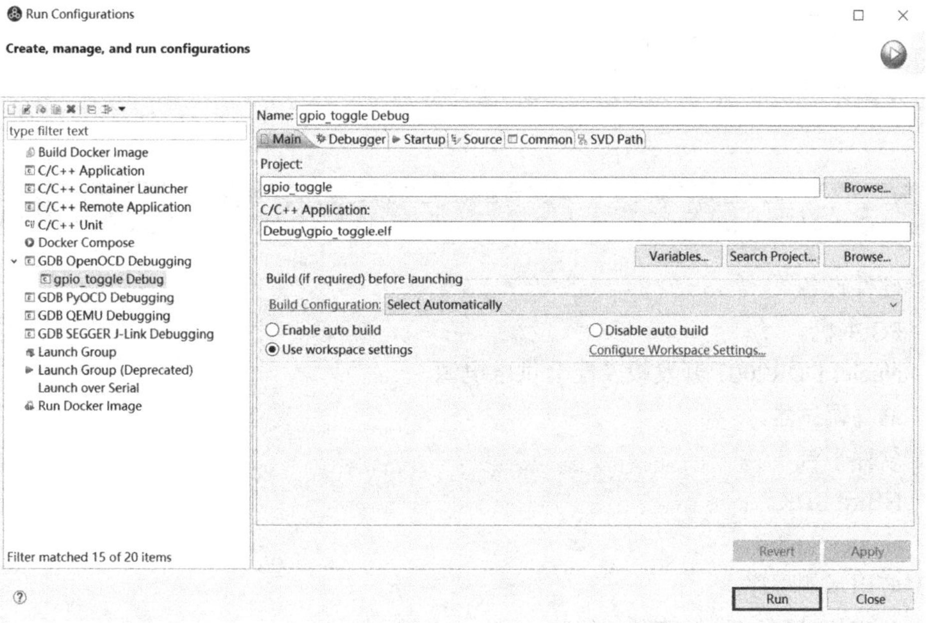

图 12-7　下载程序

通过上述步骤，我们已经将程序烧录至 DDR200T 开发板的 MCU_Flash 中，因此，每次按 DDR200T 开发板上的 MCU_RESET 按键，处理器复位，开始执行 GPIO 示例程序，执行效果如图 12-2 所示。

第 13 章　PWM 实验

在本章中，我们将提供在蜂鸟 E203 MCU 上进行的 PWM 实验。

13.1　实验目的

- 熟悉蜂鸟 E203 MCU 的 PWM 的使用。
- 了解如何在蜂鸟 E203 MCU 上进行 PWM 实验。

13.2　实验准备

1）硬件设备
- PC 主机。
- Nuclei DDR200T 开发板及配套供电电源。
- 蜂鸟调试器。

2）软件平台
- HBird SDK。
- Nuclei Studio。

3）应用示例程序

Nuclei Board Labs 项目的源代码。

13.3　实验原理

13.3.1　PWM 简介

PWM（Pulse-Width Modulation，脉冲宽度调制）是一种利用 MCU 的数字信号对模拟电路进行控制的有效技术，广泛应用在测量、通信，以及功率控制与变换等领域。蜂鸟 E203 MCU 可通过 PWM 产生 PWM 信号，控制其他外部设备，如板载用户 LED、外接直流电机等。关于 PWM 的特性和功能，见 2.10 节。

13.3.2 PWM 示例程序

在 Nuclei Board Labs 项目中，提供了 PWM 示例程序，相关目录结构如下。

```
nuclei-boards-labs                    //存放 Nuclei Board Labs 的目录
    |----e203_hbirdv2                 //存放蜂鸟 E203 MCU 示例程序的目录
        |----ddr200t                  //DDR200T 专用示例程序目录
            |----pwm_led              //存放 PWM 示例程序
                |----main.c           //PWM 示例程序的源代码
                |----Makefile         //Makefile 脚本
```

Makefile 为主控制脚本，其中的代码片段如下。

```
//指明生成的 ELF 文件的名称
TARGET = pwm_led

HBIRD_SDK_ROOT = ../../../..

SRCDIRS = .

INCDIRS = .

//调用 Bulid 目录中的 Makefile.base
include $(HBIRD_SDK_ROOT)/Build/Makefile.base
```

在本实验中，主要是通过配置 PWM 来产生 PWM 控制信号，并通过与用户 RGB LED 相连接的 I/O 引脚进行输出，改变该 PWM 的占空比来实现呼吸灯的效果。在本实验中，使用的用户 RGB LED 在 DDR200T 开发板中的位置如图 13-1 所示。

RGB LED 的三色控制引脚分别对应蜂鸟 E203 MCU 的 GPIOA[0]、GPIOA[1]和 GPIOA[2]。蜂鸟 E203 MCU 在 DDR200T 开发板中的引脚连接详情见 3.1.3 节。根据 1.11 节中提到的 GPIO 的引脚复用功能可知，通过 GPIO 的 IOF 功能设置，PWM 模块的 TIMER0 单元的通道 0、通道 1 和通道 2 对应 GPIOA 的 Pad0、Pad1 和 Pad2。因此，本实验需要编程设置 PWM 模块的 TIMER0 单元的通道 0、通道 1 和通道 2 来分别输出 PWM 信号，从而控制用户 RGB LED。

在 HBird SDK 中，提供了 GPIO 和 PWM 的驱动，因此，在进行应用程序开发时，我们无须面对烦琐的底层寄存器操作，可直接调用相关 API 完成 GPIO 和 PWM 的配置与操作。关于 GPIO 的 API，见 HBird SDK 中的 SoC/hbirdv2/Common/Include/hbirdv2_gpio.h 文件。关于 PWM 的 API，见 HBird SDK 中的 SoC/hbirdv2/Common/Include/hbirdv2_pwm.h 文件。

图 13-1　DDR200T 开发板上的用户 RGB LED

13.4 实验步骤

13.4.1　在 HBird SDK 中运行 PWM 示例程序

在第 9.3 节中，我们介绍了如何在 HBird SDK 中运行简单的 HelloWorld 程序，PWM 示例程序的运行流程与其类似。由于 PWM 示例程序维护在 Nuclei Board Labs 项目中，因此，在 HBird SDK 中运行该示例程序前，需要将其复制至 HBird SDK 中，具体描述如下。

```
//前提步骤 1：根据 9.1 节描述的步骤，将蜂鸟 E203 MCU 的源代码进行编译以生成 MCS 文件，或者直接
//选用 e203_hbirdv2 项目的 fpga/ddr200t/prebuilt_mcs 目录中预先编译生成的 MCS 文件并烧
//录至 DDR200T 开发板的 FPGA_Flash。此过程只需要进行一次。
//对于烧录到 FPGA_Flash 的内容，每次 FPGA 芯片上电后都会自动加载

//前提步骤 2：根据 9.2 节描述的步骤，配置蜂鸟调试器相关的驱动。此过程只需要进行一次

//前提步骤 3：正确连接 PC 主机与 DDR200T 开发板，并对 DDR200T 开发板进行供电，如图 9-10 所示

//前提步骤 4：根据 7.4 节描述的步骤，进行 HBird SDK 的环境配置和工具链安装

//前提步骤 5：根据 9.3.2 节描述的步骤，进行 PC 主机中串口显示终端的设置

//前提步骤 6：下载 Nuclei Board Labs 项目的源代码


//在命令行终端中，运行以下命令，首先将 e203_hbirdv2 的应用示例程序从 Nuclei Board Labs
//中复制至 HBird SDK 中，然后，在 HBird SDK 中，将该 PWM 示例程序进行编译并下载至 DDR200T
//开发板的 MCU_Flash 中，并且选择从 Flash 上传至 ILM 的运行模式
```

```
cd <hbird-sdk>

mkdir board-labs

cp -r <nuclei-board-labs>/e203_hbirdv2 ./board-labs/

//注意：若已将 nuclei-board-labs 中的示例程序复制到 hbird-sdk，则可忽略以上命令

cd board-labs/e203_hbirdv2/ddr200t/pwm_led

make upload SOC=hbirdv2 BOARD=ddr200t CORE=e203 DOWNLOAD=flash

//上述命令使用了几个 Makefile 参数，说明见 11.4.1 节
```

通过上述步骤，我们已经将程序烧录至 DDR200T 开发板的 MCU_Flash 中，因此，每次按 DDR200T 开发板上的 MCU_RESET 按键，处理器复位，开始执行 PWM 示例程序，执行效果如图 13-2 所示。

RGB LED 状态依次切换，如呼吸灯效果

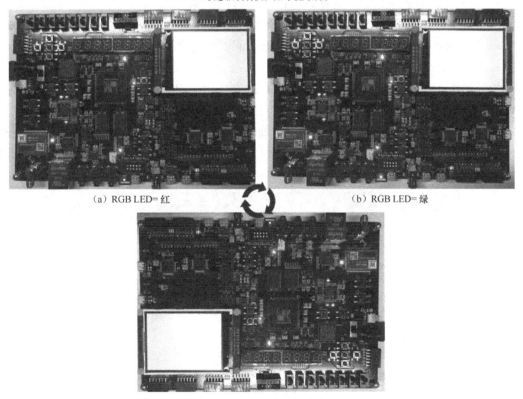

（a）RGB LED= 红　　　　　　　　（b）RGB LED= 绿

（c）RGB LED= 蓝

图 13-2　在蜂鸟 E203 MCU 上进行 PWM 实验的效果

13.4.2　在 Nuclei Studio 中运行 PWM 示例程序

在 9.4 节中，我们介绍了如何在 Nuclei Studio 中运行简单的 HelloWorld 程序，PWM 示例程序的运行流程与其类似，具体描述如下。

在进行程序下载前，我们需要确保已完成以下几项工作。

- 根据 9.1 节描述的步骤，将蜂鸟 E203 MCU 的源代码进行编译以生成 MCS 文件，或者直接选用 e203_hbirdv2 项目的 fpga/ddr200t/prebuilt_mcs 目录中预先编译生成的 MCS 文件并烧录至 DDR200T 开发板的 FPGA_Flash。此过程只需要进行一次。对于烧录到 FPGA_Flash 的内容，每次 FPGA 芯片上电后都会自动加载。
- 根据 9.2 节描述的步骤，配置蜂鸟调试器相关的驱动。此过程只需要进行一次。
- 正确连接 PC 主机与 DDR200T 开发板，并对 DDR200T 开发板进行供电，如图 9-10 所示。
- 根据 8.1.2 节描述的步骤，进行 Nuclei Studio 的下载与启动。
- 根据 8.2 节描述的步骤，进行蜂鸟 E203 MCU 的 PWM 示例程序的创建，与 HelloWorld 程序的创建的不同之处在于项目名的设置。为了便于标识，我们设置项目名为 pwm_led。
- 根据 9.4.2 节描述的步骤，设置 Nuclei Studio 中集成的串口工具。
- 下载 Nuclei Board Labs 项目的源代码。

打开创建好的 pwm_led 项目，默认应用程序输出 "Hello World" 字符串。因此，对于 PWM 实验，在进行下载及运行前，需要进行应用程序的替换，具体步骤如下。

- 选择 "Project Explorer" 栏中的 pwm_led/application/main.c 文件，单击鼠标右键，在弹出的快捷菜单中选择 "Delete"，如图 13-3 所示，在弹出的对话框中单击 "OK" 按钮。

图 13-3　移除默认应用程序

- 选择"Project Explorer"栏中的 pwm_led/application 文件夹，单击鼠标右键，在弹出的快捷菜单中选择"Import..."，如图 13-4 所示。然后，在弹出的窗口中，选择"General"下的"File System"，单击"Next"按钮，接下来选择 Nuclei Board Labs 中 pwm_led 项目内的全部源代码文件，如图 13-5 所示。

图 13-4　选择添加应用程序

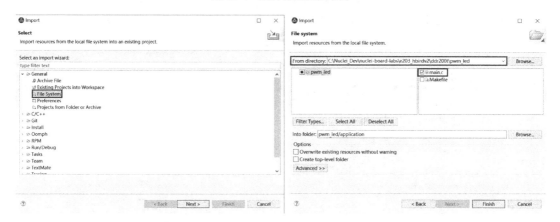

图 13-5　添加 Nuclei Board Labs 中 pwm_led 项目内的全部源代码文件

在完成应用程序的替换后，我们选择从 Flash 上传至 ILM 的下载运行模式，如图 13-6 所示。单击 Nuclei Studio 的图标栏中的"锤子"图标按钮，或者在菜单栏中依次选择"Project"→"Build Project"，开始进行程序编译。

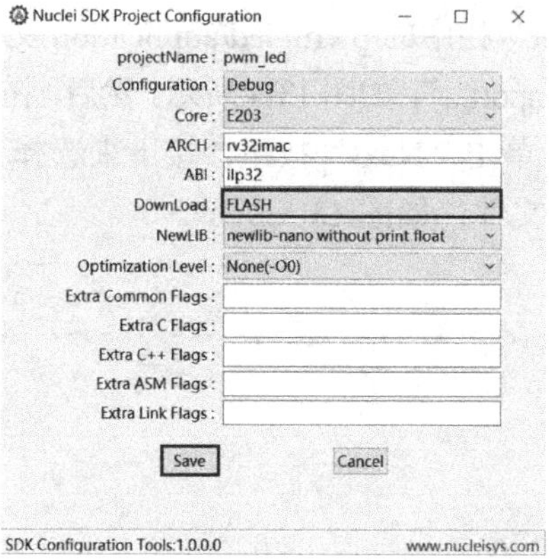

图 13-6 选择程序的下载运行模式

在 Nuclei Studio 的菜单栏中，依次选择"Run"→"Run Configurations..."。在弹出的窗口中，如果当前项目没有下载调试相关的配置，则双击"GDB OpenOCD Debugging"，可自动为本项目生成一个设置好的下载调试相关的配置文件"pwm_led Debug"，如图 13-7 所示。单击该窗口右下角的"Run"按钮，开始下载程序。

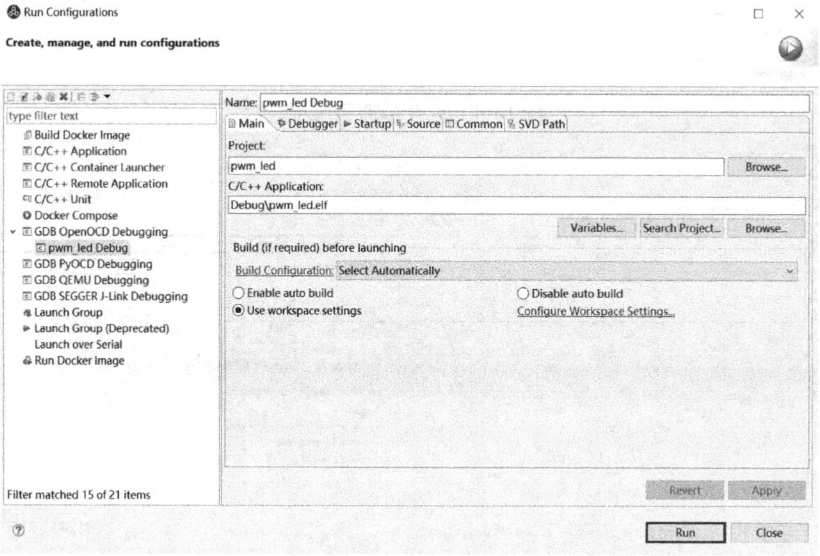

图 13-7 下载程序

通过上述步骤，我们已经将程序烧录至 DDR200T 开发板的 MCU_Flash 中，因此，每次按 DDR200T 开发板上的 MCU_RESET 按键，处理器复位，开始执行 PWM 示例程序，执行效果如图 13-2 所示。

第 14 章 SPI 实验

在本章中，我们将提供在蜂鸟 E203 MCU 上进行的 SPI 实验。

14.1 实验目的

- 熟悉蜂鸟 E203 MCU 的 SPI 的使用。
- 了解如何在蜂鸟 E203 MCU 上进行 SPI 实验。

14.2 实验准备

1）硬件设备
- PC 主机。
- Nuclei DDR200T 开发板及配套供电电源。
- 蜂鸟调试器。

2）软件平台
- HBird SDK。
- Nuclei Studio。

3）应用示例程序
Nuclei Board Labs 项目的源代码。

14.3 实验原理

14.3.1 SPI 简介

SPI（Serial Peripheral Interface，串行外设接口）是由摩托罗拉公司推出的一种同步串行接口技术，具备通信简单、支持全双工通信和数据传输速度快等特点。蜂鸟 E203 MCU 可通过该接口与其他外部设备进行通信，如板载 LCD 的控制器。关于 SPI 的特性和功能，见2.7 节。

14.3.2　SPI 示例程序

在 Nuclei Board Labs 项目中，提供了 SPI 示例程序，相关目录结构如下。

```
nuclei-boards-labs                          //存放 Nuclei Board Labs 的目录
        |----e203_hbirdv2                   //存放蜂鸟 E203 MCU 示例程序的目录
            |----ddr200t                    //DDR200T 专用示例程序目录
                |----spi_lcd                //存放 SPI 示例程序
                    |----main.c             //SPI 示例程序的源代码
                    |----lcd.c              //LCD 驱动的源代码
                    |----lcd.h              //LCD 驱动的头文件
                    |----Makefile           //Makefile 脚本
```

Makefile 为主控制脚本，其中的代码片段如下。

```
//指明生成的 ELF 文件的名称
TARGET = spi_lcd

HBIRD_SDK_ROOT = ../../../..

SRCDIRS = .

INCDIRS = .

//调用 Bulid 目录中的 Makefile.base
include $(HBIRD_SDK_ROOT)/Build/Makefile.base
```

在本实验中，主要使用蜂鸟 E203 MCU 的 SPI 总线与板载 LCD 驱动控制器 ILI9341 进行通信，通过该控制器的配置来实现 LCD 的显示功能。

DDR200T 板载 LCD 模块（包括 ILI9341 控制器）与蜂鸟 E203 MCU 的通信采用标准的单线 SPI 总线，对应蜂鸟 E203 MCU 的 GPIOA[8]、GPIOA[9]、GPIOA[10]和 GPIOA[11]。此外，板载 LCD 模块还有一个设置数据属性（数据/命令）的信号（D/C），对应蜂鸟 E203 MCU 的 GPIOA[12]。蜂鸟 E203 MCU 在 DDR200T 开发板中的引脚连接详情见 3.1.3 节。根据 1.11 节提到的 GPIO 的引脚复用功能可知，通过 GPIO 的 IOF 功能设置，SPI1 模块的 SCK、SS、MOSI 和 MISO 接口分别对应 GPIOA 的 Pad8、Pad9、Pad10 和 Pad11。因此，本实验需要编程配置 SPI1 模块和控制 GPIOA[12]，从而实现对板载 LCD 的控制。

DDR200T 板载 LCD 模块使用的 ILI9341 控制器配置为 SPI 工作模式，蜂鸟 E203 MCU 对其进行写操作的时序如图 14-1 所示，信号的描述如下。

- CSX 表示片选信号，对应蜂鸟 E203 MCU 的 SPI 总线 SS 接口。
- SCL 表示串行时钟输入信号，对应蜂鸟 E203 MCU 的 SPI 总线 SCK 接口。
- SDA 表示串行输入数据信号，对应蜂鸟 E203 MCU 的 SPI 总线 MOSI 接口。
- D/CX 表示传输数据属性信号，若该位为高电平，表示传输的是显示数据或者控制寄存器的值，反之则表示传输的是命令数据，由蜂鸟 E203 MCU 的 GPIOA[18]接口控制。

在 SPI 示例程序目录中，包含简单的 LCD 驱动程序，提供了 LCD 初始化、显示设置和清屏等函数，以及 12×12、16×16、24×24 的 ASCII 字符点阵库，方便用户直接调用。由于本实验的重点在于 SPI 总线的通信控制，因此，对于板载 LCD 模块的具体配置与控制，作者不做过多讲解，感兴趣的读者，可自行查阅 LCD 驱动控制器 ILI9341 的数据手册，然后对照本实验中的 LCD 驱动程序进行理解。

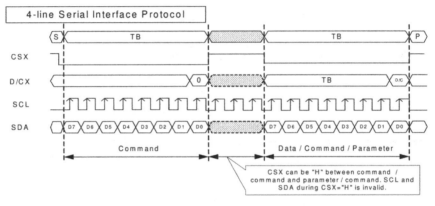

图 14-1　使用 SPI 的写时序

在 HBird SDK 中，提供了 GPIO 和 SPI 的驱动，因此，在用户进行应用程序开发时，无须面对烦琐的底层寄存器操作，可直接调用相关 API 完成 GPIO 和 SPI 的配置与操作。关于 GPIO 的 API，见 HBird SDK 中的 SoC/hbirdv2/Common/Include/hbirdv2_gpio.h 文件。关于 SPI 的 API，见 HBird SDK 中的 SoC/hbirdv2/Common/Include/hbirdv2_spi.h 文件。

14.4　实验步骤

14.4.1　在 HBird SDK 中运行 SPI 示例程序

在 9.3 节中，我们介绍了如何在 HBird SDK 中运行简单的 HelloWorld 程序，SPI 示例程序的运行流程与其类似。由于 SPI 示例程序维护在 Nuclei Board Labs 项目中，因此，在 HBird SDK 中运行该示例程序前，需要将其复制至 HBird SDK 中，具体描述如下。

```
//前提步骤 1：根据 9.1 节描述的步骤，将蜂鸟 E203 MCU 的源代码进行编译以生成 MCS 文件，或者
//直接选用 e203_hbirdv2 项目的 fpga/ddr200t/prebuilt_mcs 目录中预先编译生成的 MCS 文件
//并烧录至 DDR200T 开发板的 FPGA_Flash。此过程只需要进行一次
//对于烧录到 FPGA_Flash 的内容，每次 FPGA 芯片上电后都会自动加载

//前提步骤 2：根据 9.2 节描述的步骤，配置蜂鸟调试器相关的驱动。此过程只需要进行一次

//前提步骤 3：正确连接 PC 主机与 DDR200T 开发板，并对 DDR200T 开发板进行供电，如图 9-10 所示

//前提步骤 4：根据 7.4 节描述的步骤，进行 HBird SDK 的环境配置和工具链安装

//前提步骤 5：根据 9.3.2 节描述的步骤，进行 PC 主机中串口显示终端的设置

//前提步骤 6：下载 Nuclei Board Labs 项目的源代码


//在命令行终端中运行以下命令，首先将 e203_hbirdv2 的应用示例程序从 Nuclei Board Labs
//中复制至 HBird SDK 中，然后，在 HBird SDK 中，将该 SPI 示例程序进行编译并下载至 DDR200T
//开发板的 MCU_Flash 中，并且选择从 Flash 上传至 ILM 的运行模式

cd <hbird-sdk>

mkdir board-labs

cp -r <nuclei-board-labs>/e203_hbirdv2 ./board-labs/

//注意：若已将 nuclei-board-labs 中的示例程序复制到 hbird-sdk，则可忽略以上命令

cd board-labs/e203_hbirdv2/ddr200t/spi_lcd

make upload SOC=hbirdv2 BOARD=ddr200t CORE=e203 DOWNLOAD=flash

//上述命令使用了几个 Makefile 参数，说明见 11.4.1 节
```

通过上述步骤，我们已经将程序烧录至 DDR200T 开发板的 MCU_Flash 中，因此，每次按 DDR200T 开发板上的 MCU_RESET 按键，处理器复位，开始执行 SPI 示例程序，将"Hello World"等字符串输出至板载 LCD 并显示，效果如图 14-2 所示。

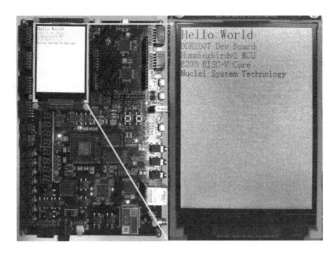

图 14-2　在蜂鸟 E203 MCU 上进行 SPI 实验的效果

14.4.2　在 Nuclei Studio 中运行 SPI 示例程序

在 9.4 节中，我们介绍了如何在 Nuclei Studio 中运行简单的 HelloWorld 程序，SPI 示例程序的运行流程与其类似，具体描述如下。

在进行程序下载前，我们需要确保已完成以下几项工作。

- 根据 9.1 节描述的步骤，将蜂鸟 E203 MCU 的源代码进行编译以生成 MCS 文件，或者直接选用 e203_hbirdv2 项目的 fpga/ddr200t/prebuilt_mcs 目录中预先编译生成的 MCS 文件并烧录至 DDR200T 开发板的 FPGA_Flash。此过程只需要进行一次。对于烧录到 FPGA_Flash 的内容，每次 FPGA 芯片上电后都会自动加载。
- 根据 9.2 节描述的步骤，配置蜂鸟调试器相关的驱动。此过程只需要进行一次。
- 正确连接 PC 主机与 DDR200T 开发板，并对 DDR200T 开发板进行供电，如图 9-10 所示。
- 根据 8.1.2 节描述的步骤，进行 Nuclei Studio 的下载与启动。
- 根据 8.2 节描述的步骤，进行蜂鸟 E203 MCU 的 SPI 示例程序的创建，与 HelloWorld 程序的创建的不同之处在于项目名的设置。为了便于标识，我们设置项目名为 spi_lcd。
- 根据 9.4.2 节描述的步骤，设置 Nuclei Studio 中集成的串口工具。
- 下载 Nuclei Board Labs 项目的源代码。

打开创建好的 spi_lcd 项目，默认应用程序输出"Hello World"字符串。因此，对于 SPI 实验，在进行下载及运行前，需要进行应用程序的替换，具体步骤如下。

- 选择"Project Explorer"栏中的 spi_lcd/application/main.c 文件，单击鼠标右键，在弹出的快捷菜单中选择"Delete"，如图 14-3 所示，然后在弹出的对话框中单击"OK"按钮。

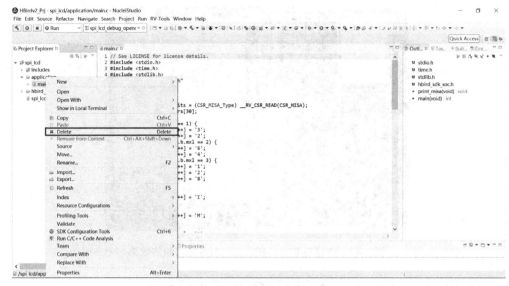

图 14-3 　移除默认应用程序

- 选择"Project Explorer"栏中的 spi_lcd/application 文件夹，单击鼠标右键，在弹出的
  快捷菜单中选择"Import..."，如图 14-4 所示。在弹出的窗口中，选择"General"下
  的"File System"，然后单击"Next"按钮，接下来选择 Nuclei Board Labs 中 spi_lcd
  项目内的全部源代码文件，如图 14-5 所示。

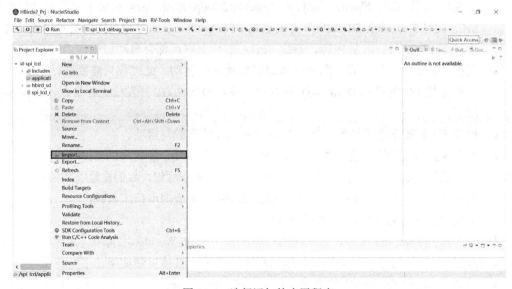

图 14-4 　选择添加的应用程序

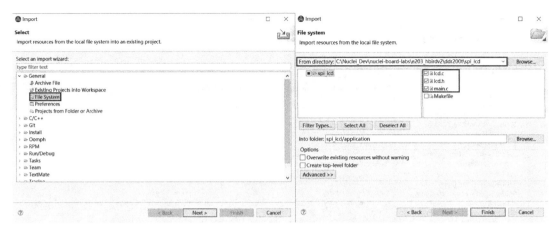

图 14-5　添加 Nuclei Board Labs 中 spi_lcd 项目内的全部源代码文件

在完成应用程序的替换后，我们选择从 Flash 上传至 ILM 的下载运行模式，如图 14-6 所示。单击 Nuclei Studio 的图标栏中的"锤子"图标按钮，或者在菜单栏中依次选择"Project"→"Build Project"，开始进行程序编译。

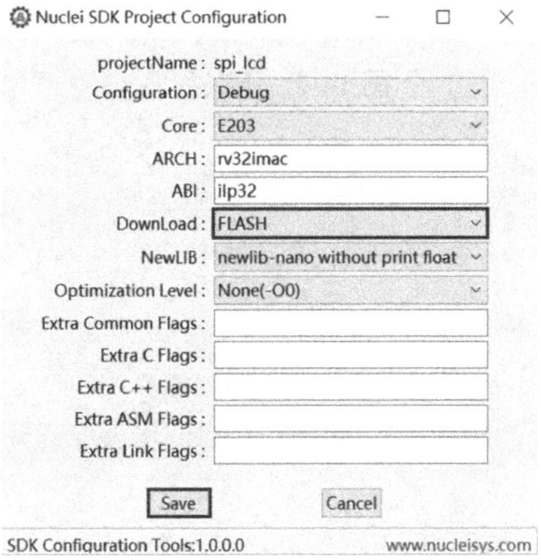

图 14-6　选择程序的下载运行模式

在 Nuclei Studio 的菜单栏中，依次选择"Run"→"Run Configurations..."。在弹出的窗口中，如果当前项目没有下载调试相关的配置，则双击"GDB OpenOCD Debugging"，可自动为本项目生成一个设置好的下载调试相关的配置文件"spi_lcd Debug"，如图 14-7 所示。单击该窗口右下角的"Run"按钮，开始下载程序。

通过上述步骤，我们已经将程序烧录至 DDR200T 开发板的 MCU_Flash 中，因此，每次按 DDR200T 开发板上的 MCU_RESET 按键，处理器复位，开始执行 SPI 示例程序，执行效果如图 14-2 所示。

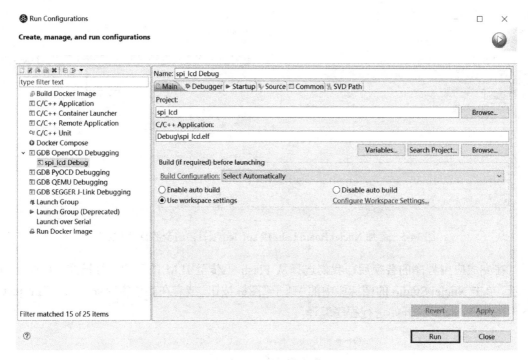

图 14-7　下载程序

第 15 章 I²C 实验

在本章中，我们将提供在蜂鸟 E203 MCU 上进行的 I²C 实验。

15.1 实验目的

- 熟悉蜂鸟 E203 MCU 的 I²C 的使用。
- 了解如何在蜂鸟 E203 MCU 上进行 I²C 实验。

15.2 实验准备

1）硬件设备
- PC 主机。
- Nuclei DDR200T 开发板及配套供电电源。
- 蜂鸟调试器。

2）软件平台
- HBird SDK。
- Nuclei Studio。

3）应用示例程序

Nuclei Board Labs 项目的源代码。

15.3 实验原理

15.3.1 I²C 简介

I²C（Inter-Integrated Circuit，集成电路互联总线）是飞利浦公司开发的一种同步串行总线，具备引脚少、硬件实现简单和可扩展性强等特点。蜂鸟 E203 MCU 可通过该总线与其他外部设备进行通信，如板载 EEPROM 存储器。关于 I²C 的特性和功能，见 2.8 节。

15.3.2 I²C 示例程序

在 Nuclei Board Labs 项目中，提供了 I²C 示例程序，相关的目录结构如下。

```
nuclei-boards-labs                        //存放 Nuclei Board Labs 的目录
    |----e203_hbirdv2                     //存放蜂鸟 E203 MCU 示例程序的目录
        |----common                       //通用示例程序目录
            |----i2c_eeprom               //存放 I²C 示例程序
                |----main.c               //I²C 示例程序的源代码
                |----Makefile             //Makefile 脚本
```

Makefile 为主控制脚本，其中的代码片段如下。

```
//指明生成的 ELF 文件的名称
TARGET = i2c_eeprom

HBIRD_SDK_ROOT = ../../../..

SRCDIRS = .

INCDIRS = .

//调用 Bulid 目录中的 Makefile.base
include $(HBIRD_SDK_ROOT)/Build/Makefile.base
```

在本实验中，主要使用蜂鸟 E203 MCU 的 I²C 总线接口与板载 EEPROM 存储器 24LC04 进行通信，先完成一定数量的固定数据的写入，再从 EEPROM 中读出，并将读出的数据与写入的固定数据进行比较，最后将结果输出至 PC 主机的串口显示终端并进行显示。

DDR200T 板载 EEPROM 存储器 24LC04 的 I²C 通信接口引脚分别对应蜂鸟 E203 MCU 的 GPIOA[14]和 GPIOA[15]，蜂鸟 E203 MCU 在 DDR200T 开发板中的引脚连接详情见 3.1.3 节。根据 1.11 节中提到的 GPIO 的引脚复用功能可知，通过 GPIO 的 IOF 功能设置，I²C0 模块的 SCL 和 SDA 接口分别对应 GPIOA 的 Pad14 和 Pad15，因此，在本实验中，需要编程配置 I²C0 模块，从而实现与板载 EEPROM 存储器的通信。

板载 EEPROM 存储器 24LC04 的典型读写时序如图 15-1 所示，从图中可知：

- 通过发送控制字节（control byte）设定操作模式是读数据还是写数据；
- 在写数据时，可单字节写，也可连续写（16 字节），在连续写时，只需要发送起始地址；
- 在读数据时，可单字节读，也可连续读，读起始地址的设定需要通过写数据操作来完成。

关于板载 EEPROM 存储器 24LC04 的详细信息，感兴趣的读者可自行查阅其数据手册。

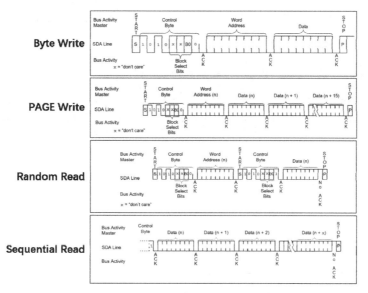

图 15-1　24LC04 的典型读写时序

在 HBird SDK 中，提供了 GPIO 和 I²C 的驱动，因此，在进行应用程序开发时，用户无须面对烦琐的底层寄存器操作，可直接调用相关 API 完成 GPIO 和 I²C 的配置与操作。关于 GPIO 的 API，见 HBird SDK 中的 SoC/hbirdv2/Common/Include/hbirdv2_gpio.h 文件。关于 I²C 的 API，见 HBird SDK 中的 SoC/hbirdv2/Common/Include/hbirdv2_i2c.h 文件。

15.4　实验步骤

15.4.1　在 HBird SDK 中运行 I²C 示例程序

在 9.3 节中，我们介绍了如何在 HBird SDK 中运行简单的 HelloWorld 程序，I²C 示例程序的运行流程与其类似，由于 I²C 示例程序维护在 Nuclei Board Labs 项目中，因此，在 HBird SDK 中运行该示例程序前，需要将其复制至 HBird SDK 中，具体描述如下。

```
//前提步骤 1：根据 9.1 节描述的步骤，将蜂鸟 E203 MCU 的源代码进行编译以生成 MCS 文件，或者直
//接选用 e203_hbirdv2 项目的 fpga/ddr200t/prebuilt_mcs 目录中预先编译生成的 MCS 文件并
//烧录至 DDR200T 开发板的 FPGA_Flash。此过程只需要进行一次。
//对于烧录到 FPGA_Flash 的内容，每次 FPGA 芯片上电后都会自动加载

//前提步骤 2：根据 9.2 节描述的步骤，配置蜂鸟调试器相关的驱动。此过程只需要进行一次

//前提步骤 3：正确连接 PC 主机与 DDR200T 开发板，并对 DDR200T 开发板进行供电，如图 9-10 所示
```

//前提步骤 4：根据 7.4 节描述的步骤，进行 HBird SDK 的环境配置和工具链安装

//前提步骤 5：根据 9.3.2 节描述的步骤，进行 PC 主机中串口显示终端的设置

//前提步骤 6：下载 Nuclei Board Labs 项目的源代码

//在命令行终端中运行以下命令，首先将 e203_hbirdv2 的应用示例程序从 Nuclei Board Labs 中
//复制至 HBird SDK，然后，在 HBird SDK 中，将该 I²C 示例程序进行编译并下载至 DDR200T 开发
//板的 MCU_Flash 中，并且选择从 Flash 上传至 ILM 的运行模式

```
cd <hbird-sdk>

mkdir board-labs

cp -r <nuclei-board-labs>/e203_hbirdv2 ./board-labs/
```

//注意：若已将 nuclei-board-labs 中的示例程序复制到 hbird-sdk，则可忽略以上命令

```
cd board-labs/e203_hbirdv2/common/i2c_eeprom

make upload SOC=hbirdv2 BOARD=ddr200t CORE=e203 DOWNLOAD=flash
```

//上述命令使用了几个 Makefile 参数，说明见 11.4.1 节

通过上述步骤，我们已经将程序烧录至 DDR200T 开发板的 MCU_Flash 中，因此，每次按 DDR200T 开发板上的 MCU_RESET 按键，处理器复位，开始执行 I²C 示例程序，并将结果输出至 PC 主机的串口显示终端，如图 15-2 所示。

图 15-2　在蜂鸟 E203 MCU 上进行 I²C 实验的结果

15.4.2　在 Nuclei Studio 中运行 I²C 示例程序

在 9.4 节中，我们介绍了如何在 Nuclei Studio 中运行简单的 HelloWorld 程序，I²C 示例

程序的运行流程与其类似,具体描述如下。

在进行程序下载前,我们需要确保已完成以下几项工作。

- 根据 9.1 节描述的步骤,将蜂鸟 E203 MCU 的源代码进行编译以生成 MCS 文件,或者直接选用 e203_hbirdv2 项目的 fpga/ddr200t/prebuilt_mcs 目录中预先编译生成的 MCS 文件并烧录至 DDR200T 开发板的 FPGA_Flash。此过程只需要进行一次。对于烧录到 FPGA_Flash 的内容,每次 FPGA 芯片上电后都会自动加载。
- 根据 9.2 节描述的步骤,配置蜂鸟调试器相关的驱动。此过程只需要进行一次。
- 正确连接 PC 主机与 DDR200T 开发板,并对 DDR200T 开发板进行供电,如图 9-10 所示。
- 根据 8.1.2 节描述的步骤,进行 Nuclei Studio 的下载与启动。
- 根据 8.2 节描述的步骤,进行蜂鸟 E203 MCU 的 I^{2}C 示例程序的创建,与 HelloWorld 程序的创建的不同之处在于项目名的设置。为了便于标识,我们设置项目名为 i2c_eeprom。
- 根据 9.4.2 节描述的步骤,设置 Nuclei Studio 中集成的串口工具。
- 下载 Nuclei Board Labs 项目的源代码。

打开创建好的 i2c_eeprom 项目,默认应用程序输出 "Hello World" 字符串。因此,对于 I^{2}C 实验,在进行下载及运行前,需要进行应用程序的替换,具体步骤如下。

- 选择 "Project Explorer" 栏中的 i2c_eeprom/application/main.c 文件,单击鼠标右键,在弹出的快捷菜单中选择 "Delete",如图 15-3 所示,然后在弹出的对话框中单击 "OK" 按钮。

图 15-3 移除默认应用程序

- 选择"Project Explorer"栏中的 i2c_eeprom/application 文件夹，单击鼠标右键，在弹出的快捷菜单中选择"Import..."，如图 15-4 所示。在弹出的窗口中，选择"General"下的"File System"，然后单击"Next"按钮，接下来选择 Nuclei Board Labs 中 i2c_eeprom 项目内的全部源代码文件，如图 15-5 所示。

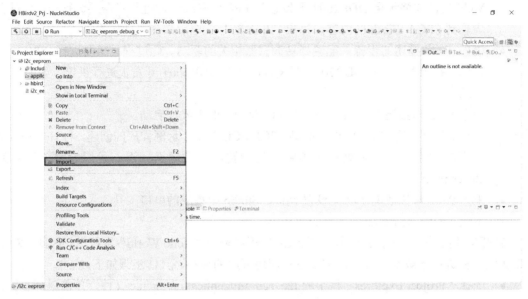

图 15-4　选择添加的应用程序

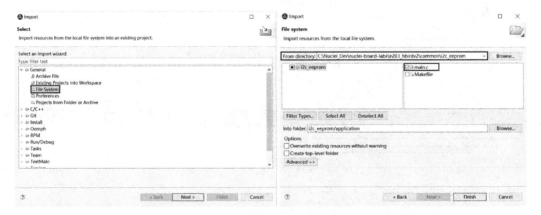

图 15-5　添加 Nuclei Board Labs 中 i2c_eeprom 项目内的全部源代码文件

在完成应用程序的替换后，我们选择从 Flash 上传至 ILM 的下载运行模式，如图 15-6 所示。单击 Nuclei Studio 的图标栏中的"锤子"图标按钮，或者在菜单栏中选择"Project"→"Build Project"，开始进行程序编译。

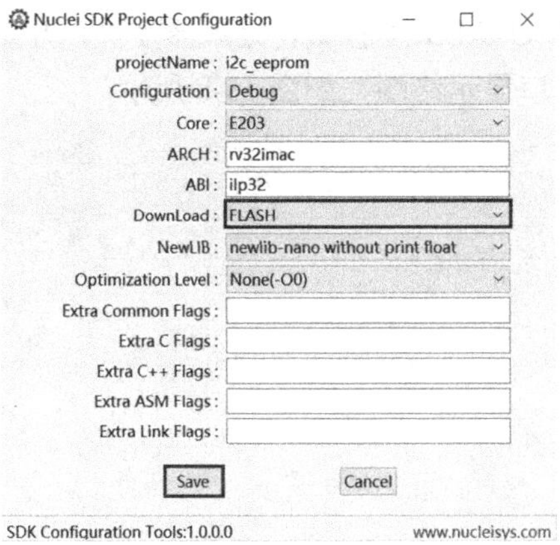

图 15-6　选择程序的下载运行模式

在 Nuclei Studio 的菜单栏中，依次选择"Run"→"Run Configurations..."。在弹出的窗口中，如果当前项目没有下载调试相关的配置，则双击"GDB OpenOCD Debugging"，可自动为本项目生成一个设置好的下载调试相关的配置文件"i2c_eeprom Debug"，如图 15-7 所示。单击该窗口右下角的"Run"按钮，开始下载程序。

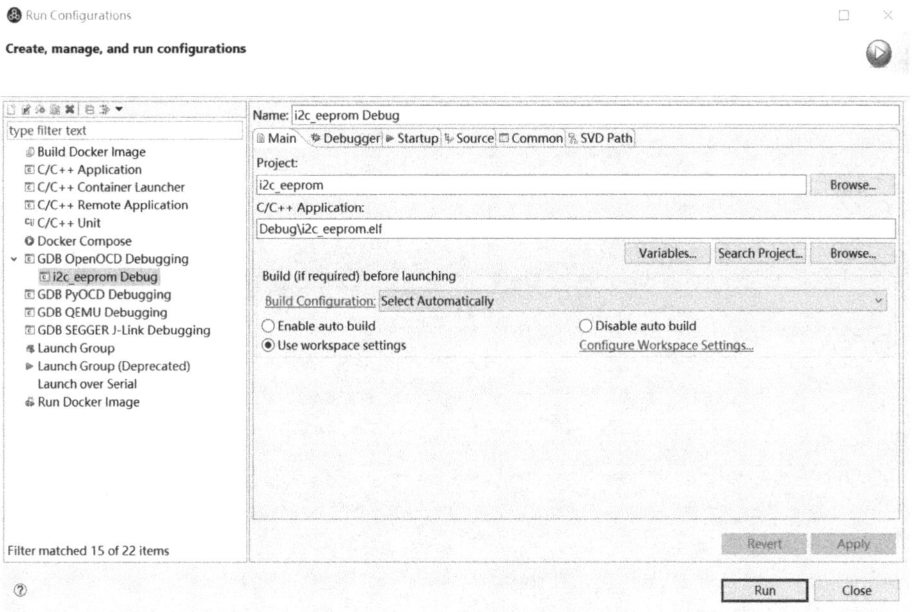

图 15-7　下载程序

通过上述步骤，我们已经将程序烧录至 DDR200T 开发板的 MCU_Flash 中，因此，每次按 DDR200T 开发板上的 MCU_RESET 按键，处理器复位，开始执行 I²C 示例程序，并将结果输出至 Nuclei Studio 的串口显示终端，如图 15-8 所示。

```
COM8 ⌖
Download Mode: FLASH
CPU Frequency 15998320 Hz
I2C Test
I2C Write data done
Received 0 expecting 0
Received 1 expecting 1
Received 2 expecting 2
Received 3 expecting 3
Received 4 expecting 4
Received 5 expecting 5
Received 6 expecting 6
Received 7 expecting 7
Received 8 expecting 8
Received 9 expecting 9
Received 10 expecting 10
Received 11 expecting 11
Received 12 expecting 12
Received 13 expecting 13
Received 14 expecting 14
Received 15 expecting 15
I2C Test Pass!!!
```

图 15-8　在蜂鸟 E203 MCU 上进行 I²C 实验的结果

第 16 章　中断相关实验

在本章中，我们将提供在蜂鸟 E203 MCU 上进行的中断相关实验。

16.1　实验目的

- 熟悉蜂鸟 E203 MCU 的计时器中断和软件中断的使用。
- 熟悉蜂鸟 E203 MCU 的外部中断的使用。
- 了解如何在蜂鸟 E203 MCU 上进行中断相关实验。

16.2　实验准备

1）硬件设备
- PC 主机。
- Nuclei DDR200T 开发板及配套供电电源。
- 蜂鸟调试器。

2）软件平台
- HBird SDK。
- Nuclei Studio。

16.3　实验原理

16.3.1　计时器中断和软件中断

蜂鸟 E203 MCU 的计时器中断和软件中断均由处理器核局部中断控制器（CLINT）产生，

具体原理见 1.12.3 节。关于蜂鸟 E203 MCU 的中断处理机制，以及 HBird SDK 对于中断处理的实现，分别见 1.12 节和 7.3.5 节。

16.3.2 计时器中断和软件中断示例程序

在 HBird SDK 中，提供了计时器中断和软件中断示例程序，相关的目录结构如下。

```
hbird-sdk                               //存放 HBird SDK 的目录
    |----application                    //存放软件示例的目录
        |----baremetal                  //存放 baremetal 示例程序
            |----demo_timer             //存放计时器中断和软件中断示例程序
                |----main.c             //计时器中断和软件中断示例程序的源代码
                |----Makefile           //Makefile 脚本
```

Makefile 为主控制脚本，其中的代码片段如下。

```
//指明生成的 ELF 文件的名称
TARGET = demo_timer

HBIRD_SDK_ROOT = ../../..

SRCDIRS = .

INCDIRS = .

//调用 Bulid 目录中的 Makefile.base
include $(HBIRD_SDK_ROOT)/Build/Makefile.base
```

在本实验中，主要利用蜂鸟 E203 MCU 的 CLINT 模块先产生 10 次计时器中断，并在每次进入计时器中断服务函数时，输出当前进入的次数，然后产生 10 次软件中断，并在每次进入软件中断服务函数时，输出当前进入的次数。

在 HBird SDK 中，提供了 CLINT 模块的驱动，因此，在进行应用程序开发时，用户无须面对烦琐的底层寄存器操作，可直接调用相关 API 完成计时器中断和软件中断的配置。关于 CLINT 模块的 API，见 HBird SDK 中的 NMSIS/Core/Include/core_feature_timer.h 文件。

16.3.3 外部中断

蜂鸟 E203 MCU 具有多个外部中断源，如 GPIO、UART 和 RTC 等，并且通过平台级别中断控制器（PLIC）进行统一仲裁管理，最终生成一个外部中断信号并送入处理器核进行处理，详情见 1.12.4 节。本实验将以 GPIO 作为外部中断源。关于 GPIO 中断的产生与设置，见 2.6.5 节。

16.3.4 外部中断示例程序

在 HBird SDK 中，提供了外部中断示例程序，相关的目录结构如下。

```
hbird-sdk                               //存放 HBird SDK 的目录
     |----application                    //存放软件示例的目录
          |----baremetal                  //存放 baremetal 示例程序
               |----demo_plic              //存放外部中断示例程序
                    |----main.c            //外部中断示例程序的源代码
                    |----Makefile          //Makefile 脚本
```

Makefile 为主控制脚本，其中的代码片段如下。

```
//指明生成的 ELF 文件的名称
TARGET = demo_plic

HBIRD_SDK_ROOT = ../../..

SRCDIRS = .

INCDIRS = .

//调用 Bulid 目录中的 Makefile.base
include $(HBIRD_SDK_ROOT)/Build/Makefile.base
```

在本实验中，主要是设置与用户按键相连的 GPIO 作为外部中断源，通过按用户按键便可产生外部中断。在该中断的服务程序中，通过控制相应 GPIO 来间隔地点亮或关闭用户 LED，从而实现通过按键控制用户 LED 开关的效果。在本实验中，我们使用的用户按键和用户 LED 在 DDR200T 开发板中的位置如图 16-1 所示，它们与蜂鸟 E203 MCU 的引脚的对应关系如下。

- 用户按键 BTN U 对应蜂鸟 E203 MCU 的 GPIOA[3]。
- 用户按键 BTN D 对应蜂鸟 E203 MCU 的 GPIOA[4]。
- 用户按键 BTN L 对应蜂鸟 E203 MCU 的 GPIOA[5]。
- 用户按键 BTN R 对应蜂鸟 E203 MCU 的 GPIOA[6]。
- 用户按键 BTN C 对应蜂鸟 E203 MCU 的 GPIOA[7]。
- LED0 对应蜂鸟 E203 MCU 的 GPIOA[20]。
- LED1 对应蜂鸟 E203 MCU 的 GPIOA[21]。
- LED2 对应蜂鸟 E203 MCU 的 GPIOA[22]。
- LED3 对应蜂鸟 E203 MCU 的 GPIOA[23]。
- LED4 对应蜂鸟 E203 MCU 的 GPIOA[24]。

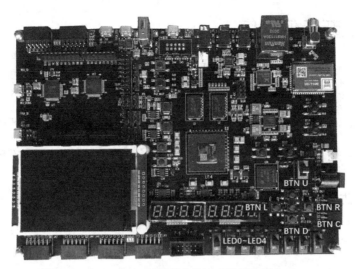

图 16-1　DDR200T 开发板上的用户按键和用户 LED

在 HBird SDK 中，提供了 PLIC 模块和 GPIO 的驱动，因此，在进行应用程序开发时，用户无须面对烦琐的底层寄存器操作，可直接调用相关 API 完成 GPIO 外部中断的配置和用户 LED 的控制。关于 PLIC 模块的 API，见 HBird SDK 中的 NMSIS/Core/Include/core_feature_plic.h 文件。关于 GPIO 的 API，见 HBird SDK 中的 SoC/hbirdv2/Common/Include/hbirdv2_gpio.h 文件。

16.4　实验步骤

16.4.1　在 HBird SDK 中运行计时器中断与软件中断示例程序

在 9.3 节中，我们介绍了如何在 HBird SDK 中运行简单的 HelloWorld 程序，计时器中断与软件中断示例程序的运行流程与其类似，具体描述如下。

//前提步骤 1：根据 9.1 节描述的步骤，将蜂鸟 E203 MCU 的源代码进行编译以生成 MCS 文件，或者直
//接选用 e203_hbirdv2 项目的 fpga/ddr200t/prebuilt_mcs 目录中预先编译生成的 MCS 文件并
//烧录至 DDR200T 开发板的 FPGA_Flash。此过程只需要进行一次。
//对于烧录到 FPGA_Flash 的内容，每次 FPGA 芯片上电后都会自动加载

//前提步骤 2：根据 9.2 节描述的步骤，配置蜂鸟调试器相关的驱动。此过程只需要进行一次

//前提步骤 3：正确连接 PC 主机与 DDR200T 开发板，并对 DDR200T 开发板进行供电，如图 9-10 所示

//前提步骤 4：根据 7.4 节描述的步骤，进行 HBird SDK 的环境配置和工具链安装

//前提步骤 5：根据 9.3.2 节描述的步骤，设置 PC 主机中的串口显示终端

//在命令行终端中运行以下命令，将计时器中断与软件中断示例程序编译并下载至 DDR200T 开发板的
//MCU_Flash 中，并且选择从 Flash 上传至 ILM 的运行模式

cd *<hbird-sdk>*/application/baremetal/demo_timer

make upload SOC=hbirdv2 BOARD=ddr200t CORE=e203 DOWNLOAD=flash

//上述命令使用了几个 Makefile 参数，说明见 10.4.1 节

通过上述步骤，我们已经将程序烧录至 DDR200T 开发板的 MCU_Flash 中，因此，每次按 DDR200T 开发板上的 MCU_RESET 按键，处理器复位，开始执行计时器中断与软件中断示例程序，并将结果输出至 PC 主机的串口显示终端，如图 16-2 所示。

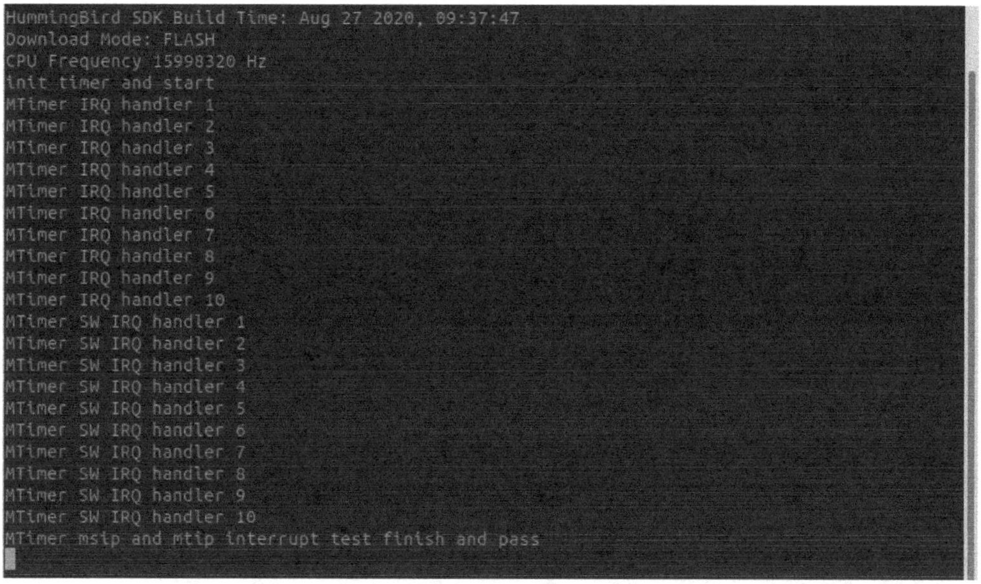

```
HummingBird SDK Build Time: Aug 27 2020, 09:37:47
Download Mode: FLASH
CPU Frequency 15998320 Hz
init timer and start
MTimer IRQ handler 1
MTimer IRQ handler 2
MTimer IRQ handler 3
MTimer IRQ handler 4
MTimer IRQ handler 5
MTimer IRQ handler 6
MTimer IRQ handler 7
MTimer IRQ handler 8
MTimer IRQ handler 9
MTimer IRQ handler 10
MTimer SW IRQ handler 1
MTimer SW IRQ handler 2
MTimer SW IRQ handler 3
MTimer SW IRQ handler 4
MTimer SW IRQ handler 5
MTimer SW IRQ handler 6
MTimer SW IRQ handler 7
MTimer SW IRQ handler 8
MTimer SW IRQ handler 9
MTimer SW IRQ handler 10
MTimer msip and mtip interrupt test finish and pass
```

图 16-2　在蜂鸟 E203 MCU 中进行计时器中断与软件中断实验的结果

16.4.2　在 Nuclei Studio 中运行计时器中断与软件中断示例程序

在 9.4 节中，我们介绍了如何在 Nuclei Studio 中运行简单的 HelloWorld 程序，计时器中断与软件中断示例程序的运行流程与其类似，具体描述如下。

在进行程序下载前，我们需要确保已完成以下几项工作。

- 根据 9.1 节描述的步骤，将蜂鸟 E203 MCU 的源代码进行编译以生成 MCS 文件，或者直接选用 e203_hbirdv2 项目的 fpga/ddr200t/prebuilt_mcs 目录中预先编译生成的

MCS 文件并烧录至 DDR200T 开发板的 FPGA_Flash。此过程只需要进行一次。对于烧录到 FPGA_Flash 的内容，每次 FPGA 芯片上电后都会自动加载。

- 根据 9.2 节描述的步骤，配置蜂鸟调试器相关的驱动。此过程只需要进行一次。
- 正确连接 PC 主机与 DDR200T 开发板，并对 DDR200T 开发板进行供电，如图 9-10 所示。
- 根据 8.1.2 节描述的步骤，进行 Nuclei Studio 的下载与启动。
- 根据 8.2 节描述的步骤，进行蜂鸟 E203 MCU 的计时器中断与软件中断示例程序的创建，与 HelloWorld 程序的创建的不同之处在于设置项目名为 demo_timer，选择项目示例模板为"baremetal_demo_timer"，其他可保持一致。
- 根据 9.4.2 节描述的步骤，设置 Nuclei Studio 中集成的串口工具。

打开创建好的计时器中断与软件中断项目，选择所需的下载运行模式（Flash XiP/ILM/Flash），此处设置为从 Flash 上传至 ILM 的下载运行模式，即 Flash 模式，如图 16-3 所示。单击 Nuclei Studio 的图标栏中的"锤子"图标按钮，或者在菜单栏中依次选择"Project"→"Build Project"，开始进行程序编译。

图 16-3　选择程序的下载运行模式

在 Nuclei Studio 的菜单栏中，依次选择"Run"→"Run Configurations..."。在弹出的窗口中，如果当前项目没有下载调试相关的配置，则双击"GDB OpenOCD Debugging"，可自动为本项目生成一个设置好的下载调试相关的配置文件"demo_timer Debug"，如图 16-4 所示。单击该窗口右下角的"Run"按钮，开始下载程序。

通过上述步骤，我们已经将程序烧录至 DDR200T 开发板的 MCU_Flash 中，因此，每次按 DDR200T 开发板上的 MCU_RESET 按键，处理器复位，开始执行计时器中断与软件中断示例程序，并将结果输出至 Nuclei Studio 的串口显示终端，如图 16-5 所示。

图 16-4　下载程序

```
COM8
HummingBird SDK Build Time: Aug 27 2020, 09:57:35
Download Mode: FLASH
CPU Frequency 15998320 Hz
init timer and start
MTimer IRQ handler 1
MTimer IRQ handler 2
MTimer IRQ handler 3
MTimer IRQ handler 4
MTimer IRQ handler 5
MTimer IRQ handler 6
MTimer IRQ handler 7
MTimer IRQ handler 8
MTimer IRQ handler 9
MTimer IRQ handler 10
MTimer SW IRQ handler 1
MTimer SW IRQ handler 2
MTimer SW IRQ handler 3
MTimer SW IRQ handler 4
MTimer SW IRQ handler 5
MTimer SW IRQ handler 6
MTimer SW IRQ handler 7
MTimer SW IRQ handler 8
MTimer SW IRQ handler 9
MTimer SW IRQ handler 10
MTimer msip and mtip interrupt test finish and pass
```

图 16-5　在蜂鸟 E203 MCU 中进行计时器中断与软件中断实验的结果

16.4.3　在 HBird SDK 中运行外部中断示例程序

在 9.3 节中，我们介绍了如何在 HBird SDK 中运行简单的 HelloWorld 程序，外部中断示例程序的运行流程与其类似，具体描述如下。

//前提步骤1:根据9.1节描述的步骤,将蜂鸟E203 MCU的源代码进行编译以生成MCS文件,或者直接
//选用e203_hbirdv2项目的fpga/ddr200t/prebuilt_mcs目录中预先编译生成的MCS文件并烧
//录至DDR200T开发板的FPGA_Flash。此过程只需要进行一次。
//对于烧录到FPGA_Flash的内容,每次FPGA芯片上电后都会自动加载

//前提步骤2:根据9.2节描述的步骤,配置蜂鸟调试器相关的驱动。此过程只需要进行一次

//前提步骤3:正确连接PC主机与DDR200T开发板,并对DDR200T开发板进行供电,如图9-10所示

//前提步骤4:根据7.4节描述的步骤,进行HBird SDK的环境配置和工具链安装

//前提步骤5:根据9.3.2节描述的步骤,进行PC主机中串口显示终端的设置

//在命令行终端中运行以下命令,将外部中断示例程序编译并下载至DDR200T开发板的MCU_Flash中,
//并且选择从Flash上传至ILM的运行模式

```
cd <hbird-sdk>/application/baremetal/demo_plic

make upload SOC=hbirdv2 BOARD=ddr200t CORE=e203 DOWNLOAD=flash
```

//上述命令使用了几个Makefile参数,说明见10.4.1节

通过上述步骤,我们已经将程序烧录至DDR200T开发板的MCU_Flash中,因此,每次按DDR200T开发板上的MCU_RESET按键,处理器复位,开始执行外部中断示例程序,执行效果如图16-6所示。

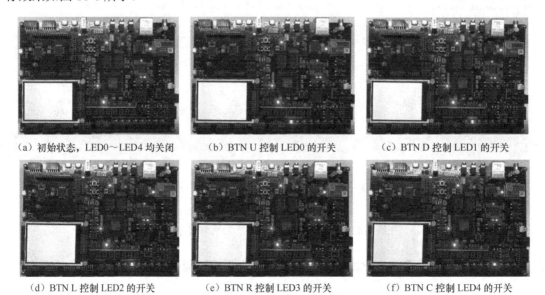

(a) 初始状态,LED0~LED4均关闭　　(b) BTN U控制LED0的开关　　(c) BTN D控制LED1的开关

(d) BTN L控制LED2的开关　　(e) BTN R控制LED3的开关　　(f) BTN C控制LED4的开关

图16-6　在蜂鸟E203 MCU中进行外部中断实验的效果

16.4.4 在 Nuclei Studio 中运行外部中断示例程序

在 9.4 节中，我们介绍了如何在 Nuclei Studio 中运行简单的 HelloWorld 程序，外部中断示例程序的运行流程与其类似，具体描述如下。

在进行程序下载前，我们需要确保已完成以下几项工作。

- 根据 9.1 节描述的步骤，将蜂鸟 E203 MCU 的源代码进行编译以生成 MCS 文件，或者直接选用 e203_hbirdv2 项目的 fpga/ddr200t/prebuilt_mcs 目录中预先编译生成的 MCS 文件并烧录至 DDR200T 开发板的 FPGA_Flash。此过程只需要进行一次。对于烧录到 FPGA_Flash 的内容，每次 FPGA 芯片上电后都会自动加载。
- 根据 9.2 节描述的步骤，配置蜂鸟调试器相关的驱动。此过程只需要进行一次。
- 正确连接 PC 主机与 DDR200T 开发板，并对 DDR200T 开发板进行供电，如图 9-10 所示。
- 根据 8.1.2 节描述的步骤，进行 Nuclei Studio 的下载与启动。
- 根据 8.2 节描述的步骤，进行蜂鸟 E203 MCU 的外部中断示例程序的创建，与 HelloWorld 示例程序的创建的不同之处在于设置项目名为 demo_plic，选择项目示例模板为 "baremetal_demo_plic"，其他可保持一致。
- 根据 9.4.2 节描述的步骤，设置 Nuclei Studio 中集成的串口工具。

打开创建好的外部中断项目，选择所需的运行模式（Flash XiP/ILM/Flash），此处设置为从 Flash 上传至 ILM 的下载运行模式，即 Flash 模式，如图 16-7 所示。单击 Nuclei Studio 的图标栏中的"锤子"图标按钮，或者在菜单栏中依次选择 "Project" → "Build Project"，开始进行程序编译。

图 16-7 选择程序的下载运行模式

在 Nuclei Studio 的菜单栏中，依次选择"Run"→"Run Configurations..."。在弹出的窗口中，如果当前项目没有下载调试相关的配置，则双击"GDB OpenOCD Debugging"，可自动为本项目生成一个设置好的下载调试相关的配置文件"demo_plic Debug"，如图 16-8 所示。单击该窗口右下角的"Run"按钮，开始下载程序。

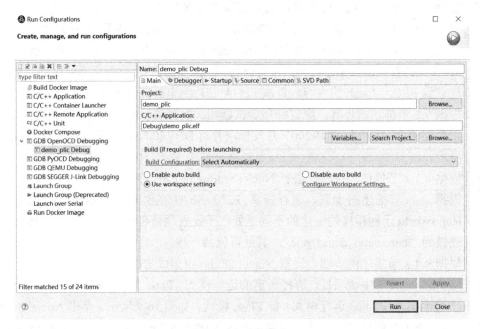

图 16-8　下载程序

通过上述步骤，我们已经将程序烧录至 DDR200T 开发板的 MCU_Flash 中，因此，每次按 DDR200T 开发板上的 MCU_RESET 按键，处理器复位，开始执行外部中断示例程序，执行效果如图 16-6 所示。

第 17 章　FreeRTOS 的移植与示例程序运行

在前面章节提供的实验中，直接基于裸机（baremetal）进行应用的开发，对于这种开发方式，在软件规模较小时，可开发出运行效率较高的程序。不过，随着应用程序的功能不断增多、规模逐步加大，这种开发方式的效率越来越低。为了进一步简化上层应用的开发，我们可以引入操作系统层面的支持。

本章将以主流的开源实时操作系统 FreeRTOS 为例，介绍其在蜂鸟 E203 MCU 中的移植，以及相关示例程序的运行。

17.1　RTOS 概述

17.1.1　RTOS 的定义

实时操作系统（Real Time Operating System，RTOS）是指当外界事件或者数据产生时，能够接受并以足够快的速度予以处理，处理的结果又能在规定的时间内控制生产过程或对处理系统能够做出快速响应，调度一切可利用的资源完成实时任务，并控制所有实时任务协调一致运行的操作系统。其主要特点是提供及时响应和高可靠性。

在服务器、个人计算机或手机上运行的操作系统，如 Windows 和 Linux，强调在一个处理器上能够运行更多任务。此类操作系统的代码均具有一定规模，并且不会保证实时性。而对于处理器硬件资源有限，对实时性又有特殊要求的嵌入式应用领域，就需要一种代码规模适中、实时性好的操作系统。

实时性可以分为硬实时和软实时。硬实时是指必须在给定时间内完成操作，如果不能完成，就可能导致严重后果。例如，汽车安全气囊触发机制就是一个很好的硬实时的例子。在汽车撞击后，安全气囊必须在给定时间内弹出。如果响应时间超出给定时间，就可能使驾驶员受到严重伤害。

对于软实时，一个典型的例子是 IPTV（数字电视）机顶盒，它需要实时解码视频流，如果丢失了一个或几个视频帧，视频的品质也不会有太大损失。对于软实时系统，从统计角度来说，一个任务有确定的执行时间，事件在截止时间到来之前也能得到处理，即使违反截止时间，也不会导致致命错误。

17.1.2 基于 RTOS 的开发与裸机开发

通常，基于裸机开发的程序是由一个 main() 函数中的 while 循环和一些中断服务程序组成的。平时，处理器顺序地执行 while 循环中的代码；在发生中断事件时，则跳转到中断服务程序进行处理。基于裸机开发的程序的执行过程如图 17-1 所示。

在引入 RTOS 后，当处理器执行程序时，可以把一个应用根据功能分割为多个任务，每个任务完成一部分工作。各个任务是相互独立，互不干扰的，且具备自身的优先级。操作系统根据任务的优先级，通过调度器，让处理器分时执行各个任务，保证每个任务都能够得到运行，其过程如图 17-2 所示。若调度方法设计优良，则可使各任务看起来是并行执行的，减少了处理器的空闲时间，提高了处理器的利用率。基于 RTOS 的应用开发，不需要精心设计程序的执行流，也无须担心各个功能模块间是否存在串扰，使得编程开发更加便捷。

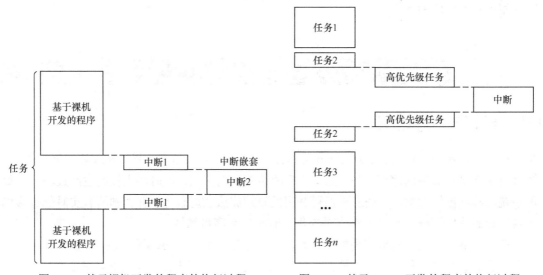

图 17-1 基于裸机开发的程序的执行过程　　图 17-2 基于 RTOS 开发的程序的执行过程

17.2 常用的实时操作系统

常用的实时操作系统（RTOS）有 FreeRTOS、VxWorks、μC/OS-II、μClinux、eCos、RT-Thread 和 SylixOS 等，下面对它们进行简单介绍。

- 翼辉 SylixOS 是一款功能全面、稳定可靠、易于开发的国产实时操作系统。其解决方案覆盖网络设备、工业自动化、轨道交通、电力和医疗等诸多领域。SylixOS 是一款支持 SMP 的大型实时操作系统。翼辉开发嵌入式操作系统 SylixOS 始于 2006 年，至今在多领域已有众多项目或产品基于 SylixOS 进行开发，其中大部分产品要求 24 小时不间断运行，当前很多 SylixOS 系统节点已不间断运行超过 5 万小时。

- RT-Thread 是一款由中国开源社区主导开发的开源实时操作系统（3.1.0 及以前的版本遵循 GPL V2+开源许可协议，3.1.0 以后的版本遵循 Apache License 2.0 开源许可协议），具备组件完整且丰富、高度可伸缩、简易开发、超低功耗和高安全性等特点。RT-Thread 拥有良好的软件生态，支持市面上主流的编译工具，如 GCC、Keil 和 IAR 等，工具链完整、友好，支持各类标准接口，如 POSIX、CMSIS、C++应用环境、JavaScript 执行环境等，方便开发者移植各类应用程序。商用版本支持主流的 MCU 架构，如 APM Cortex-M/R/A、MIPS、x86、Xtensa、Andes、C-SKY 和 RISC-V，支持市场上主流的 MCU 和 Wi-Fi 芯片。

- FreeRTOS：关于 FreeRTOS 的介绍，见 17.3 节。

- VxWorks 是由美国 WindRiver 公司于 1983 年推出的一款实时操作系统。由于其良好的持续发展能力、高性能内核，以及友好的开发环境，因此在嵌入式系统领域占据一席之地。VxWorks 由 400 多个相对独立、"短小精悍"的目标模块组成，用户可根据需要进行配置和裁剪，在通信、军事、航天和航空等领域应用广泛。

- μC/OS-II 的前身是 μC/OS，最早由美国嵌入式专家 Jean J. Labrosse 在《嵌入式系统编程》杂志上提出（1992 年），其主要特点包括源代码公开、代码结构清晰、注释详尽、组织有条理、可移植性好、可裁剪和可固化等。

- μClinux 是由 Lineo 公司主推的开放源代码的操作系统，主要针对目标处理器没有存储管理单元的嵌入式系统而设计。μClinux 从 Linux 2.0/2.4 内核派生而来，拥有 Linux 的绝大部分特性，通常用于内存很小的嵌入式系统。其主要特点包括体积小、稳定、良好的移植性和优秀的网络功能等。

- eCos 为嵌入式可配置操作系统，主要用在消费电子产品、电信产品、车载设备和手持设备等低成本和便携式设备中。其显著特点为可配置性，可以在源代码级别实现对系统的配置和裁剪，还可安装第三方组件扩展系统功能。

17.3 FreeRTOS 概述

由于 RTOS 需要占用一定的系统资源，因此，只有少数 RTOS 支持在小内存的 MCU 上运行。FreeRTOS 是一款小型实时操作系统，功能包括任务管理、时间管理、信号量、消息队列和内存管理等，可基本满足较小系统的需求。相对于 VxWorks、μC/OS-II 等商业操作系统，FreeRTOS 完全免费，具有源代码公开、可移植、可裁剪和任务调度灵活等特点，可以方便地移植到各种 MCU 上运行。

- 免费开源。FreeRTOS 完全免费，可以商用。
- 文档资源齐全。在 FreeRTOS 官网中，用户可以下载内核文件及详细的介绍资料。
- 安全性高。SafeRTOS 基于 FreeRTOS，是经过安全认证的 RTOS，支持抢占式和合作式任务切换模式，代码精简，内核由 3 个 C 文件组成，可支持 65536 个任务。因此，其开源免费版本 FreeRTOS 在安全性方面也拥有一定的保证。
- 使用率高。从 2011 年开始，FreeRTOS 的使用率持续高速增长。根据《EE Times》杂志的市场报告，FreeRTOS 的使用率名列前茅，如图 17-3 所示。在 2017 年，FreeRTOS 的市场占有率为 20%，排名第二。

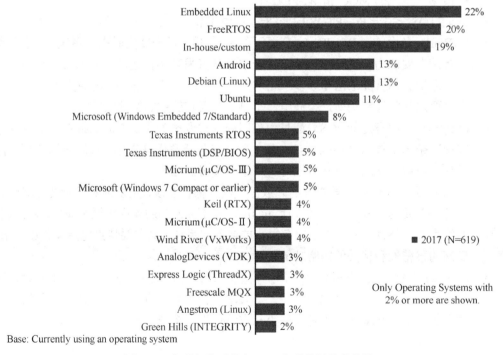

图 17-3　各种操作系统在 2017 年的使用数量统计

- 内核文件简单。内核相关文件仅包括 3 个 C 文件，全部围绕任务调度展开，功能专一，便于用户理解与学习。

17.4 FreeRTOS 在蜂鸟 E203 MCU 中的移植

在 HBird SDK 中，提供了针对蜂鸟 E203 MCU 移植好的 FreeRTOS 源代码（V10.3.1 版本），从而为用户提供 FreeRTOS 服务，方便用户创建基于 FreeRTOS 的应用，相关的目录结构如下。

```
hbird-sdk                                      //存放 HBird SDK 的目录
  |----OS                                      //存放所支持的 RTOS 的目录
      |----FreeRTOS                            //存放所支持的 FreeRTOS 的目录
          |----Source                         //存放移植好的 FreeRTOS 源代码
              |----include                    //存放 FreeRTOS 相关头文件
              |----portable                   //存放移植所需文件的目录
                  |----GCC                     //存放移植相关的文件
                      |----port.c
                      |----portasm.S
                      |----portmarco.h
                  |----MemMang                //存放内存分配相关的文件
                      |----heap_1.c
                      |----heap_2.c
                      |----heap_3.c
                      |----heap_4.c
                      |----heap_5.c
              |----croutine.c                 //通用源代码
              |----event_groups.c
              |----list.c
              |----queue.c
              |----stream_buffer.c
              |----tasks.c
              |----timers.c
```

如上所示，FreeRTOS 的代码层次结构清晰，Source 目录中有 include、portable 两个目录，以及 croutine.c 等文件，其中移植所需更改的文件均存放在 portable 目录中。除 portable 目录以外的其他内容是 FreeRTOS 的通用文件，适用于各种编译器和处理器。

portable 目录下包含 GCC 和 MemMang 两个目录。MemMang 目录中存放的是内存分配相关的文件，这 5 个 heap_*.c 文件对应 FreeRTOS 中提供的多种不同内存分配策略，在移植时，只需要选择其中一个。在 HBird SDK 中，默认选用 heap_4.c 文件，用户可在 hbird-sdk/Build/Makefile.rtos.FreeRTOS 文件中进行设置。对于 FreeRTOS 中不同内存分配策略感兴趣的读者，可在 FreeRTOS 官网查找内核相关文档进行了解。GCC 目录中包含 3 个以 port 开头的文件，这里的 GCC 表示使用 GCC 编译器进行编译。对于蜂鸟 E203 MCU，只需要修改 GCC 目录中的这 3 个文件，完成基本的中断和异常的底层移植，即可完成对 FreeRTOS 的移植。

在蜂鸟 E203 MCU 中移植 FreeRTOS 时，实现固定时间切换任务的操作由内核自带的 CLINT 计时器中断和软件中断支持，可以设置为每隔一个固定的时间段发生一次计时器中断（称为 System Tick），在计时器中断服务函数中，设置触发软件中断，在软件中断服务函数中，进入调度器以切换下一个任务。

在 port.c 文件中，CLINT 计时器配置的代码如下。

```
//CLINT 计时器中断设置函数
__attribute__(( weak )) void vPortSetupTimerInterrupt( void )
{
    TickType_t ticks = SYSTICK_TICK_CONST;

    //配置 CLINT 计时器中断为 OS 计时器中断，并且使能计时器中断
    SysTick_Config(ticks);
    Interrupt_Register_CoreIRQ(SysTimer_IRQn,
(unsigned long)(xPortSysTickHandler));
    __enable_timer_irq();

    //使能软件中断
    __enable_sw_irq();
}

//CLINT 计时器中断处理函数
void xPortSysTickHandler( void )
{
    portDISABLE_INTERRUPTS();
    {
        //重置 CLINT Timer
        SysTick_Reload(SYSTICK_TICK_CONST);

        if( xTaskIncrementTick() != pdFALSE )
        {
            //发起软件中断
            portYIELD();
        }
    }
    portENABLE_INTERRUPTS();
}
```

在 portasm.S 文件中，CLINT 软件中断服务函数的代码如下。

```
//CLINT 软件中断服务函数
core_msip_handler:
    //保存当前任务的现场
    addi sp, sp, -portCONTEXT_SIZE
    STORE x1, 1 * REGBYTES(sp)    /* RA */
```

```
    STORE x5,   2  * REGBYTES(sp)
    STORE x6,   3  * REGBYTES(sp)
    STORE x7,   4  * REGBYTES(sp)
    STORE x8,   5  * REGBYTES(sp)
    STORE x9,   6  * REGBYTES(sp)
    STORE x10,  7  * REGBYTES(sp)
    STORE x11,  8  * REGBYTES(sp)
    STORE x12,  9  * REGBYTES(sp)
    STORE x13, 10  * REGBYTES(sp)
    STORE x14, 11  * REGBYTES(sp)
    STORE x15, 12  * REGBYTES(sp)
#ifndef __riscv_32e
    STORE x16, 13  * REGBYTES(sp)
    STORE x17, 14  * REGBYTES(sp)
    STORE x18, 15  * REGBYTES(sp)
    STORE x19, 16  * REGBYTES(sp)
    STORE x20, 17  * REGBYTES(sp)
    STORE x21, 18  * REGBYTES(sp)
    STORE x22, 19  * REGBYTES(sp)
    STORE x23, 20  * REGBYTES(sp)
    STORE x24, 21  * REGBYTES(sp)
    STORE x25, 22  * REGBYTES(sp)
    STORE x26, 23  * REGBYTES(sp)
    STORE x27, 24  * REGBYTES(sp)
    STORE x28, 25  * REGBYTES(sp)
    STORE x29, 26  * REGBYTES(sp)
    STORE x30, 27  * REGBYTES(sp)
    STORE x31, 28  * REGBYTES(sp)
#endif

    /* Push mstatus to stack */
    csrr t0, CSR_MSTATUS
    STORE t0,  (portRegNum - 1)  * REGBYTES(sp)

    /* Push additional registers */

    /* Store sp to task stack */
    LOAD t0, pxCurrentTCB
    STORE sp, 0(t0)

    csrr t0, CSR_MEPC
    STORE t0, 0(sp)

    //进行任务切换
    jal xPortTaskSwitch

    //切换任务堆栈
    /* Switch task context */
```

```
        LOAD t0, pxCurrentTCB          /* Load pxCurrentTCB. */
        LOAD sp, 0x0(t0)               /* Read sp from first TCB member */

        /* Pop PC from stack and set MEPC */
        LOAD t0,  0 * REGBYTES(sp)
        csrw CSR_MEPC, t0

    //恢复任务切换后的现场
        /* Pop additional registers */

        /* Pop mstatus from stack and set it */
        LOAD t0, (portRegNum - 1) * REGBYTES(sp)
        csrw CSR_MSTATUS, t0
        /* Interrupt still disable here */
        /* Restore Registers from Stack */
        LOAD x1,  1 * REGBYTES(sp)     /* RA */
        LOAD x5,  2 * REGBYTES(sp)
        LOAD x6,  3 * REGBYTES(sp)
        LOAD x7,  4 * REGBYTES(sp)
        LOAD x8,  5 * REGBYTES(sp)
        LOAD x9,  6 * REGBYTES(sp)
        LOAD x10, 7 * REGBYTES(sp)
        LOAD x11, 8 * REGBYTES(sp)
        LOAD x12, 9 * REGBYTES(sp)
        LOAD x13, 10 * REGBYTES(sp)
        LOAD x14, 11 * REGBYTES(sp)
        LOAD x15, 12 * REGBYTES(sp)
#ifndef __riscv_32e
        LOAD x16, 13 * REGBYTES(sp)
        LOAD x17, 14 * REGBYTES(sp)
        LOAD x18, 15 * REGBYTES(sp)
        LOAD x19, 16 * REGBYTES(sp)
        LOAD x20, 17 * REGBYTES(sp)
        LOAD x21, 18 * REGBYTES(sp)
        LOAD x22, 19 * REGBYTES(sp)
        LOAD x23, 20 * REGBYTES(sp)
        LOAD x24, 21 * REGBYTES(sp)
        LOAD x25, 22 * REGBYTES(sp)
        LOAD x26, 23 * REGBYTES(sp)
        LOAD x27, 24 * REGBYTES(sp)
        LOAD x28, 25 * REGBYTES(sp)
        LOAD x29, 26 * REGBYTES(sp)
        LOAD x30, 27 * REGBYTES(sp)
        LOAD x31, 28 * REGBYTES(sp)
#endif

        addi sp, sp, portCONTEXT_SIZE
        mret
```

若读者想要了解移植相关代码的详情，可自行阅读以"port"开头的 3 个文件中的源代码。关于 FreeRTOS 的更多信息，感兴趣的读者可在 FreeRTOS 官网中查阅相关内核文档和用户手册。

17.5 FreeRTOS 示例程序的运行

17.5.1 FreeRTOS 示例程序

在 HBird SDK 中，提供了 FreeRTOS 示例程序，相关的目录结构如下。

```
hbird-sdk                                    //存放 HBird SDK 的目录
    |----application                         //存放软件示例的目录
         |----freertos                       //存放 FreeRTOS 应用示例
              |----demo                       //存放 FreeRTOS 示例程序
                   |----main.c                //FreeRTOS 示例程序的源代码
                   |----FreeRTOSConfig.h      //FreeRTOS 的配置文件
                   |----Makefile              //Makefile 脚本
```

Makefile 为主控制脚本，其中的代码片段如下。

```
//指明生成的 ELF 文件的名称
TARGET = demo

RTOS = FreeRTOS

HBIRD_SDK_ROOT = ../../..

SRCDIRS = .

INCDIRS = .

//调用 Bulid 目录中的 Makefile.base
include $(HBIRD_SDK_ROOT)/Build/Makefile.base
```

在本实验中，主要创建了两个 FreeRTOS 任务和一个定时器任务，每个任务仅输出各自的标签，目的在于演示两个 FreeRTOS 任务的切换和软件定时器（software timer）的使用。

17.5.2 在 HBird SDK 中运行 FreeRTOS 示例程序

在 9.3 节中，我们介绍了如何在 HBird SDK 中运行简单的 HelloWorld 程序，FreeRTOS 示例程序的运行流程与其类似，具体描述如下。

```
//前提步骤1：根据 9.1 节描述的步骤，将蜂鸟 E203 MCU 的源代码进行编译以生成 MCS 文件，或者直接
//选用 e203_hbirdv2 项目的 fpga/ddr200t/prebuilt_mcs 目录中预先编译生成的 MCS 文件并烧
```

```
//录至 DDR200T 开发板的 FPGA_Flash。此过程只需要进行一次。
//对于烧录到 FPGA_Flash 的内容，每次 FPGA 芯片上电后都会自动加载

//前提步骤 2：根据 9.2 节描述的步骤，配置蜂鸟调试器相关的驱动。此过程只需要进行一次

//前提步骤 3：正确连接 PC 主机与 DDR200T 开发板，并对 DDR200T 开发板进行供电，如图 9-10 所示

//前提步骤 4：根据 7.4 节描述的步骤，进行 HBird SDK 的环境配置和工具链安装

//前提步骤 5：根据 9.3.2 节描述的步骤，进行 PC 主机中串口显示终端的设置

//在命令行终端中运行以下命令，将 FreeRTOS 示例程序编译并下载至 DDR200T 开发板的 MCU_Flash
//中，并且选择从 Flash 上传至 ILM 的运行模式

cd <hbird-sdk>/application/freertos/demo

make upload SOC=hbirdv2 BOARD=ddr200t CORE=e203 DOWNLOAD=flash

//上述命令使用了几个 Makefile 参数，说明见 10.4.1 节
```

通过上述步骤，我们已经将程序烧录至 DDR200T 开发板的 MCU_Flash 中，因此，每次按 DDR200T 开发板上的 MCU_RESET 按键，处理器复位，开始执行 FreeRTOS 示例程序，并将字符串输出至 PC 主机的串口显示终端，结果如图 17-4 所示。

图 17-4　在蜂鸟 E203 MCU 中运行 FreeRTOS 示例程序的结果

17.5.3　在 Nuclei Studio 中运行 FreeRTOS 示例程序

在 9.4 节中，我们介绍了如何在 Nuclei Studio 中运行简单的 HelloWorld 程序，FreeRTOS

示例程序的运行流程与其类似，具体描述如下。

在进行程序下载前，我们需要确保已完成以下几项工作。

- 根据 9.1 节描述的步骤，将蜂鸟 E203 MCU 的源代码进行编译以生成 MCS 文件，或者直接选用 e203_hbirdv2 项目的 fpga/ddr200t/prebuilt_mcs 目录中预先编译生成的 MCS 文件并烧录至 DDR200T 开发板的 FPGA_Flash。此过程只需要进行一次。对于烧录到 FPGA_Flash 的内容，每次 FPGA 芯片上电后都会自动加载。
- 根据 9.2 节描述的步骤，配置蜂鸟调试器相关的驱动。此过程只需要进行一次。
- 正确连接 PC 主机与 DDR200T 开发板，并且对 DDR200T 开发板进行供电，如图 9-10 所示。
- 根据 8.1.2 节描述的步骤，进行 Nuclei Studio 的下载与启动。
- 根据 8.2 节描述的步骤，进行蜂鸟 E203 MCU 的 FreeRTOS 示例程序的创建，与 HelloWorld 程序的创建的不同之处在于设置项目名为 freertos_demo，选择项目示例模板为 "freertos_demo"，其他可保持一致。
- 根据 9.4.2 节描述的步骤，设置 Nuclei Studio 中集成的串口工具。

打开创建好的 FreeRTOS 项目，选择所需的运行模式（Flash XiP/ILM/Flash），此处设置为从 Flash 上传至 ILM 的下载运行模式，即 Flash 模式，如图 17-5 所示。单击 Nuclei Studio 的图标栏中的 "锤子" 图标按钮，或者在菜单栏中选择 "Project" → "Build Project"，开始进行程序编译。

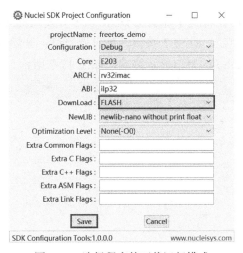

图 17-5　选择程序的下载运行模式

在 Nuclei Studio 的菜单栏中依次选择 "Run" → "Run Configurations..."。在弹出的窗口中，如果当前项目没有下载调试相关的配置，则双击 "GDB OpenOCD Debugging"，可自动为本项目生成一个设置好的下载调试相关的配置文件“freertos_demo Debug”，如图 17-6 所示。单击该窗口右下角的“Run”按钮，开始下载程序。

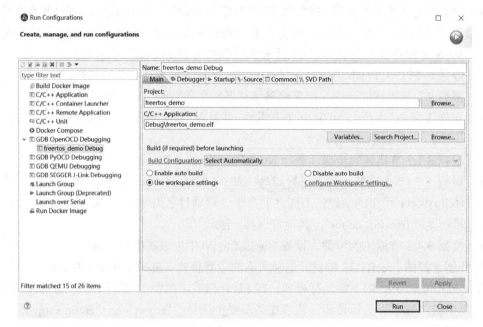

图 17-6　下载程序

通过上述步骤，我们已经将程序烧录至 DDR200T 开发板的 MCU_Flash 中，因此，每次按 DDR200T 开发板上的 MCU_RESET 按键，处理器复位，开始执行 FreeRTOS 示例程序，并将结果输出至 Nuclei Studio 的串口显示终端，如图 17-7 所示。

```
COM6
HummingBird SDK Build Time: Dec 18 2020, 15:12:35
Download Mode: FLASH
CPU Frequency 16006512 Hz
Before StartScheduler
Enter to task_1
task1 is running 0.....
Enter to task_2
task2 is running 0.....
timers Callback 0
timers Callback 1
task1 is running 1.....
task2 is running 1.....
timers Callback 2
timers Callback 3
task1 is running 2.....
task2 is running 2.....
timers Callback 4
timers Callback 5
task1 is running 3.....
task2 is running 3.....
timers Callback 6
timers Callback 7
```

图 17-7　在蜂鸟 E203 MCU 中运行 FreeRTOS 实验的结果

第18章 获取更多资源

为了持续助力 RISC-V 生态的发展，芯来科技推出了 RISC-V MCU 开放社区，以及"大学计划"版块，其中提供了蜂鸟 E203 处理器的相关资源，我们会对它们进行持续维护和更新。本章将对其中与蜂鸟 E203 处理器相关的部分进行介绍。

18.1 开源蜂鸟 E203 MCU 文档资源

在 RISC-V MCU 开放社区的"大学计划"版块中，提供了蜂鸟 E203 MCU 相关的文档资源，如图 18-1 所示。同时，读者可通过访问链接 https://doc.nucleisys.com/hbirdv2 直接获取网页版文档。

图 18-1　蜂鸟 E203 MCU 文档资源

18.2 开源蜂鸟 E203 MCU 嵌入式开发实验

在 Nuclei Board Labs 开源项目中，提供了关于蜂鸟 E203 MCU 的众多嵌入式开发实验。除本书提供的实验以外，后续我们会添加更多的实验，读者可持续关注 Nuclei Board Labs 项目（同时托管在 GitHub 网站和 Gitee 网站，读者可通过在 GitHub 或 Gitee 网站中搜索"nuclei-board-labs"查看）。

在 Nuclei Board Labs 项目中，提供了配套的文档资源，如图 18-2 所示，具体链接为 https://doc.nucleisys.com/nuclei_board_labs/。

图 18-2　Nuclei Board Labs 项目提供的文档资源

18.3　开源蜂鸟 E203 处理器教学资源

在 RISC-V MCU 开放社区的"大学计划"版块中，我们提供了蜂鸟 E203 处理器配套的教学资源，包括教学课件、实验课件和教学视频等，如图 18-3 所示。

图 18-3　蜂鸟 E203 处理器的教学资源

18.4　开源蜂鸟 E203 论坛

为了方便用户进行技术交流和经验分享，在 RISC-V MCU 开放社区中，我们提供了一个蜂鸟 E203 论坛，如图 18-4 所示。

图 18-4 蜂鸟 E203 论坛